最新 工業化学
持続的社会に向けて

野村正勝・鈴鹿輝男／編

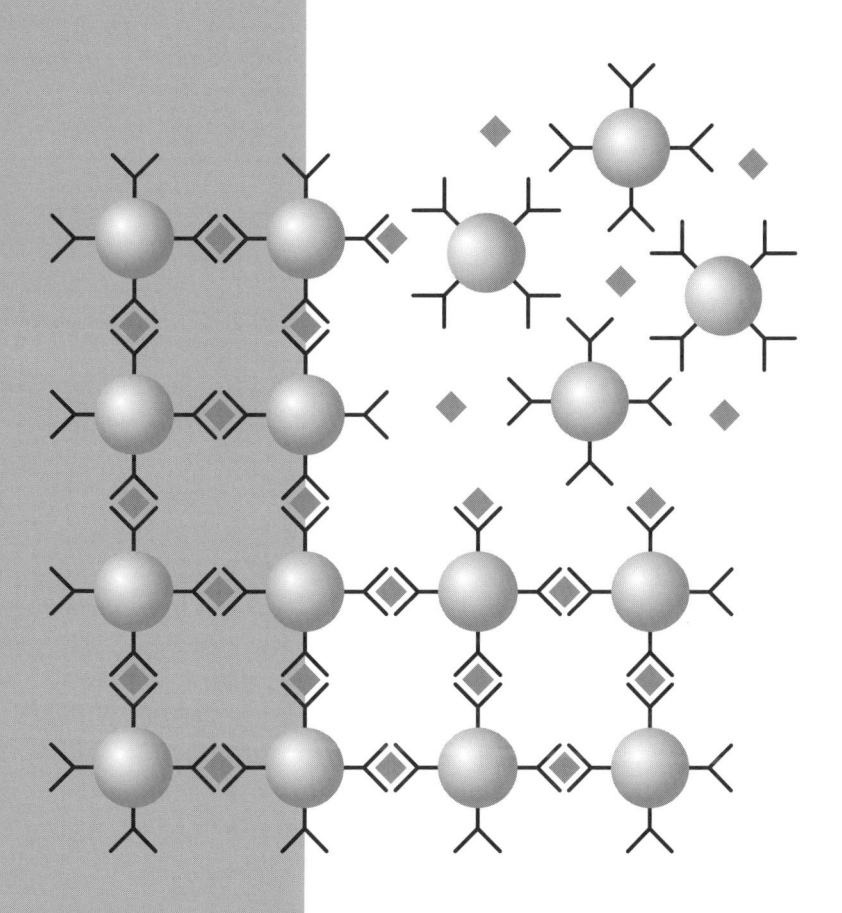

講談社サイエンティフィク

執筆者一覧 ［五十音順，＊は編者，（ ）内は担当箇所］

　　石井康敬　（5章2-3）　関西大学 名誉教授　工学博士
　　佐藤　登　（3章）　サムスンSDI(株)常務取締役　前(株)本田技術研究所
　　　　　　　　　　　主任研究員　工学博士
＊鈴鹿輝男　（1章, 5章1, 9章）　工学院大学応用化学科 非常勤講師　工学博士
　　武石　誠　（6章）　(中国)四川大学高分子科学技術学部 客員教授　工学博士
＊野村正勝　（1章, 9章）　大阪大学 名誉教授　工学博士
　　町田憲一　（2章）　大阪大学先端科学イノベーションセンター 教授　工学博士
　　三浦雅博　（7章1-2）　大阪大学大学院工学研究科 教授　工学博士
　　三宅幹夫　（4章）　北陸先端科学技術大学院大学マテリアルサイエンス研究科
　　　　　　　　　　　教授　工学博士
　　村田　聡　（2章）　富山大学芸術文化学部 准教授　工学博士
　　吉澤　篤　（7章3-6）　弘前大学大学院理工学研究科 教授　工学博士
　　吉田敏臣　（8章）　日本学術振興会バンコク研究連絡センター センター長，
　　　　　　　　　　　大阪大学 名誉教授　工学博士

序　文

　工業化学は通例，無機工業化学と有機工業化学に分類できる．大学のカリキュラムでもそれぞれ別個の科目として組み込まれているのが普通である．それは1人の教官が2つの科目を同じレベルで教えることがむずかしいからである．しかし実際の工業では，両者が相互に深く関連して複合製品を作り上げている例も多い．その意味で，教える側からみれば，複数の教官が工業化学の教育にかかわってくるのが理想である．

　さて共編者の鈴鹿氏から昨年，大学で工業化学を教えている立場から，適切な教科書がないとの指摘を受けた．長く有機工業化学教育にかかわってきた共編者の私は，化学工業の現場で経験を積まれていた鈴鹿氏の指摘は重いものに感じた．

　工業化学はたいへん広い分野ではあるが，冒頭に述べたように，有機と無機を分けずに統一した工業化学の教科書のあるべき章立ての骨格を鈴鹿氏が示されたので，まずこの案をもとに2人で何回か話し合ったのである．その後協力して適切な執筆者を探し出し，2004年のはじめごろに出版の予定で，各執筆者に了承を得て原稿依頼をスタートし，講談社から出版していただくことになったのである．

　その結果，出版の時期は予定より少し遅れることにはなったが，その代わり，当初予期したものよりはるかに充実した内容の工業化学の教科書ができあがったと感じている．それは実際に読んで判断していただきたいと願っている．内容はできるだけわかりやすいものにと努力したが，工業化学は基本的に，有機化学と無機化学それに物理化学が基礎となっているので，読者の理解の程度は，読者自身のこうした基礎化学の理解力に依存する．たとえば電気化学では，冒頭にいくつかの数式が出てきて簡潔な説明がついてはいるが，物理化学の参考書で関連する知識を再確認した後に読まれると，よく理解できるであろう．概念さえしっかり把握すれば，あとは興味の赴くまま読み進んでいる自分に気づかれるであろう．無機化学の章では，電子機能，磁気機能，および光学機能について，無機材料の物性と関連づけて述べられている．この電子機能や光学機能は有機ファインケミカルズの章でも，さらにわかりやすく述べられている．そして，こうした機能をもつ有機材料は高分子化学でも言及され，高分子化学が有機工業化学領域で重要な位置を占めていることに，読者は気づかれるであろう．

　石炭化学では近年重要になっている火力発電について述べ，クリーンコールテクノロジーの中身にも言及している．また炭素材料の興味深い性質と幅広い応用に，読者

序文

は驚かれるであろう．生物化学では，私たちの日常生活の必需品がどのようにして製造されるのかを丁寧に述べている．そして複雑な酵素反応を簡潔に，かつわかりやすく整理した内容は，今までになかったのではないだろうか．

　石油精製の章は，現場経験を生かした執筆者により全体の姿が把握できるように述べられている．オレフィンを基幹物質とする石油化学の合成プロセスは，有機化学で学んだ反応が随所に利用されていることに気づく．選択の基準は，経済的に成り立つかどうかによるのである．

　編者らは工業化学の新しい動向について何度も議論し，第1章で私たちの考えを工業化学の歴史を踏まえて書かせていただいた．また第9章では，持続可能な社会作りの方向について，私たちが到達した結論を提示させていただいた．そして本書を最新工業化学というタイトルで世に送り出せることになった幸せを，今しみじみと実感している．

　工業化学として，これだけは是非知識としてもっていただきたいとの願いで作り上げた本書は，大学生（大学院生も含む）だけではなく，広く一般の方々にも役にたつ内容だと感じている．というのは，現在のような高度な技術からなる社会では，文系，理系を問わず最新の工業に深くかかわる技術の成り立ちやそのしくみに関し，的確な情報を把握していなければ生きぬいていくことがむずかしいからである．

　もちろん編者は隈なく原稿に目を通し，わかりにくいところなどは各執筆者に再考していただき，編集には全力を尽くしたつもりであるが，なお不備なところやまちがった記載があるかもしれない．読者諸賢のご指摘をお願いするしだいである．

2004年3月

編者を代表して
野村　正勝

目　　次

序　　文 iii

第1章　工業化学の新しい動向　1
1.1　化学工業の歴史 …………………………………………………………… 1
1.2　日本の化学工業の勃興と発展 …………………………………………… 2
1.3　化学工業の特徴 …………………………………………………………… 3
1.4　資源・エネルギー ………………………………………………………… 4
1.5　日本の化学工業の将来 …………………………………………………… 6

第2章　無機薬品・材料化学　8
2.1　無機薬品 …………………………………………………………………… 8
　　2.1.1　酸 ……………………………………………………………………… 8
　　2.1.2　アルカリ …………………………………………………………… 13
　　2.1.3　アンモニア ………………………………………………………… 14
2.2　金属・セラミックス材料 ……………………………………………… 16
　　2.2.1　金　属 ……………………………………………………………… 17
　　2.2.2　セラミックス ……………………………………………………… 20
2.3　機能性金属および無機材料 …………………………………………… 21
　　2.3.1　結合様式・形態と機能 …………………………………………… 21
　　2.3.2　電子機能材料 ……………………………………………………… 22
　　2.3.3　磁気機能材料 ……………………………………………………… 26
　　2.3.4　光学機能材料 ……………………………………………………… 30
　　2.3.5　触　媒 ……………………………………………………………… 33

第3章　電気化学　37
3.1　電気化学の歴史 ………………………………………………………… 37
3.2　電気化学の基礎 ………………………………………………………… 37
3.3　電解の化学 ……………………………………………………………… 39
　　3.3.1　水電解の化学 ……………………………………………………… 39
　　3.3.2　電着塗装の電気化学 ……………………………………………… 43

- 3.4 エネルギー貯蔵の電気化学 ································· 45
  - 3.4.1 鉛 電 池 ································· 45
  - 3.4.2 ニッケル・カドミウム(Ni・Cd)電池 ································· 47
  - 3.4.3 ニッケル・亜鉛(Ni・Zn)電池 ································· 48
  - 3.4.4 ニッケル・金属水素化物(Ni・MH)電池 ································· 48
  - 3.4.5 リチウムイオン電池 ································· 51
  - 3.4.6 リチウムポリマー電池 ································· 54
  - 3.4.7 ナトリウム・硫黄(Na・S)電池とナトリウム・ニッケル塩化物(Na・NiCl$_2$)電池 ································· 54
  - 3.4.8 酸化銀・亜鉛(AgO・Zn)電池 ································· 55
  - 3.4.9 電気二重層キャパシター ································· 56
- 3.5 燃料電池の電気化学 ································· 57
  - 3.5.1 燃料電池の歴史 ································· 57
  - 3.5.2 水素–酸素燃料電池の原理 ································· 58
  - 3.5.3 燃料電池の種類 ································· 62
  - 3.5.4 燃料電池自動車 ································· 63
  - 3.5.5 固体高分子膜型燃料電池と触媒技術 ································· 64
- 3.6 太陽電池 ································· 66
  - 3.6.1 太陽電池の意義 ································· 66
  - 3.6.2 太陽電池の種類と特性 ································· 67

第4章 石炭化学・炭素材料 70

- 4.1 石炭化学 ································· 70
  - 4.1.1 石炭の分類と組成 ································· 70
  - 4.1.2 石炭の化学構造 ································· 73
  - 4.1.3 コークス ································· 73
  - 4.1.4 火力発電 ································· 79
  - 4.1.5 クリーンコールテクノロジー ································· 81
- 4.2 炭素材料 ································· 84
  - 4.2.1 炭素原子の結合様式と炭素同素体 ································· 84
  - 4.2.2 炭素材料の組織構造の多様性 ································· 85
  - 4.2.3 ダイヤモンド ································· 86
  - 4.2.4 活 性 炭 ································· 88
  - 4.2.5 人造黒鉛 ································· 89

4.2.6　炭素繊維 ………………………………………………… 92
　　4.2.7　カーボンクラスター類 ………………………………… 97

第5章　石油精製・石油化学　100

5.1　石油精製 …………………………………………………………… 100
　　5.1.1　石油の採掘と埋蔵量 …………………………………… 101
　　5.1.2　石油の成分 ……………………………………………… 102
　　5.1.3　石油製品需要動向 ……………………………………… 103
　　5.1.4　石油精製プロセス ……………………………………… 103
5.2　水素の製造 ………………………………………………………… 109
5.3　石油化学 …………………………………………………………… 111
　　5.3.1　基幹石油化学原料の製造 ……………………………… 111
　　5.3.2　アルカンの利用 ………………………………………… 113
　　5.3.3　エチレンの利用 ………………………………………… 116
　　5.3.4　プロピレンの利用 ……………………………………… 120
　　5.3.5　その他のオレフィンの利用 …………………………… 124
　　5.3.6　ジエンの利用 …………………………………………… 126
　　5.3.7　芳香族化合物の利用 …………………………………… 128
　　5.3.8　アルデヒドおよびケトンからの誘導体 ……………… 130

第6章　高分子化学　132

6.1　高分子合成 ………………………………………………………… 132
　　6.1.1　逐次反応重合 …………………………………………… 133
　　6.1.2　連鎖反応重合 …………………………………………… 136
　　6.1.3　共重合 …………………………………………………… 143
　　6.1.4　高分子反応 ……………………………………………… 144
6.2　高分子材料 ………………………………………………………… 146
　　6.2.1　プラスチック …………………………………………… 147
　　6.2.2　繊維 ……………………………………………………… 150
　　6.2.3　ゴム ……………………………………………………… 153
　　6.2.4　接着剤 …………………………………………………… 155
　　6.2.5　ポリマーアロイ ………………………………………… 156
　　6.2.6　複合材料 ………………………………………………… 157
6.3　機能性高分子 ……………………………………………………… 158

目　次

　　6.3.1　電気・電子材料 ･･････････････････････････････････ 158
　　6.3.2　光機能材料 ･･ 161
　　6.3.3　分離機能材料 ････････････････････････････････････ 167
　　6.3.4　生医学材料 ･･ 169
　6.4　高分子材料と環境——生分解性高分子 ････････････････ 174
　　6.4.1　生分解性微生物合成高分子 ････････････････････ 174
　　6.4.2　生分解性化学合成高分子 ･･･････････････････････ 175

第7章　有機ファインケミカルズ　177
　7.1　界面活性剤 ･･ 177
　　7.1.1　界面活性剤の構造と働き ･･････････････････････ 177
　　7.1.2　界面活性剤の分類 ･･･････････････････････････････ 178
　7.2　色素化合物——染料と顔料 ･････････････････････････････ 180
　　7.2.1　有機化合物の構造と色 ････････････････････････ 180
　　7.2.2　混　　色 ･･ 182
　　7.2.3　染料と顔料 ･･ 182
　　7.2.4　カラー印刷 ･･ 184
　　7.2.5　機能性色素 ･･ 186
　7.3　医　薬　品 ･･ 186
　　7.3.1　不斉合成反応 ････････････････････････････････････ 188
　　7.3.2　医薬品合成 ･･ 190
　7.4　有機導電性材料 ･･･････････････････････････････････････ 190
　　7.4.1　導　電　性 ･･ 191
　　7.4.2　ポリアセチレン ････････････････････････････････ 192
　7.5　液　晶　材　料 ･･･････････････････････････････････････ 194
　　7.5.1　液晶の発見 ･･ 194
　　7.5.2　液晶相の分類 ････････････････････････････････････ 195
　　7.5.3　液晶相発現の要素 ･･･････････････････････････････ 197
　　7.5.4　液晶ディスプレイの原理 ････････････････････ 198
　7.6　有機エレクトロルミネッセンス材料 ･････････････････ 201
　　7.6.1　有機ELディスプレイ ･･････････････････････････ 202
　　7.6.2　発光メカニズムと材料開発 ････････････････････ 203

第8章 生物化学 208

- 8.1 酵素プロセス ……………………………………… 208
  - 8.1.1 酵素の食品関連プロセスへの応用 ……… 209
  - 8.1.2 酵素のその他の利用 ……………………… 213
  - 8.1.3 固定化生体触媒の工業プロセスへの応用 ……… 214
- 8.2 醸　　　造 ……………………………………… 219
  - 8.2.1 清　　酒 ……………………………… 219
  - 8.2.2 ビ ー ル ……………………………… 222
  - 8.2.3 ワ イ ン ……………………………… 224
  - 8.2.4 蒸 留 酒 ……………………………… 225
  - 8.2.5 醤　　油 ……………………………… 225
  - 8.2.6 味　　噌 ……………………………… 227
  - 8.2.7 食　　酢 ……………………………… 228
- 8.3 微生物生産プロセス ……………………………… 229
  - 8.3.1 アルコール ……………………………… 229
  - 8.3.2 有 機 酸 ……………………………… 231
  - 8.3.3 ア ミ ノ 酸 ……………………………… 234
  - 8.3.4 核酸関連物質 ……………………………… 239
  - 8.3.5 抗 生 物 質 ……………………………… 239
  - 8.3.6 細胞培養による物質生産 ………………… 240

第9章 持続可能な社会づくり 243

- 9.1 地球の現状と将来 ………………………………… 243
- 9.2 地球温暖化 ………………………………………… 244
- 9.3 廃　棄　物 ………………………………………… 245
- 9.4 持続可能な発展に向けて ………………………… 246
- 9.5 グリーンケミストリー …………………………… 247
- 9.6 将 来 展 望 ………………………………………… 249

参　考　書　251
索　　　引　254

目　次

Column

フィック(Fick)の拡散式	44
カルノーサイクルの制約	61
イオン性液体	69
フラーレンとカーボンナノチューブ	99
オクタン価とセタン価	106
低硫黄軽油の供給	109
ナフサ	113
TS-1触媒	131
リビングラジカル重合	147
HLB	180
クラフト点と曇り点	180
CD-RとDVD-R	187
酵素の命名法と酵素番号	209
微生物の名前(生物の命名法：二名法)	211
洗剤酵素に求められる性質	214
醤油のルーツをたどると	226
プロバイオティクスの雄：乳酸菌	232
土からの贈り物：グルタミン酸生産菌	236
組織培養と再生医工学	241
コンビナトリアルケミストリー	248

第1章
工業化学の新しい動向

1.1
化学工業の歴史

　世界の化学工業の歴史は、産業革命の発祥地であるイギリスから出発したといえる。1760年代に始まった紡織機の発明により、繊維工業はそれまでの手工業から機械制大工業に発展し、ここから大量の織物を簡便に漂白する必要がまず生じたのである。それまでアルカリ性の灰汁に繰り返し浸し、天日にさらし、それから酸敗ミルクで中和する数ヵ月に渡る手数のかかる方法であった。この酸処理を希硫酸で行うことが提案され、まず硫酸の需要が増え、18世紀半ばに鉛室法硫酸（生成物の硫黄酸化物による腐食を軽減するため鉛張りの部屋で硫黄を燃やす）の工業的製造が始まった。その製造工程の化学工業的研究が、フランス、イギリスで行われた。その後、硫酸製造は白金を触媒として亜硫酸を酸素で酸化する方法になり、さらに白金は酸化バナジウムにとってかわられた。

　1785年ベルトレは塩素による化学漂白を提案し、3年後、上記手法がイギリスで実施され、1798年にはさらし粉が発明された。海藻灰や木灰から作る灰汁の供給が、需要に追いつかなくなった。ここに炭酸カルシウムを製造するルブラン法やソルベー法が登場した理由がある。ルブラン法では、硫酸塩を石灰や木炭と赤熱して炭酸ナトリウムと硫化カルシウムを作る。工業化は1791年である。

　炭酸ナトリウムは、織物工業のほか、ガラス工業、せっけん工業などにも大量に供給された。1865年ソルベーは二酸化炭素とアンモニアから炭酸水素ナトリウムを作り、これを焼いて工業的に炭酸ナトリウムを作った。この反応はすでに知られていたが、気密装置の開発と中和熱をどう冷却するかがむずかしい問題だった。撹拌から向流という反応物の接触法に関する革新が、この技術開発にあったのである。1866年ジーメンスは発電機の原理を発見した。化学工業はこの豊富な電力を電気めっきや電解精錬に用いた。もちろん、それ以前にダニエル電池による銀めっきが工業化され、

金，白金，鉛，スズなども非効率だが電解精錬されていた．安い豊富な電力は化学工業を推進し，この電力により食塩の電解による水酸化ナトリウム（カセイソーダ）の製造が工業化され，水の電解による水素の製造は1910年代に工業化されている．それまで，水素はコークスの水性ガス反応から得られていた．第二次世界大戦後は石油精製から多量の水素が製造されるようになった．水素製造の変遷を考えるのも興味深い．

ハーバーとボッシュによる空中窒素の固定は画期的な化学工業技術で，それまでチリ硝石やコークス炉の副生成物であるアンモニアからしか作れなかった硝酸が，空気中の窒素と水素から製造されるようになったからである．この技術も，500〜600℃の高温と250気圧の高圧に耐える反応装置を作ることが技術上の難点であった．また触媒開発技術もこの時期に大いに進んだのである．1913年，大量の合成アンモニアがはじめて生産された．第二次大戦後の石油化学は，戦争中にアメリカで開発された流動床接触分解装置の開発（1943年）が高品質な大量の石油製品の供給を可能にし，1950年以降の大量生産の時代を切り開いたのである．

1.2
日本の化学工業の勃興と発展

日本の化学工業の歴史は，1873年（明治6年）に大阪造幣寮（当時）で日産5トンの鉛室法硫酸が製造された時点を始まりとすることができる．1880年大蔵省印刷局でルブラン法ソーダ工場が操業を開始し，翌1881年に大阪造幣局でカセイソーダの工業的製造が始まった．政府が工場を経営するという形で，酸，アルカリ中心の硫酸鉛，リン酸石灰，ソーダ灰，塩酸，カセイソーダ，さらし粉などの製造が進んだ．1895年東京人造肥料会社が硫酸製造（肥料用）を開始し，1901年には，カーバイド（石灰窒素用）の製造が工業化された．

明治時代には欧米からさまざまな化学製品が輸入されたが，国内の化学工業は化学肥料製造に基盤をおいており，他の国産品はマッチ，ろうそく，せっけんなどであった．

1914年の第一次世界大戦の勃発により，ヨーロッパからの染料などの化学品および医薬品の輸入が途絶したことが日本の化学薬品の国産化を促し，技術開発にかかわる種々の工業研究機関が発足し，新規事業の企業化，既設工場の拡張が進んだ．その後，動力が蒸気から電力に変換し，合成アンモニア，酸，アルカリなどの大規模な重化学工業が成立し，その周りにせっけん，印刷インキ，合成樹脂加工などの中小規模の化学工業が形成されていった．人絹製造開始は1921年（大正10年）で，この間に日中戦争が勃発（1937年）し，そして太平洋戦争（1941年）へと時代が進んだ．この間に

化学工業は，農業(肥料増産)と海外の植民地(代替品の奨励)，軍事(火薬，燃料などのほか軍需物資)の3つの巨大市場をベースに拡大していった．しかし，敗戦により重化学工業は灰じんに帰した．

戦後，政府は1946年(昭和21年)，石炭産業，鉄鋼業に重点的に資金投入(傾斜生産方式)し，食料増産のため化学肥料工業への優遇措置をとった．その後，1950年外資法の施行により外国技術の導入が可能となった．戦後のわが国のめざましい発展は，最新の化学工業技術を欧米から積極的に導入したことが主因と考えられている．1951年には経済自立3ヵ年計画を立案し，合成繊維，合成樹脂，石油化学の重点的育成をはかった．すなわち，1953年合成繊維産業育成対策，1955年合成樹脂工業の育成，1955年石油化学工業育成対策，旧軍燃料廠(岩国，新居浜，四日市，川崎)活用策(1958～1959年にかけてこの4ヵ所でエチレンセンターが操業開始，1959年新たに5つのエチレン設備の操業が認可された)である．

1960年代には，石油化学工業がこれまでのアセチレン化学，タール系化学工業(石炭化学工業)にとってかわった．その後，わが国は世界有数の石油化学工業国に成長した．しかし1974年にオイルショックが発生，石油の高騰，産業公害の顕在化など転換期を迎えた．省エネルギー技術の開発や公害防止技術開発が進み，大量生産からファインケミカル重視へと転換し，この転換期を乗り越え1985年から好況に向かったが，1991年にバブル経済が崩壊し，その後化学工業の出荷額は伸び悩んでいる．

1.3 化学工業の特徴

化学工業は，鉱物や石油などさまざまな原料を化学的に変換して，多種多様な製品を生産する．このようにして製造される多様な化学製品は電気，電子，自動車などの広範な産業分野で利用されているが，塗布，洗浄，分離，精製など単位操作とよばれる化学技術も多くの産業の中で多種多様なプロセスの中に組み込まれている．化学工学という学問は，こうした技術を体系化していて化学工業と深く関連しているのである．

このように化学工業で生産される化成品は，種々の工業製品(最終品)の材料となる．一般に，材料は無機材料，有機材料，金属材料の3つに分類することができる．それぞれの材料は，技術進歩によりさらに機能性の高いものが作り出されており，これらは「新素材」とよばれている．化成品の分類を図1.1に示す．

化学工業はこれまで，天然資源が枯渇・不足したときにはその代替物を作ってきたが，この合成品が，場合によっては天然物よりも機能のすぐれたものであると世の中に認められてきたこともたびたびである．特に戦争になって天然資源の入手が困難に

1 工業化学の新しい動向

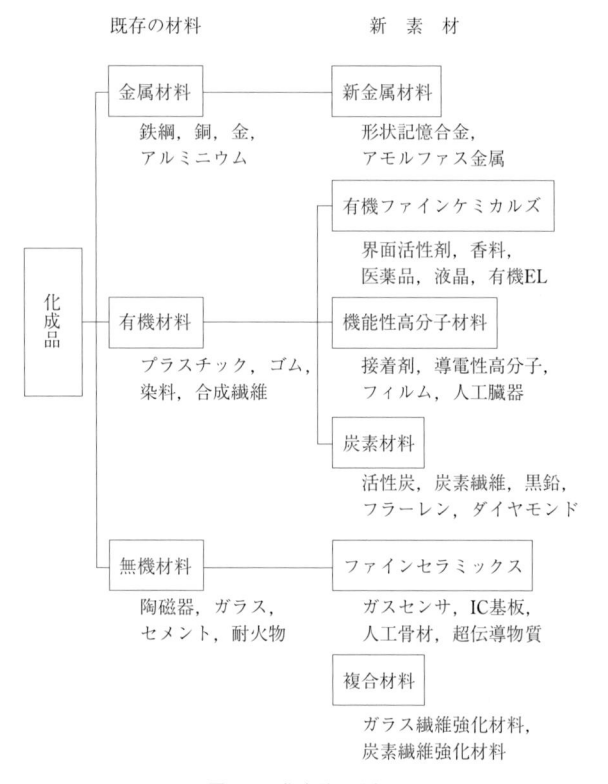

```
                 既存の材料            新素材

              ┌─ 金属材料 ──────── 新金属材料
              │   鉄鋼, 銅, 金,      形状記憶合金,
              │   アルミニウム        アモルファス金属
              │
              │                  ┌ 有機ファインケミカルズ
              │                  │   界面活性剤, 香料,
              │                  │   医薬品, 液晶, 有機EL
              │                  │
   化成品 ────┼─ 有機材料 ────── ┼ 機能性高分子材料
              │   プラスチック, ゴム,  │   接着剤, 導電性高分子,
              │   染料, 合成繊維      │   フィルム, 人工臓器
              │                  │
              │                  └ 炭素材料
              │                      活性炭, 炭素繊維, 黒鉛,
              │                      フラーレン, ダイヤモンド
              │
              └─ 無機材料 ────── ┬ ファインセラミックス
                  陶磁器, ガラス,    │   ガスセンサ, IC基板,
                  セメント, 耐火物    │   人工骨材, 超伝導物質
                                   │
                                   └ 複合材料
                                       ガラス繊維強化材料,
                                       炭素繊維強化材料
```

図 1.1 化成品の分類.

なると，化学技術が著しく進歩してきたことは歴史が示している．最近では，環境汚染を防止するために化学技術が大いに役だっている．図1.2に材料の変遷の様子を示すが，高機能で軽く加工が容易な高分子や，ゴム，セラミックス，ガラス，そしてこれらの複合材がますます重要度を増していることがわかる．

1.4
資源・エネルギー

　日本は天然資源がきわめて乏しく，国内資源で自給できるものは石灰石などごくわずかで，化学工業で使用する主要な資源は，ほとんどを輸入に頼っているのが現状である．表1.1に日本の主要資源の輸入依存度を示す．国内の金属鉱山は，資源の枯渇，安価な輸入品の流入などの要因により，1970年代以降衰退の一途をたどっている．

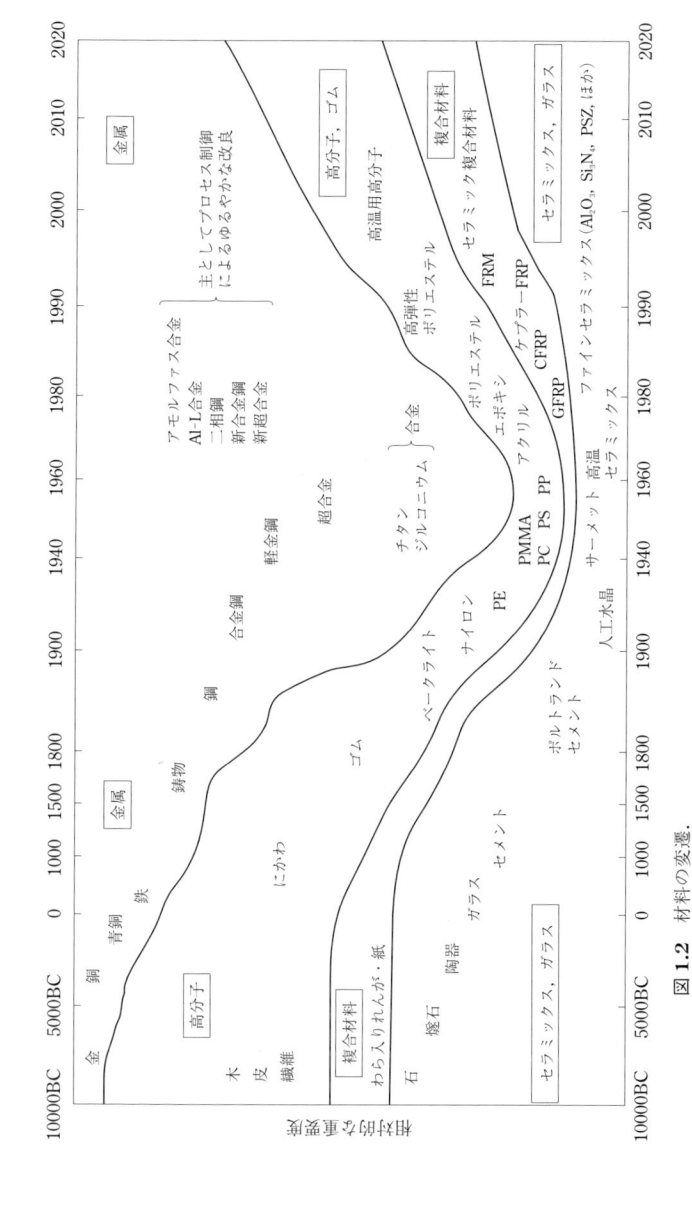

図 1.2 材料の変遷.
[M. F. Ashby 著 (金子純一, 大塚正久訳), 機械設計のための材料選定, 内田老鶴圃 (1997)]

表 1.1 日本の主要資源の輸入依存度

	1980 年			2000 年		
	生産	輸入	輸入依存度(％)	生産	輸入	輸入依存度(％)
石炭(10^3 t)	18,095	72,711	80.1	2,964	149,441	98.1
原油(10^3 kl)	503	256,833	99.8	740	250,578	99.7
石油製品(10^3 kl)	217,563	15,047	6.5	224,034	39,527	15.0
天然ガス(10^6 m^3)	2,197	22,854	91.2	2,453	75,013	96.8
木材(10^3 m^3)	34,051	43,892	56.3	17,987	19,511	52.0
塩(10^3 t)	1,268	7,266	85.1	1,374	8,157	85.6

［矢野恒太記念会編，日本国勢図会 2002/03，第 60 版，矢野恒太記念会(2002)］

そのため，金属精錬関連の企業の多くは海外に活路を求めて，海外での鉱山開発や精錬事業を展開している．

エネルギーについては，1970 年代の 2 度にわたる石油危機を契機に，それまで中東の石油に大きく依存していた供給構造を見直し，一次エネルギー供給に占める石油の比率を 2010 年までに 50 ％以下に下げることをめざしている．そのため石炭火力の増加を見込んでいるが，CO_2 の発生抑制とのからみでその実現が困難視されている．その対策として，省エネルギーとバイオや再生可能な新エネルギーについての対策に力を入れているが，やはり化石燃料への依存を急激に削減することはむずかしく，化石資源の高効率的利用への技術開発が真剣に進められている．

1.5
日本の化学工業の将来

日本の化学工業は，電気機械，輸送機械に次ぐ出荷額を占める主要産業の 1 つであり，鉄鋼と並んで最も重要な素材産業である．化学工業の 1997 年度の生産出荷額は約 39 兆円で，国内製造業の 12 ％を占める．また従業員は約 98 万人で，国内製造業の 10 ％を占める．

化学工業は素材型と加工型に大別される．出荷比率では，素材型と加工型がほぼ同程度である．石油化学をはじめとする素材型化学工業は，大量生産によるコスト低減を追求することから，世界的に事業の集中が行われている．加工型化学工業は，ポリバケツに代表される一般汎用品製造と液晶や医薬品に代表される高機能化学品製造に分けられるが，出荷額の構成比でみると前者の比率は低下しており，後者の比重が増加している．

すでに触れたように，日本の化学工業は 1960 年ごろから，石油化学を中心とした

急激な発展を続けてきた．この間多くの企業が石油化学に参入し，激しい過当競争を演じてきた．そのため国内には小規模な企業が多く，欧米やアジア諸国と比べて汎用品のグレード数が桁違いに多いために，設備投資や研究開発の分散を招いている．そして，各社が同じような事業分野に集中して価格競争に陥るという悪循環を繰り返している．また，原料はほとんど輸入に頼っていることに加えて，人件費，土地代が高いため製造コストが高くつき，利益率が低いという体質をもっている．

1990年代に入ると，化学工業を含めて多くの産業でグローバル化が進んだ．そのため欧米企業では事業の選択と集中に重点をおき，積極果敢な経営を行っている．たとえばドイツのヘキスト社は，化粧品などの汎用化学品部門を捨て医薬品を中核とする会社に変身したし，BASF社は，医薬品事業に見切りをつけ化学部門を中核事業とした．このように，石油化学からファインケミカルから医薬品まで含めた幅広い化学事業を手がけてきた総合化学会社は姿を消しつつあり，そのかわり特定分野に関しては世界のトップクラスとなるように，事業規模を大きくし思い切った設備投資と研究開発を行おうとしている．わが国でも厳しい国際競争に打ち勝つために，事業の再編と海外進出が急速に進められつつある．

顔料，塗料，医薬品，農薬，界面活性剤，香料，接着剤，インキ，機能性ポリマー，液晶，電子材料，写真フィルムなどの高機能化学品は，石油化学と比べて成長率が高く付加価値が高いために，技術開発によって差別化しやすく，生活に密着した製品が多いことから，景気変動の影響を受けにくい．特に食品包装用フィルム，炭素繊維，吸水性樹脂，ホトレジストなどのファインケミカルズ分野では，日本の化学工業は世界のトップクラスに位置する．

化学工業は，このように有用な数多くの化学製品を作り出しており，今後も引き続き，産業の発展と国民生活の質の向上のために果たす役割は大きい．しかし一方で，自然界に存在しない物質を作り出すがゆえに，プラスチックの廃棄物問題，PCB問題などの環境問題を引き起こしてきた．これら環境問題を解明し，原因物質の無害化など環境負荷の低減に対して，今後化学技術が重要な役割を果たすものと期待される．持続可能な発展をするために，化学技術は，研究開発から製造，使用，流通，廃棄，リサイクルの全ライフサイクルに着目した製品設計・製造技術の開発，評価管理技術の開発を行うことが求められている．

第 2 章

無機薬品・材料化学

　無機化学工業は，有機化学工業とともに化学工業の根幹をなし，無機製造工業，窯業，電気化学工業および金属精錬工業などに分類される．しかしながら，日本の産業が，重厚長大な粗原料生産からファインケミカルズやセラミックスなどに代表される高付加価値素材(軽薄短小)の生産へと移行したのに伴い，無機化学工業も生産する製品の種類とその仕様において多様化している．ここでは，無機化学工業の分野の中で，酸，アルカリ，肥料などの無機製造工業，鉄やアルミニウムなどを製造する金属精錬工業，従来の窯業分野に電子セラミックスなどの機能性無機材料を加えた新しい無機材料製造工業を対象とし，その製造化学プロセスと，これにより製造される薬品や素材の種類，性質および用途について工業化学の視点から述べる．

2.1 無機薬品

　酸やアルカリは最も基本的な無機薬品であり，その工業的生産は18世紀に欧州で開始された．約50年を経て，日本では1873年に鉛室法硫酸製造が，また1881年にルブラン(Leblanc)法ソーダ製造が開始されたが，これが国内の化学工業の始まりといわれる．その後石油化学工業などが急激に発展し，酸，アルカリなどの薬品を扱う無機製造工業の化学工業の全生産に占める割合は徐々に低下した．しかし，産業全体に占めるその役割は依然として重要である．これは，酸およびアルカリの生産量が，以前と比べ，なお横ばいか微増となっている点からもうかがえる．

2.1.1 酸

A. 硫　　酸

　硫酸は H_2SO_4 の組成をもつ強酸であり，無色透明の粘稠かつ比重の大きい液体(d^4_{18} 1.834)である．工業的に重要な酸の1つである硫酸は，日本では年間約700万トンが

生産されている．おもな用途は，硫安(硫酸アンモニウム；$(NH_4)_2SO_4$)肥料，染料中間体など硫黄を含む製品の原料として使用されるほか，工業用に洗浄剤，中和剤，酸触媒として使用されている．

硫酸は，回収硫黄や，硫黄化合物を酸化して得られる二酸化硫黄すなわち亜硫酸ガス(SO_2)を，五酸化バナジウム(V_2O_5)を触媒として三酸化硫黄(SO_3)へ酸化し，希硫酸などに吸収させる方法(SO_3は水にはほとんど吸収されない)で製造される(図2.1)．現在，日本の硫酸はこの接触法によってのみ製造されているが，以前には窒素酸化物を用いてSO_2を酸化する方法(鉛室法)も行われていた．ここで，SO_2の接触酸化反応は，硫酸バナジル($VOSO_4$)を中間体として進むと考えられている．

$$V_2O_5 + SO_2 \rightarrow V_2O_4 + SO_3 \tag{2.1}$$

$$V_2O_4 + 2SO_3 \rightarrow 2VOSO_4 \tag{2.2}$$

$$2VOSO_4 \rightarrow V_2O_5 + SO_3 + SO_2 \tag{2.3}$$

実際の製造は，$V_2O_5(10\,wt\%)$-K_2SO_4-SiO_2を触媒として，反応温度450〜550℃，二重接触式により行われている．なお，接触式の場合は触媒毒となる不純物の除去が重要であり，反応に先だちガスの精製が行われる．

原料となるSO_2は，当初は硫黄を含む鉱物や単体硫黄の焙(ばい)焼により製造されていたが，近年，非鉄金属精錬(銅，亜鉛など)からの排ガス中に含まれるSO_2や，石油精製において回収される単体硫黄の酸化により得られるSO_2の割合が増加した．

硫酸は，吸収させるH_2SO_4溶液の濃度により，薄硫酸(硫酸濃度60〜80％)，濃硫酸(同90〜100％)，発煙硫酸(濃硫酸に重量比15〜35％のSO_3を吸収させたもの)など，日本工業規格(JIS)品として販売される．

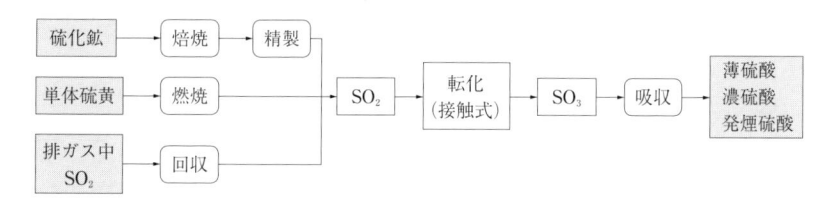

図2.1 硫酸の製造工程．

B. 硝　　　酸

硝酸はHNO_3の組成をもち，無色透明で比重の大きい液体(d^4_{18} 1.502)である．硫酸と同様に工業的に重要な酸の1つで，日本の生産量は年間約70万トンである．おもな用途は肥料用のほかに，硝酸アンモニウム，硝酸ナトリウム，硝酸銀，硝酸カリウム(火薬製造用)などとしての工業原料である．また有機化学工業では，アクリル系合

成繊維，ウレタン，アジピン酸，染料などの製造に用いられる．

硝酸は当初，硝石(硝酸カリウム)，チリ硝石(硝酸ナトリウム)を硫酸で複分解する方法により製造されていたが，現在では，白金触媒を用いたアンモニア酸化法が主流である(図2.2)．すなわち，

$$4NH_3 + 5O_2 \rightarrow 4NO + 6H_2O \tag{2.4}$$

$$2NO + O_2 \rightarrow 2NO_2 \tag{2.5}$$

$$2NO + O_2 \leftrightarrows N_2O_4 \tag{2.6}$$

$$3N_2O_4 + 2H_2O \rightarrow 4HNO_3 + 2NO \tag{2.7}$$

なお，ハーバー・ボッシュ(Haber–Bosch)法の確立に伴いアンモニアが大量に製造されるようになったことも，この合成法の普及に拍車をかけた．

しかし，上記の方法で製造される硝酸の濃度は低く(通常約60 wt%)，濃硝酸とするためには，脱水剤(濃硫酸や硝酸マグネシウム)を用いてさらに濃縮したり，N_2O_4 を吸収させる必要がある．これは，水と硝酸では重量比32：68のときに共沸混合物を生成し，希硝酸の単なる濃縮では濃硝酸を得ることができないことによる．

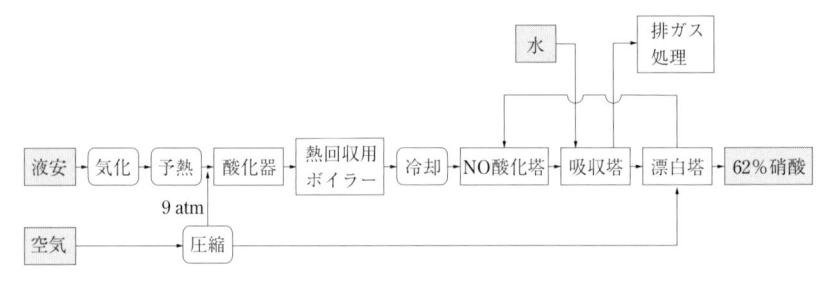

図 2.2 高圧酸化–高圧吸収法による希硝酸の製造工程．

C. 塩　　酸

塩酸は塩化水素(HCl)の水溶液である．塩化水素は無色で刺激臭をもつ，空気より重い気体(空気に対する比重1.268)で，水によく溶解する．市販されている塩酸のHCl濃度はおよそ37 wt%で，市販品は不純物のために淡黄色を呈している．年間生産量は約160万トンであり，おもな用途は無機薬品，医農薬，中間物質などの一般化学工業用，グルタミン酸ナトリウム，醤油(しょうゆ)などの食品用，鉄鋼，紙・パルプ，織物染色などの処理用がある．

1890年に実用化された電解ソーダ法(2.1.2参照)では，カセイソーダのほかに高純度の水素と塩素が得られることから，この水素と塩素から直接HClが製造されるようになった(図2.3)．これを合成塩酸とよぶ．反応は燃焼用バーナーを用いて行われ

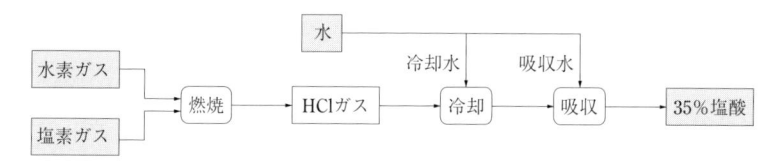

```
水素ガス ─┐
          ├→ 燃焼 → HClガス → 冷却 → 吸収 → 35%塩酸
塩素ガス ─┘           ↑水      ↑冷却水  ↑吸収水
```

図 2.3 合成塩酸の製造工程.

$$H_2 + Cl_2 \rightarrow 2HCl \tag{2.8}$$

るが，爆鳴気による爆発を防ぐために，原料ガスには水素を数 vol%過剰に含むものを用いる．

硝酸と同様に，HCl–H_2O 系も 20.22 wt%の HCl 濃度において共沸点を示すため，通常の条件下では 35～37 wt%の塩酸しか得られない．

近年，有機化学工業において，塩素系化合物を製造する際に副生する塩酸（これを副生塩酸とよぶ）の量が，それら塩素系化合物の需要の増加とともに大きく増大した．そのため，最近では副生塩酸のほうが合成塩酸の生産量を上回っている．しかし，副生塩酸の場合は HCl を分離・精製する必要があり，副生ガス中の HCl 濃度によりその回収方法は異なっている．すなわち，比較的濃度が高い場合は精留法で，また濃度が低い場合は抽出蒸留法で，HCl は回収される．なお，有機不純物などは活性炭を用いて除去される．

D. リン酸

五酸化二リン(P_2O_5)が水和してできる酸$(P_2O_5)_x \cdot (H_2O)_y$の総称をリン酸とよぶが，一般的にはオルトリン酸($H_3PO_4$)のことをいう．オルトリン酸は無色で融点 42 ℃の固体であり，潮解性をもち水によく溶ける．日本の年間生産量は約 30 万トンであり，おもな用途は肥料用と工業用である．また，リン酸を脱水すると縮合し，縮合リン酸（スーパーリン酸）となる．これらは，高濃度リン酸肥料，食品への添加剤などとして使用される．

リン酸の工業的製法には湿式法と乾式法がある（図 2.4）．ここで，製造コストの面からは湿式法が有利であるが，製品の濃度と純度の点では乾式法がすぐれている．原料にはリン鉱石[$Ca_3(PO_4)_2 \cdot CaF_2$]を用い，湿式法ではリン鉱石を硫酸で分解してリン酸を製造する．

$$3Ca_3(PO_4)_2 \cdot CaF_2 + 10H_2SO_4 + 20H_2O \rightarrow$$
$$6H_3PO_4 + 10CaSO_4 \cdot 2H_2O + 2HF \tag{2.9}$$

ここで副生するセッコウが，微小粒子として沈殿しやすい．したがって，高収率でリン酸を得るためには，セッコウのろ過，洗浄を効率よく行う必要がある．

セッコウは，リン酸濃度にもよるが，およそ 150 ℃で無水塩($CaSO_4$)，100 ℃付近

2 無機薬品・材料化学

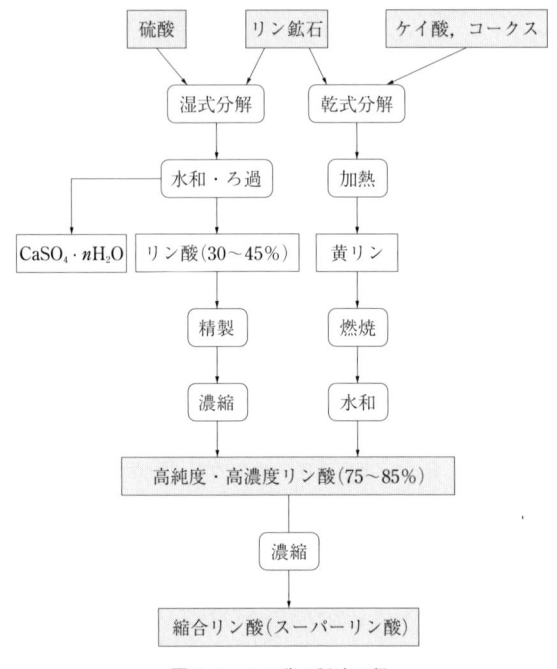

```
        硫酸      リン鉱石      ケイ酸, コークス
          ↓         ↓             ↓
        湿式分解              乾式分解
          ↓                     ↓
        水和・ろ過              加熱
          ↓                     ↓
   CaSO₄·nH₂O  リン酸(30～45%)  黄リン
                  ↓              ↓
                 精製            燃焼
                  ↓              ↓
                 濃縮            水和
                     ↓    ↓
              高純度・高濃度リン酸(75～85%)
                       ↓
                      濃縮
                       ↓
              縮合リン酸(スーパーリン酸)
```

図 2.4 リン酸の製造工程.

で半水塩($CaSO_4·1/2 H_2O$),80℃以下では二水塩($CaSO_4·2H_2O$)の形で沈殿する.そこで,リン鉱石を硫酸と反応させる温度と濃度を制御することで,ろ別が容易なセッコウ粒子の粗大化がはかられ,日本では半水-二水塩法と二水塩法が主として用いられている.製造されるリン酸の濃度は各方法により異なるが,湿式法では通常30～45 wt%となる.また,湿式法ではヒ素などの不純物を含むため,食品や医薬品として使用する場合には,抽出と加熱により精製と濃縮が行われる.

乾式法は,リン鉱石をケイ酸(またはケイ砂)およびコークス(4.1.3 参照)と混合後,電気炉中 1300～1500℃で加熱することで,単体リン蒸気(P_2)を得る方法である.凝縮させて回収した液体リン(黄リン,P_4)は,さらに P_2O_5 まで酸化させ,水と反応させてリン酸とする.

$$4Ca_5(PO_4)_3F + 18SiO_2 + 30C \rightarrow 3P_4 + 18CaSiO_3 + 2CaF_2 + 30CO \tag{2.10}$$

$$P_4 + 5O_2 \rightarrow 2P_2O_5 \tag{2.11}$$

$$P_2O_5 + 3H_2O \rightarrow 2H_3PO_4 \tag{2.12}$$

乾式法では,高純度のリン酸を高濃度で得ることができる反面,電力を多量に消費す

るため，現在は諸外国で製造した単体リンを輸入し，これを用いて高純度の高濃度リン酸や縮合リン酸が製造されている．

2.1.2 アルカリ

A. カセイソーダ

カセイソーダは，正式には水酸化ナトリウム($NaOH$)のことで，吸湿性をもつ白色固体である．日本の年間生産量は約 400 万トン，主要な用途は，製紙工業におけるパルプの蒸解，繊維工業におけるセルロース系繊維の紡糸などのほか，各種工業において中和用，CO_2，SO_2，H_2S，H_2O，H_3P，H_3As の吸収除去などである．

$NaOH$ は電解法によって製造され，これには隔膜法，イオン交換膜法および水銀法があり，日本では，イオン交換膜法による製造が主流である．電解は原料に食塩($NaCl$)水溶液(かん水とよぶ)を用いて行われ，$NaOH$ とともに塩素と水素が得られる．

$$NaCl + H_2O \rightarrow NaOH + 1/2 H_2 + 1/2 Cl_2 \tag{2.13}$$

ここで，生成した $NaOH$ は塩素と容易に反応し，また水素と塩素の混合ガスは爆発する可能性があるため，これらのガスは分離して捕集する必要がある．

イオン交換膜法電解槽の模式図を図 2.5 に示す．イオン交換膜で仕切られたアノード室にはかん水を，カソード室には希薄 $NaOH$ 水溶液を入れ電解を行うと，アノード極では塩化物イオンの酸化による塩素ガスが発生し，カソード極では水の還元により水素ガスと水酸化物イオンが生成する．

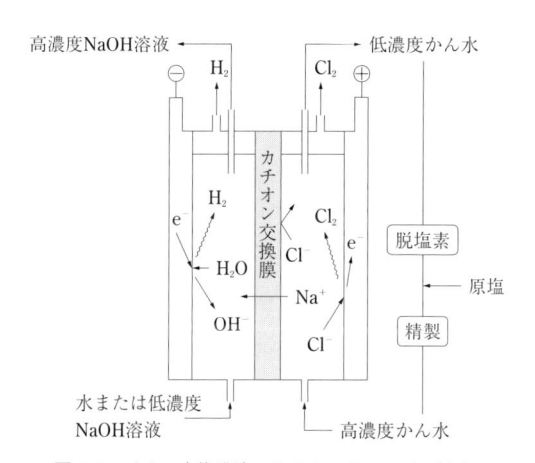

図 2.5 イオン交換膜法によるカセイソーダの製造．

$$\text{アノード側} \quad 2Cl^- \rightarrow Cl_2 + 2e^- \quad (2.14)$$

$$\text{カソード側} \quad 2H_2O + 2e^- \rightarrow 2OH^- + H_2 \quad (2.15)$$

ここで，イオン交換膜には，通常スルホン酸基($-SO_3^-$)またはカルボキシル基($-COO^-$)を官能基とするカチオン交換膜が用いられ，電解とともに余剰となったNa^+イオンがアノード室からカソード室へと移行することで，カソード室でOH^-と化合し$NaOH$が生成する．

イオン交換膜法ソーダ電解では，従来の隔膜法と比較して電流効率が高く，高純度の$NaOH$を高濃度(約35％)で得ることができる．また，水銀法のように水銀による環境汚染の問題がない．なお，イオン交換膜としては，通常耐アルカリ性にすぐれたペルフルオロカルボン酸系の膜が使用される．

B. ソーダ灰

ソーダ灰(炭酸ナトリウム)の組成式はNa_2CO_3で，吸湿性をもつ白色粉末である．日本の年間生産量は約70万トンで，生産量は年々漸減する傾向にある．主要な用途は，ガラス工業と各種化学工業用原料である．

1860年にソルベー(Solvay)法が発明され，食塩，アンモニアおよび二酸化炭素から，重曹(炭酸水素ナトリウム，$NaHCO_3$)を経てソーダ灰を製造することが可能となり，これがアンモニアソーダ法(ア法)として発展した．

$$H_2O + NH_3 + CO_2 \rightarrow (NH_4)HCO_3 \quad (2.16)$$

$$(NH_4)HCO_3 + NaCl \rightarrow NaHCO_3 + NH_4Cl \quad (2.17)$$

$$2NH_4Cl + Ca(OH)_2 \rightarrow 2NH_3 + CaCl_2 + 2H_2O \quad (2.18)$$

$$2NaHCO_3 \rightarrow Na_2CO_3 + CO_2 + H_2O \quad (2.19)$$

上記の反応において，(2.18)および(2.19)式で発生したNH_3とCO_2は循環され，再度$NaHCO_3$の製造に利用される．したがって，ア法では粗重曹のほかに塩化カルシウム($CaCl_2$)が副生する．ここで粗重曹の熱分解で得られるソーダ灰は，軽質ソーダ灰(見かけ比重0.8以下)とよばれる．これに対し重質ソーダ灰(比重1.2以上)は，軽質ソーダ灰を一水塩としたのち熱分解して得られる．

日本では食塩のほとんどを輸入に頼っている．そこで，塩素の利用率の向上をはかるために，反応溶液中に残存する塩安(塩化アンモニウム，NH_4Cl)を回収し窒素肥料としている．これを塩安ソーダ法といい(図2.6)，NH_4Clの生産は，その需要により$CaCl_2$の生産量と調整しながら行われる．

2.1.3 アンモニア

アンモニアはNH_3の組成をもち，無色で空気よりも軽く(空気に対する比重は0.5971)，刺激臭をもつ気体である．年間生産量は約160万トンで，おもな用途は窒

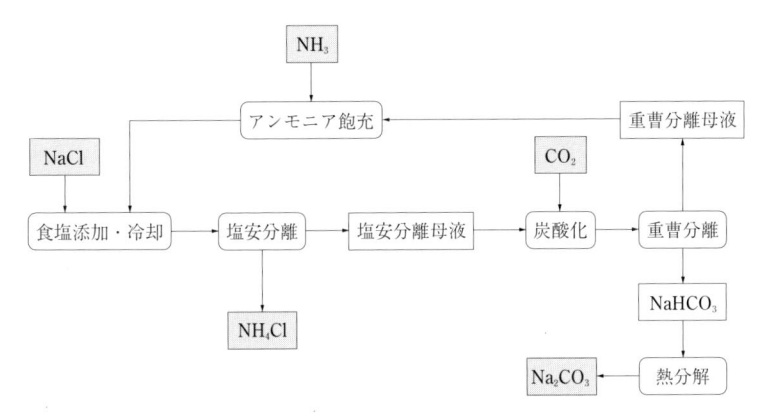

図 2.6 塩安ソーダ法によるソーダ灰製造工程.

素肥料用，硝酸製造用，樹脂・繊維などの化成品向けの原料用である．

当初のアンモニアの工業的な製造は，カルシウムカーバイド(CaC_2)を1000℃に加熱しながら，空気中の窒素と反応させて得た石灰窒素($CaCN_2$)を加熱水蒸気で加水分解することで行われた．

$$CaCN_2 + 3H_2O \rightarrow 2NH_3 + CaCO_3 \quad (2.20)$$

次に，電弧の高熱中に空気を通じ，窒素と酸素を直接反応させNO_2を発生させる方法が考案されたが，この方法は多量の電力を必要とするため，現在では全く行われていない．

これに対し，空中窒素固定法として知られているハーバー・ボッシュ法が20世紀初頭に確立された．これは，150～1000気圧の窒素と水素を，触媒存在下400～600℃で接触反応させるもので，これによりアンモニアの大量生産が可能となった．

$$N_2 + 3H_2 \rightarrow 2NH_3 \quad (2.21)$$

その後，触媒の改良が進み，現在では$Fe_3O_4 \cdot Al_2O_3 \cdot K_2O \cdot CaO$系触媒が主流となっている．これに対し最近，より高活性なルテニウム系触媒が開発された．この触媒の活性は鉄系触媒と比べ20倍も高く，130気圧，140℃のより温和な反応条件下でも，アンモニア収率は40％にも達する．

アンモニアの生産においては，原料となる水素をいかに安価に製造するかが重要となる．現在，最も低コストの水素の製造方法として，ナフサ（平均的な組成はC_7H_{15})や天然ガスの水蒸気改質法，または石炭，重質油などの部分酸化法がある．

水蒸気改質法では，Ni系触媒存在下約800℃で，まず炭化水素をH_2とCOに変換し，さらに残存するCH_4などを空気酸化することで，改質ガス内にN_2ガスがモル比

$N_2 : H_2 = 1 : 3$ の割合で導入される.

$$2C_7H_{15} + 14H_2O \rightarrow 14CO + 29H_2 \tag{2.22}$$

$$CH_4 + H_2O \rightarrow CO + 3H_2 \tag{2.23}$$

$$2CH_4 + O_2 + 4N_2 \rightarrow 2CO + 4H_2 + 4N_2 \tag{2.24}$$

他方,石炭,重質油などの部分酸化反応は発熱反応であり,酸素を用いることで反応は自発的に進む.しかし,この場合は反応後に別途窒素を加える必要があり,部分酸化のために空気から分離された O_2 ガスの残りの N_2 ガスが,これにあてられる.

$$C_mH_n + m/2O_2 \rightarrow mCO + n/2H_2 \tag{2.25}$$

生成した CO と H_2 の混合ガスは,水蒸気を用いるシフト反応により,さらに H_2 と CO_2 へと変換される.

$$CO + H_2O \rightarrow CO_2 + H_2 \tag{2.26}$$

ここで,CO_2 は圧力差を利用してゼオライトなどの吸着剤で吸着・除去される(圧力スウィング法).残存する CO と CO_2 はアンモニア合成時に触媒を被毒するため,再度不活性なメタンに変換され,原料ガスとして使用される(図2.7).

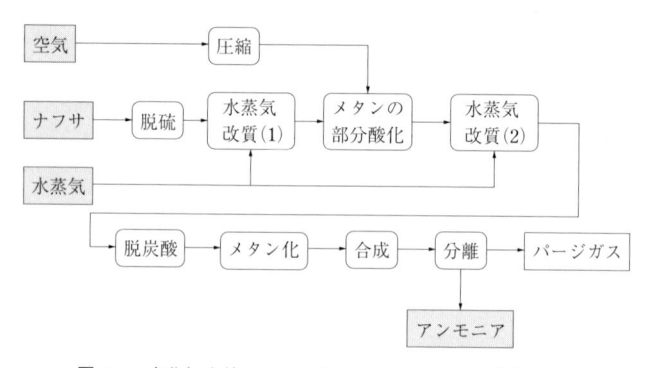

図 2.7 水蒸気改質による水素を用いるアンモニア製造工程.

2.2 金属・セラミックス材料

　金属およびセラミックス材料は,金属精錬工業や従来の窯業分野に電子セラミックスなどのニューセラミックスを加えた無機材料製造工業の主要製品であり,これらは日本の基幹産業を支える素材としてきわめて重要である.本節では,鉄および主要な非鉄金属,窯業分野に代表される伝統的セラミックスと主要原料について述べる.

2.2.1 金　属

A. 鉄

鉄は安価で加工性がよく，強度にもすぐれた構造用材料であり，さまざまな場所に使用される．日本の銑鉄の年間生産量は約 8000 万トンにも達する．

鉄は，鉄鉱石(おもに酸化鉄)を高炉(blast furnace)を用いてコークスで還元して製造される(図 2.8)．まず，コークス炉(coke oven)に粘結性のある石炭(原料炭とよばれる)を入れ，約 1000 ℃で 24 時間蒸し焼きにしてコークスを製造したのち，これと焼結・整粒した鉄鉱石とを高炉に入れ，1000 ℃以上の熱風を吹き込み鉄鉱石を還元する．反応は発熱反応であるため，高炉の最下部の温度は約 1500 ℃まで上昇する．

$$3Fe_2O_3 + CO \rightarrow 2Fe_3O_4 + CO_2 \tag{2.27}$$

$$Fe_3O_4 + 4CO \rightarrow 3Fe + 4CO_2 \tag{2.28}$$

得られた還元鉄は銑鉄(pig iron)とよばれ，4 % 程度の炭素と微量の Si，Mn，P，S などを含む．得られた銑鉄は，転炉中で酸素と反応させて炭素を除き鋼となる．

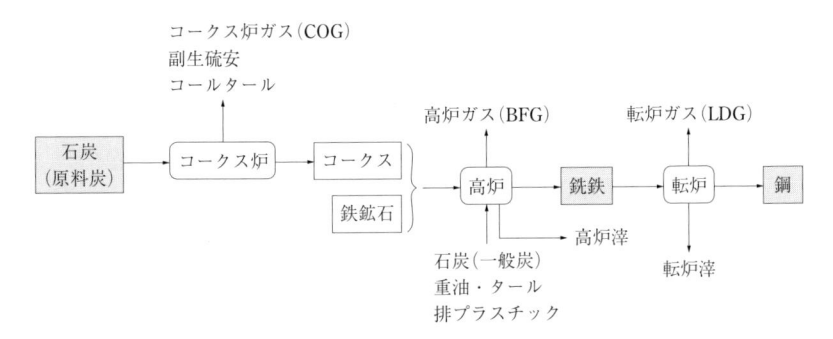

図 2.8　製銑・鉄鋼の製造工程．

B. 非鉄金属

非鉄金属とは文字どおり，鉄以外のすべての金属をさす．生産量の多いものとしては，アルミニウム，銅，亜鉛，鉛，シリコンなどがある．

鉄に次いで大量に生産されるアルミニウムは，資源量が豊富(クラーク数は 3 番めに大きい)であることに加え，軽量で耐久性にもすぐれることから，構造材料として広く利用される．また，卑金属であるアルミニウムは酸化されやすい反面，表面が容易に不働態化(Al_2O_3 酸化膜の形成)するため，耐酸化性にもすぐれている．日本でのアルミニウムの年間生産量は約 360 万トンである．

アルミニウムの精錬は，Al_2O_3 を氷晶石(Na_3AlF_6)，AlF_3，MgF_2，$NaCl$ などからな

る浴中で，電解還元して製造される(図2.9)．したがって，この場合は多量の電気エネルギーを消費するプロセスであり，最近では電力代が安価な海外で生産したアルミニウム金属の輸入が増大している．

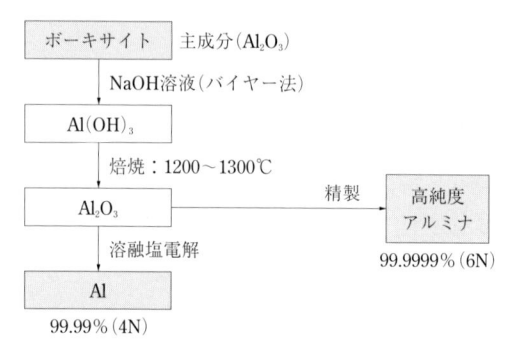

```
        ボーキサイト ── 主成分($Al_2O_3$)
             │
             │ NaOH溶液(バイヤー法)
             ▼
          $Al(OH)_3$
             │
             │ 焙焼：1200〜1300℃
             ▼
          $Al_2O_3$ ──精製──▶ 高純度アルミナ
             │                 99.9999%(6N)
             │ 溶融塩電解
             ▼
            Al
        99.99%(4N)
```

図2.9 アルミ精錬およびアルミナ系材料製造工程．

銅は精錬，溶解，鋳造，加工などが容易であることに加え，電気伝導性や熱伝導性がきわめて良好であることから，建築用材，電気配線用材，調理器具，エアコン，冷蔵庫の伝熱管などに広く用いられる．日本の銅の年間生産量は，約140万トンである．原料となる銅鉱石(黄銅鉱)は，上述の鉄鉱石やボーキサイトのように金属含有量が高くないため(通常0.5〜5 wt%)，比重の差を利用した浮遊選鉱法によりまず銅成分をおよそ20 wt%まで濃縮する．次に，これらに溶錬(石灰やケイ石を加えて加熱する)，製銅(ケイ酸鉱やケイ石を加えて空気を吹き込む)，および電解精錬(粗銅を陽極，純銅を陰極として電気分解を行う)の工程を施すことで，電気銅とよばれる純度99.99%の銅が得られる．

シリコン(ケイ素，Si)は，単体としては天然に存在しないが，酸化物(シリカ，SiO_2)やケイ酸塩の形で地殻中や地表に広く分布する(クラーク数は第2位)．単体のケイ素は灰色で金属光沢をもつ固体であるが，高純度のものは半導体や太陽電池として使用される．シリコンの製造は，ケイ砂(主成分はシリカ)と炭素(コークス)を電気炉中，2000℃で還元して行われる．

$$SiO_2 + 2C \rightarrow Si + 2CO \tag{2.29}$$

しかし，この方法では97〜98%の純度のもの(粗ケイ素)しか得られない．そこで，高純度シリコンは，粗ケイ素を塩素および塩化水素と反応させ，トリクロロシラン($SiHCl_3$)の形で精密蒸留したのち，還元して製造される．この方法では，純度99.99999999%(これを10 Nとよぶ)のシリコンが得られる(図2.10)．しかし，これ

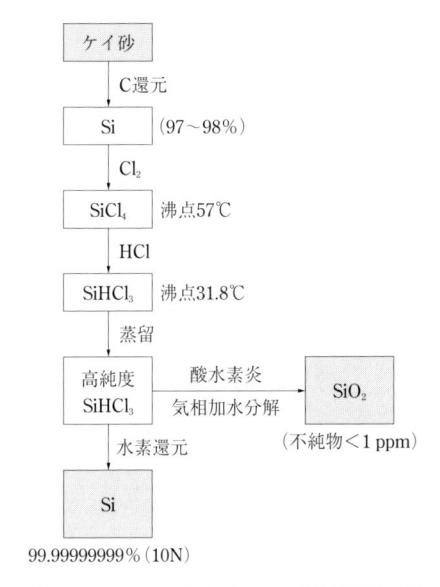

図 2.10 シリコンおよびシリカ系材料製造工程.

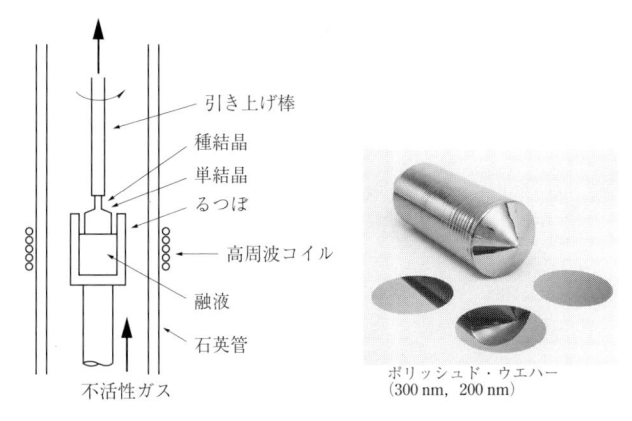

図 2.11 引き上げ法とシリコン単結晶の外観.
　　　　［三菱住友シリコン(株)提供］

らは多結晶体であるため,半導体用には引き上げ法を用いて単結晶とする.現在では直径 14 インチのシリコン単結晶が製造されている(図 2.11).

2.2.2 セラミックス

セラミックス(ceramics)は，ギリシャ語の"keramos"を語源とし，当初「やきもの」をさして使われた．その後，陶磁器や耐火物のほかに，ガラス，セメントなども同語の分類に加えるようになった．またこれらが，ケイ酸塩鉱物を原料として窯を用いて高温処理をされることから，この工業は窯業またはケイ酸塩工業とも称された．

他方，科学技術の進歩に伴い製品も多様化し，同様の製造プロセスで製造される製品はセラミックスと総称されるようになった．また，より高い機能，性能，精度などがセラミックスに求められるようになると，原料も天然のものから，より純度や粒子径などの揃った人工の原料へと移行し，より高度なニーズに対応できる新しい製品群を産み出すに至った．そのため，陶磁器などを伝統的セラミックスあるいはクラシックセラミックスとよぶのに対し，これらはニューセラミックス，モダンセラミックスあるいはファインセラミックスと称される(表2.1)．

表2.1 セラミックスの分類，原料および用途

分類		原料	製品
クラシックセラミックス	陶磁器	粘土鉱物(カオリン，モンモリロナイトほか)など	食器，衛生陶器，理化学用品など
	耐火物	ケイ砂，粘土鉱物，ボーキサイト，マグネシア，クリンカーなど	耐火れんがなど
	汎用ガラス	ケイ砂，ホウ砂，長石，ボウ硝，石灰石，マグネシアなど	板ガラス，びんガラス，ブラウン管用ガラス，ガラス繊維など
	セメント	石灰石，粘土，ケイ砂，スラグなど	ポルトランドセメント，混合セメントなど
ニューセラミックス	構造材料	Al_2O_3，ZrO_2，C，BN，TiC，WC，Si_3N_4，SiCなど	耐摩耗材料，切削工具，研磨材，固体潤滑材など
	電磁気材料	遷移金属酸化物，Al_2O_3，SiO_2，希土類酸化物，SiC，$MoSi_2$，LaB_6など	基板，誘電体，磁性体，電気伝導体，固体電解質など
	光学材料	SiO_2，Al_2O_3，遷移金属酸化物，希土類酸化物など	蛍光体，固体レーザー素子，光ファイバー，光学レンズ，偏光素子，窓材など
	熱関連材料	Al_2O_3，SiO_2，ZrO_2，SiC，Si_3N_4，BNなど	耐熱材，断熱材，耐熱基板など
	化学・生物関連材料	Al_2O_3，SiO_2，ZrO_2，$Ca_5(PO_4)_3(OH)$など	触媒担体，人工骨歯など

ここで，クラシックセラミックスとニューセラミックスとの生産量の推移をみると，前者の各生産量は 10 年前と比べ 2/3 から 4/5 まで低下したのに対し，後者の各生産量は平均して 3 倍程度まで増大している．これは日本のセラミックス産業が，ニューセラミックス関連分野を志向していることを如実に示している．以下に，ニューセラミックスの原料として重要な高純度のアルミナとシリカについて述べる．

A. 高純度アルミナ

アルミナおよびアルミニウム製造工程を図 2.9 に示した．アルミナ(Al_2O_3)は，ボーキサイト(Al_2O_3 55.65 %，ほかに Fe_2O_3，SiO_2，TiO_2 などを含む)にカセイソーダを加えてアルミン酸ソーダ($NaAlO_2$)として抽出し，これを冷却して水酸化アルミニウム$[Al(OH)_3]$として析出させたのち，煆(か)焼して製造されている．得られたアルミナの純度は 99.5 % 程度で，これらはガラス，セラミックス耐熱材容器などとして使用される．

他方，ニューセラミックスの原料としては，純度 99.9 % 以上の高純度アルミナ微粉末が必要であり，これらは金属アルミニウムを水中で放電して得た水酸化アルミニウムから，加熱脱水して製造される．その平均粒径は 1 μm 以下と小さく，易焼結性であるため，それらは単結晶，透光性アルミナ，耐摩耗性セラミックス，電子部品などの原料として用いられる．また，アルミナはコランダム型(α 型)のほか，γ 型など多様な構造をもち，触媒の単体としても用いられる．

B. 高純度シリカ

シリカおよびシリコンの製造工程を図 2.10 に示した．ケイ砂はシリカ(SiO_2)を多量に含むため，各種ガラス，セメント，陶磁器などの原料として用いられる．しかし，光通信用低伝送損失石英ガラスファイバーや高品質シリコン結晶の製造には，高純度シリカが必要となる．

現行の高純度シリカの製造は，ケイ砂をいったん金属シリコンとしたのち，これを 2.2.1 B. で述べた $SiCl_4 \rightarrow SiHCl_3$ による蒸留法で精製し，さらにこれを酸素/水素炎で気相加水分解させることで行われている．得られた高純度シリカは，光学用石英ガラス，光ファイバーなどとして用いられている．

2.3 機能性金属および無機材料

2.3.1 結合様式・形態と機能

金属および無機材料は，主として金属結合，イオン結合および共有結合から成り立っている．金属はその高い電気伝導性と熱伝導性で特徴づけられ，これは金属原子

の間を自由に動き回る,すなわち非局在化した自由電子(free electron)の存在による.また,この自由電子は多数の金属原子に共有されることで,金属原子を固体として互いに凝集させる結合力としても作用する.

イオン結合性材料は,電気陰性度の異なる元素間の電子の授受により生成したカチオンとアニオンとからなり,これらがクーロン力によって凝集することで形づくられる.したがって,イオン性物質では外殻電子は陰性元素に引き寄せられるため(電子の局在化),金属のように自由電子がなく電子伝導性を示さない.そのため,多くのイオン結合性材料は良好な絶縁性を示す.しかし,一部のイオン結合性材料の場合は,その特異な構造などによりイオンが移動することが可能となり,電解質溶液のようにイオン導電性を示すことになる.このような物質は,後述するように固体電解質とよばれる.

一方,材料を構成する原子の電気陰性度が互いに近い場合(ただし金属どうしの場合を除く),原子どうしは電子を共有した共有結合を形成し,これらが有用な機能物性を示す場合共有結合性材料となる.イオン結合と同様に共有結合の場合も結合に電子が関与し,これらの電子は結合した原子どうしが形成する分子軌道に占有される.したがって,共有結合性物質もイオン性のものと同様に,一般には電子は軌道上への束縛を受け局在化することになる.特に σ 結合の場合はこの傾向が強いが,SiやGeのように電子の軌道上への束縛が弱いものがあり,この場合は半導性を示すことになる.また,p軌道やd軌道によって形成される π 結合をもち,これらが共役する場合は,グラファイトのように良導体となる.

材料の機能の多くは,構成原子間で形成される上記の結合様式とその電子状態のほかに,材料の構造と形態によっても規定される.ここで,材料としての形態は,単結晶,焼結体,ガラス,薄膜,微粒子,複合体などに分類される.材料の形態と機能は密接な関係があり,形態は材料の成分組成や結合様式などとともに,それらの機能と性能を左右する大きな因子となる.金属およびニューセラミックスの機能としては,機械的機能,電子的機能,磁気的機能,熱的機能,および化学・生物的機能などに分類される(表2.1参照).以下に,金属または無機物質を用いる電子機能材料,磁気機能材料,光学機能材料および触媒について概説する.

2.3.2 電子機能材料

A. 良導性材料

物質はその電気抵抗率により,良導体($< 10^{-3}$ Ωm),半導体($10^{-3} \sim 10^{10}$ Ωm)および絶縁体($> 10^{10}$ Ωm)に分類される.上述のとおり,電気伝導度は物質を形成する成分元素の結合様式と密接に関係する.

2.3 機能性金属および無機材料

良導体としては金属や合金が一般的であり，CuやAlなどの金属は送電用ケーブルに使用される．また，金属以外には金属酸化物系セラミックスの良導体がある．スピネル型構造のFe_3O_4やペロブスカイト型構造の$LaNiO_3$などがある．特に，1986年に発見された高温酸化物超伝導体は，従来の金属系のそれら(Nb(9.3K), Nb_3Sn(18K), Nb_3Ge(23K)など)を上回る高い転移温度(T_c)を示す点で注目されている．

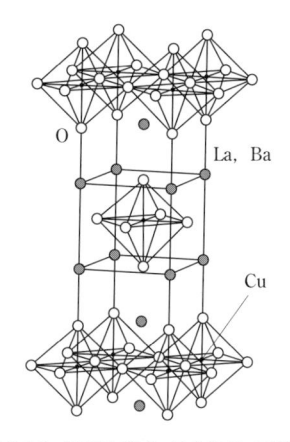

最初に発見された高温酸化物超伝導体は$(La,Ba)_2CuO_4$(T_c = 30K)で，これは岩塩型とペロブスカイト型の各構造ユニットが，c軸方向に交互に重なったK_2NiF_4型構造(図2.12)を形成している．そのため，ペロブスカイト型の構造中のCuO_6八面体ユニットがcに垂直なab面内で連結した層状構造を有し，この面内で正孔が導電キャリヤーとなり超伝導を示す．したがって，酸化物高温超伝導体にはこの層状構造が有用であり，その後類似した構造ユニットを有する超伝導体が相次いで発見された．すなわち，$YBa_2Cu_3O_7$(T_c = 92K)，$(Bi,Pb)_2Sr_2Ca_2Cu_3O_{10}$($T_c$ = 107K)，$Tl_2Ba_2Ca_2Cu_3O_{10}$(T_c = 127K)および$HgBa_2Ca_2Cu_3O_8$(T_c = 133K)であり，Hg系化合物では，加圧することで転移温度は164Kまで上昇する．しかし，これらの高温酸化物超伝導体では冷媒が液体窒素(沸点77.4K)でよい反面，成型加工性に難があり，その実用は期待されたほどには進んでいない．

図2.12 K_2NiF_4型$(La,Ba)_2CuO_4$の構造．

これに対し，MgB_2がT_c = 39Kで超伝導体に転移することが2001年に見いだされた．また，その後素材が安価であることに加え，磁場中，20Kで十万$A\,cm^{-2}$もの高電流が観察されている．このため，リニアモーターカー，加速器，核融合などの大型磁石用線材として期待されている．

B. 半導性材料

　他方，半導体には Si, Ge などの真性半導体と，GaAs, CdTe をはじめとする化合物半導体がある（表 2.2）．両者とも，不純物や組成の量論比からのずれがない場合，電気伝導度はさほど高くはない．しかし真性半導体では，価数の異なる不純物を導入することで，その価数に応じて電子伝導性の n 型半導体や正孔伝導性の p 型半導体となる．他方化合物半導体では，Ga, Cd などの陰性元素の不足により n 型半導性になり，逆に As, Te などの陽性元素の不足により p 型半導性になる．In_2O_3 や SnO_2 も半導性を示すが，これに Sn^{4+} または Sb^{5+} イオンを添加すると電子伝導性が大幅に増大する．しかし，これらの In_2O_3：Sn^{4+} や SnO_2：Sb^{5+} は可視光域に吸収がないため，液晶ディスプレイなどの透明電極材料として広く使用されている．

　最近実用化された青色発光ダイオードやレーザーは，バンドギャップエネルギーの

表 2.2　おもな半導体とバンドギャップエネルギー（E_g）[†]

半導体	E_g(eV)	半導体	E_g(eV)
C（ダイヤモンド）	5.3	ZnO	3.2
Si	1.1	ZnS	3.8
Ge	0.7	ZnSe	2.6
SiC	3.0	ZnTe	2.3
AlN	6.2	CdS	2.5
AlP	2.4	CdSe	1.7
AlAs	2.2	CdTe	1.5
GaN	3.5	PbS	0.4
GaP	2.3	TiO_2	3.0
GaAs	1.4	$SrTiO_3$	3.2
InN	2.2	WO_3	2.7
InP	1.3	In_2O_3	2.8
InAs	0.4	SnO_2	3.8

[†]　AlGaAs や InGaN などは AlAs-GaAs および InN-GaN の各系の混晶であり，これらの E_g 値はほぼ各半導体の値を混合割合で加重平均した値となる

［日本化学会編，第 5 版化学便覧応用化学編，p.214, 215，丸善（1995）］

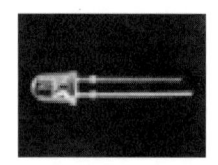

図 2.13　混晶型 InGaN 発光ダイオード（左：青色，右：白色）．
　　　　［日亜化学工業（株）ホームページより］

大きい GaN や，これと InN との混晶 InGaN を発光層に用いたもので，低消費電力ディスプレイ，高微細光加工，高密度光記録などが可能になる点でその応用が期待されている（図 2.13）．

C．絶縁性材料

一方，絶縁体は送電線などからの高電圧の漏洩を防ぐだけでなく，電気的にも重要な機能を発現する．すなわち，真性半導体の場合と同様に，金属酸化物などに価数の異なる金属イオンを導入すると，カチオンとアニオンの電荷をバランスするためにイオン空孔が生じる（これを電荷補償とよぶ）．たとえば，ZrO_2 へ Y^{3+} イオンを添加した蛍石型 $ZrO_2：Y^{3+}$ では O^{2-} イオンの欠陥が生じ，この欠陥を介して酸化物イオン導電性が発現する（図 2.14）．このほかに，$CeO_2：Y^{3+}$ や $(La,Sr)GaO_3$ も同様に良好なイオン導電性を示し，これらはすでに酸素センサーとして使用されている．また最近では，高温型燃料電池用電解質としての利用も期待されている．

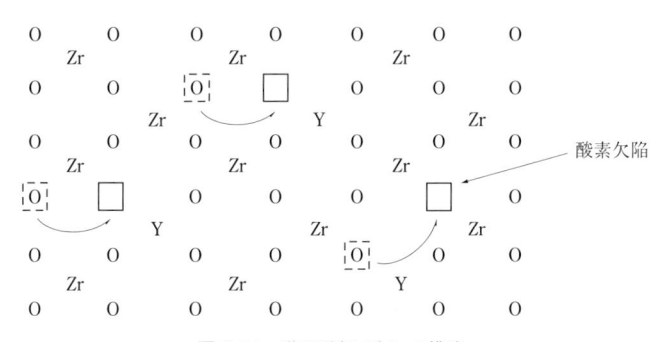

図 2.14 蛍石型 $(Zr,Y)O_2$ の構造．

絶縁体のもう 1 つの大きな用途は，誘電体としての利用である．すなわち，絶縁体では電子が構成元素の原子核によって強く束縛されているが，外部から電界を印加することで，原子核と電子との相対的なずれが生じ分極することになる（これを電子分極という）．またこれ以外に，カチオンおよびアニオンが相対的に偏移するイオン分極と，極性分子が配向する配向分極がある．しかし，これらの分極を誘起し外部に電界を生じさせるためには，結晶学的に対称中心がないことが必須の条件となる（対象中心をもつ構造では，等価な位置を占めた原子，イオンあるいは極性分子の偏移や配向は互いに逆向きとなり分極は相殺される）．なお，異種物質の界面にも分極が生じ，これを界面分極という．また，この分極した層は電気二重層とよばれ，積層コンデンサーやキャパシター電池として応用される．

一般に，分極の強さは静電容量 C（単位 F）によって表され，物質中に電荷が蓄えら

れたことに対応する．ここで，物質を2枚の金属板ではさみ，その面積と間隔をAおよびd，εを誘電率とすると，金属板間に蓄えられる電荷Qは次式で与えられる．

$$Q = A\varepsilon V/d = CV \tag{2.30}$$

また，交流電場に対する誘電率は，複素数として表記される．

$$\varepsilon = \varepsilon' - j\varepsilon'' \tag{2.31}$$

上式の実数項ε'は誘電率，虚数項ε''は分極に伴う電力損失にそれぞれ対応する．これは，電場$E = E_0 e^{j\omega t} = E_0(\cos \omega t + j\sin \omega t)$に対して分極$P$に遅れが生じるためで，電束密度$D$は$D = D_0 e^{j(\omega t - \delta)}$となる．ここで，$\varepsilon'$と$\varepsilon''$の比は$\tan \delta$で与えられ，これは誘電正接とよばれる．

$$\tan \delta = \varepsilon''/j\varepsilon'' \tag{2.32}$$

通常の絶縁性物質では電場に対して分極が生じる．ここで，電場を取り去ると分極が消失するものを常誘電体とよぶ．これに対し，圧力を印加すると分極するものを圧電体，温度を変化させると分極するものを焦電体といい，電場の印加によりその方向に自発分極するものを強誘電体とよぶ．強誘電体は焦電体の1種であり，焦電体は圧電体に含まれることになる．いずれも結晶構造に対称中心がないことが重要である．

$BaTiO_3$や$PbZrO_3$-$PbTiO_3$系固溶体のPZTセラミックスは，コンデンサー用や圧電素子用として用いられる(表2.3)．誘電材料としてはε'の値が大きいものが好ましいが，最近の電子機器では高周波対応のものが増加する傾向にあり，$\tan \delta$の値が小さいことも重要である．

表2.3　おもな強誘電体とキュリー温度(T_c)[1]

誘電体	T_c(℃)	半導体	T_c(℃)
$BaTiO_3$	120	$LiNbO_3$	1210
$PbTiO_3$	490	$KNbO_3$	435
$PbZrO_3$	230 [2]	$(Li,K)NbO_3$	665
$Pb(Zr,Ti)_3$(PZT)	<490	$LiTaO_3$	665

[1] 後述する強磁性体と同様に強誘電体にも転移温度が存在し，これをキュリー温度(T_c)とよぶ
[2] この化合物は230℃で反強誘電体へ転移するが，反強磁性体と同様に自発磁化を示さない

[柳田博明，電子セラミックス，p.58，技報堂(1975)]

2.3.3　磁気機能材料

A. 磁性体の種類と特徴

物質は，不対電子をもつ原子，イオンまたは分子からなる常磁性体と，そのような

不対電子種をもたない反磁性体とに分類される．また，常磁性体は磁性原子，イオンまたは分子間に働く相互作用に基づくスピン配列の様式により，主として強磁性体，反強磁性体およびフェリ磁性体に分類できる（図2.15）．これらのうち，配向磁場印加後に自発磁化をもつものは，強磁性体とフェリ磁性体の2つであり，工業的に意味があるのはこれらの磁性体である．

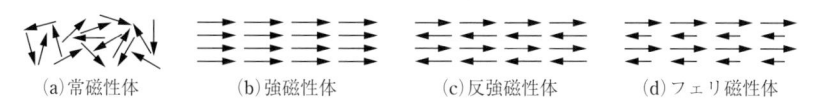

(a)常磁性体　　(b)強磁性体　　(c)反強磁性体　　(d)フェリ磁性体

図**2.15**　磁性体の種類とスピン配列．

上記の強磁性体，反強磁性体およびフェリ磁性体も高温では常磁性体であり，ある温度以下の範囲でのみ各磁性体として機能する．すなわち，磁性種間には軌道の重なりによる交換相互作用が働き，これによりエネルギー状態の低いスピンが配列した状態に移行する．したがって，この転移は温度に依存し，温度が低いほどスピンの規則配列が容易となる．強磁性体およびフェリ磁性体のこの転移温度をキュリー温度とよぶ（反強磁性体の場合はネール温度という）．キュリー温度は材料として使用する場合高いほど有利であり，金属 Co および Fe のキュリー温度は 1000K 以上にも達する．

他方，自発磁化の大きさは，その磁性材料を構成する磁性種の磁気モーメントの大きさと密接に関連する．一般に，磁気モーメントは後述の透磁率と同様に記号 μ で表され，全角運動量量子数 J を考慮した μ_J の値は以下の式で与えられる．

$$|\mu_J| = g\sqrt{J(J+1)}\mu_B \tag{2.33}$$

ここで，g は Lande の g 因子，μ_B はボーア磁子であり，J は電子配置により次のように表される．

$$J = L - S \quad \text{または} \quad J = L + S \tag{2.34}$$

ここで，L は合成軌道角運動量，S は合成スピン角運動量であり，その磁性種がもつ各電子の方位量子数 l およびスピン量子数 s の和である．

表2.4 におもな金属イオンの磁気モーメントを示す．La^{3+} から Lu^{3+} までのランタノイドイオンの磁気モーメントの実測値は，(2.33)式の計算値とよく一致している．これに対し，Fe^{3+}，Co^{3+} などの遷移金属イオンの磁気モーメントは，むしろ合成スピン角運動量のみから計算される値とよく一致する．

$$|\mu_S| = 2\sqrt{S(S+1)}\mu_B \tag{2.35}$$

これは，遷移金属イオンの場合，磁性に関連する d 電子が結晶場の影響を受け，軌道角運動量の寄与が消失したことによる．したがって，遷移金属やこれらの化合物か

表 2.4　おもな金属イオンの磁気モーメント

イオン	d または f 電子数	磁気モーメント/μ_B 実測値	計算値†
V^{2+}, Cr^{3+}	3	3.85	0.77 (3.88)
Cr^{2+}, Mn^{3+}	4	4.82	0 (4.90)
Mn^{2+}, Fe^{3+}	5	5.82	5.91 (5.91)
Fe^{2+}, Co^{3+}	6	5.36	6.71 (4.90)
Co^{2+}, Ni^{3+}	7	4.90	6.63 (3.88)
Ni^{2+}	8	3.12	5.59 (2.83)
Pr^{3+}	2	3.52	3.58
Nd^{3+}	3	3.56	3.62
Sm^{3+}	5	1.55	0.84
Gd^{3+}	7	7.94	7.94
Tb^{3+}	8	9.45	9.72
Dy^{3+}	9	10.4	10.65
Ho^{3+}	10	10.4	10.60

† （ ）内の数値はスピン量子数のみを考慮した計算結果
［太田恵造，磁気工学の基礎 I, p.106, 共立出版(1975)］

らなる磁性材料の磁化の値は，対応する遷移金属イオンの合成スピン角運動量のみに依存するのに対し，ランタノイド金属やイオンを含む磁性材料の磁化の値は，合成軌道角運動量の値によって左右される．

　一方，強磁性体あるいはフェリ磁性体の一般的な磁界-磁化または磁界-磁束密度ヒステリシス曲線を，図 2.16 に示す．すなわち，これらの磁性体は磁界を増大していくと，次式に従って磁性体から磁束が発生することになる．

$$B = \mu_0 H + M \tag{2.36}$$

$$M = B - \mu_0 H = \mu H \tag{2.37}$$

ここで，B は磁束密度[T]，μ_0 は真空の透磁率[H m^{-1}]（μ_m は物質 m の透磁率），H は磁界[A m^{-1}]，M は磁化[T]である．また図 2.16 において，曲線の y 軸との交点を残留磁化 M_r または残留磁束密度 B_r, x 軸との交点を保磁力 $_iH_c$ または $_BH_c$ とよぶ．また，大きな磁界では磁化は飽和し，この値を飽和磁化 M_s という．

　磁化は大きいほうが好ましいが，ほかの物性値は磁性材料としての用途に応じて種々選択される（表 2.5）．特に，保磁力の大きな磁性体はハード（硬）磁性材料，逆に小さいものはソフト（軟）磁性材料とよばれ，その用途は大きく異なっている．

B. ハード磁性材料

　ハード磁性材料は，永久磁石として小型モーターなどに盛んに使用され，酸化物系と金属系とに分類される．前者には $SrFe_{12}O_{19}$ などのマグネットプランバイト型フェ

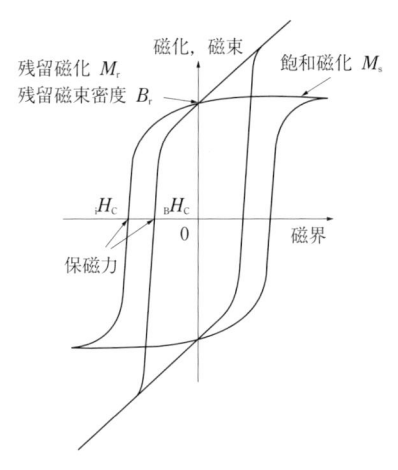

図 2.16 磁性体のヒステリシス曲線.

表 2.5 実用磁性材料の諸特性

磁性体	最大透磁率	保磁力 (A m^{-1})	残留磁束密度 (T)	最大エネルギー積 (kJ m^{-3})
軟鉄 (Fe)	8,000	64		
ケイ素鋼 (Si 3%)	30,000	24		
パーマロイ (21.5Fe・78.5Ni)	105,000	1.59		
スーパーマロイ (16Fe・79Ni・5Mo)	600,000	0.40		
スピネルフェライト ((Mn,Zn)Fe$_2$O$_4$)	4,250	19.2		
金属ガラス (92Fe・3B・5Si)	500,000	2.4		
炭素鋼 (C 1%, Mn 1%)		$\sim 0.5 \times 10^3$	~ 1.0	~ 1.5
アルニコ (8Al・14Ni・23Co・3Cu・52Fe など)		~ 70	~ 1.2	~ 40
フェライト (MFe$_{12}$O$_{19}$, M = Sr, Ba)		~ 300	~ 0.4	~ 35
希土類磁石 (Nd$_2$Fe$_{14}$B, Sm$_2$Co$_{17}$)		~ 350	~ 1.5	~ 460

［小沼　稔, 磁性材料, p.52, 53, 工学図書 (1996)］

ライト化合物があり，後者としては Al-Co-Ni-Fe 系アルニコ合金や，Nd$_2$Fe$_{14}$B などのランタノイドと鉄金属を主成分とする希土類磁石が広く用いられている．これらのうち，最も強力な Nd$_2$Fe$_{14}$B 系磁石は小型モーターの高出力化を可能にし，パソコン，携帯電話，医用器具などの小型化に大いに貢献している (図 2.17)．

C. ソフト磁性材料

ソフト磁性材料は，保磁力が小さく透磁率も高いことから，磁気ヘッド，トランスの鉄心，磁気ディスクなどのための磁性材料として用いられる．これらも金属系と酸

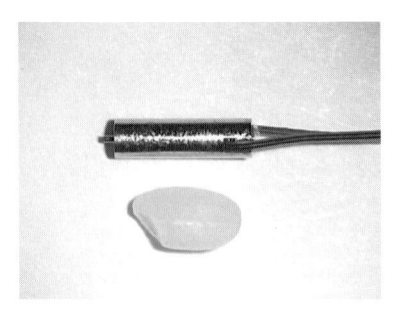

図 2.17 $Nd_2Fe_{14}B$ 磁石を用いた世界最小系駆動用マイクロモーター(外形 1.7 mmϕ).
[並木精密宝石(株)提供]

化物系に分類され，前者には数 wt%の Si を含むケイ素鋼がある．このほかに，Ni-Fe 系のパーマロイ合金，これに Mo を加えたスーパーマロイ合金がある．さらに，最近では Fe-Si-B 系金属ガラスまたはこれを部分的に微結晶化した複合体が，高磁化-高透磁率材料として開発されている．

酸化物系軟磁性材料としては，$(Mn,Zn)Fe_2O_4$ などのスピネル型フェライトが主流であり，比抵抗が高いため渦電流の効果が小さく，高周波トランス用の鉄心として用いられている．また，これらの酸化物は MHz 帯域の電磁波に対して良好な吸収を示すことから，テレビ受信の障害となる高層建築物や電波暗室の壁に使用されている．しかし，最近では GHz 帯域の電磁波の使用が増え，この周波数帯域に吸収を有する硬磁性フェライトや金属磁性体微粒子が使用されはじめている．

2.3.4 光学機能材料

光は電磁波であり，物質との多様な相互作用により，光の吸収，反射，透過，放出，屈折，偏光などが起こる．また，特定の材料は光の波長を短くする効果をもつ．望ましい光学材料の形態は，ガラス，単結晶，透明セラミックスなどである．

A. 光の屈折率を利用する材料

光は物質中を通過する際，電子分極が生じるとともに，磁場や電場と相互作用を行う．そのため，光の速度は真空中と比べ物質中のほうが遅くなり，これにより異種物質界面において光の屈折が起こる．屈折率 n は次式で与えられる．

$$n = c\sqrt{\varepsilon\mu} = \sqrt{(\varepsilon/\varepsilon_0)(\mu/\mu_0)} \tag{2.38}$$

ここで，c, ε_0 および μ_0 はそれぞれ真空中の光の速度，誘電率および透磁率，μ は物質の透磁率である．

高い屈折率を有する物質は光学レンズなどとしてきわめて重要である．(2.38)式よ

り，物質の比誘電率 $\varepsilon_r (= \varepsilon/\varepsilon_0)$ と比透磁率 $\mu_r (= \mu/\mu_0)$ が大きい場合，すなわち一般的には，密度が大きい物質が大きな屈折率を与えることになる．石英ガラスの屈折率は 1.45 であるが，これに TiO_2，BaO，PbO などを加えたガラスは，高屈折率ガラスとして知られている．たとえば，$54TiO_2 \cdot 36BaO \cdot 3.5ZnO \cdot 3SrO \cdot 3.5SiO_2$ の屈折率は 2.2 であり，反射シートとして利用されている．

光ファイバーは，物質による屈折率の違いを巧みに利用して作製される．光ファイバーは光を伝送するコア部とこれを取り巻くクラッド部からなり，コア部の屈折率 (n_1) はクラッド部のそれ (n_2) より大きくなるように設計される (図 2.18)．その結果，コア部のクラッド部に対する全反射角 $\theta_c = \sin^{-1}(n_2/n_1)$ が増大し，コア部に導入された光は外部に漏れることなく伝送される．したがって，コア材の光吸収による損失が光ファイバーの性能を左右するため，すでに述べたとおり，これには不純物による光の吸収と散乱の効果が小さい高純度シリカが使用される．

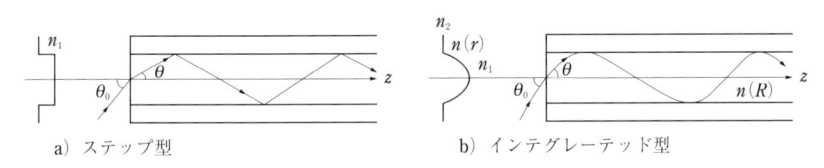

図 2.18 光ファイバーの種類と構造．

B. 光吸収を利用する材料

光の吸収は，物質を構成する原子やイオンの電子遷移や格子振動により起こる．通常，金属は伝導電子をもち，光によって誘起された渦電流により，可視光は通常反射されるため，白色の金属光沢を示す．

これに対し，半導体は価電子帯と伝導帯をもち，これらの間のエネルギー差 (バンドギャップエネルギー E_g という) に対応する波長より短い波長の光を吸収することができる．これを半導体の基礎吸収といい，E_g に対応する波長は基礎吸収端とよばれる．Si や GaAs の E_g の値は 1.1 および 1.4 eV であり (表 2.2 参照)，これらは近赤外または可視以下の波長の光を吸収することができる．これらの波長の光を照射された半導体では，価電子帯から伝導帯へ電子が励起され，伝導電子と正孔が生成するため電流値は増大する (光伝導とよばれる)．E_g = 2.5 eV をもつ CdS は，光量を測定する露出計の検出部に使用される．

絶縁体による光吸収には，イオン性結晶の着色中心がある．これはアニオン欠陥にトラップされた電子，またはカチオン欠陥にトラップされた正孔に基づく吸収で，着色中心 (特に前者は F 中心，後者は V 中心) とよばれる．他方，遷移金属やランタノ

イドのイオンは，dまたはf軌道間の電子遷移により多様な波長域の光を吸収する．そのため，これらの化合物は顔料や陶磁器の釉薬（うわぐすり）として使用される．

C. 発光を利用する材料

吸収された光は，一般には格子振動などにより熱エネルギーとして緩和される．しかし，一般に電子遷移の速度は，格子振動のそれよりもおよそ10^3倍速く，吸収された光は再び光として放出される場合がある．特に，内殻に位置するf軌道間の電子遷移では励起状態が安定化され，希土類イオンを含む物質などからは，強い蛍光やレーザー光が放出される．

多くの蛍光体は絶縁体や半導体の結晶またはガラスに賦活剤として，希土類イオンなどを微量添加して作製される．これらのおもな用途はランプ用とディスプレイ用である．ランプ用蛍光体としては$Ca_5(PO_4)_3(F,Cl) : Sb^{3+}, Mn^{2+}$が従来用いられていたが，現在はより自然な白色光や昼色光を放出するランプの需要が高まり，ランタノイドイオンを賦活した希土類蛍光体が混合物の形で使用されている（表2.6）．これらを用いたものは三波長形蛍光体ランプとよばれる．なお，現行の蛍光ランプは水銀を使用しており，使用済み廃ランプによる環境汚染が問題となっている．この対策として，水銀に代えて希ガスを用いる真空紫外光励起蛍光ランプなどの開発が行われている．

表2.6 実用蛍光体の用途と色調

用途		色調	蛍光体
ランプ用蛍光体	三波長型	青	$(Sr,Ca,Ba,Mg)_5(PO_4)_3Cl : Eu^{3+}$
		緑	$LaPO_4 : Ce^{4+}, Tb^{3+}$
		赤	$Y_2O_3 : Eu^{3+}$
	従来型	白色	$Ca_5(PO_4)_3(F,Cl) : Sb^{5+}, Mn^{2+}$
ディスプレイ用蛍光体	CRT	青	$ZnS : Ag^+, Al^{3+}$
		緑	$ZnS : Cu^+, Al^{3+}$
		赤	$Y_2O_2S : Eu^{3+}$
	PDP	青	$BaMgAl_{10}O_{17} : Eu^{2+}$
		緑	$Zn_2SiO_4 : Mn^{2+}$
		赤	$(Y,Gd)BO_3 : Eu^{3+}$

テレビのCRT（cathode ray tube）用蛍光体としては，青色に$ZnS : Ag^+$，$ZnS : Cu^+, Al^{3+}$，$Y_2O_2S : Eu^{3+}$などが主として用いられている．しかし最近では，薄型大画面，低消費電力の要請から，液晶ディスプレイ（liquid crystal display, LCD）やプラズマディスプレイ（plasma display panel, PDP）が開発，市販されている（図2.19）．なお，前者には白色バックライト用蛍光体が，また後者には希ガスプラズマによる真空紫外光励起蛍光体が用いられる．

2.3 機能性金属および無機材料

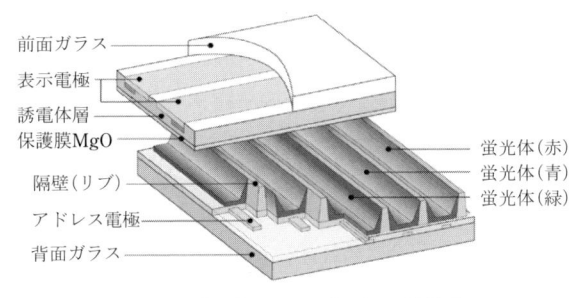

図 2.19 プラズマディスプレイの画素構造．
[(株)日立製作所ホームページより]

光通信，光デバイス，精密加工などの需要の高まりとも相まって，レーザー材料の開発は近年急激に進展した．無機材料を用いたレーザー材料は，半導体レーザーと固体レーザーに分類される．特に，バンドギャップエネルギー E_g の値(表 2.2 参照)によって波長を選択できる半導体レーザーは，III-V 族半導体を中心に開発が進み，光通信用 InGaAsP(遠赤外線)，光記録用 AlGaAs(赤色)，表示用 GaP(緑)，同 InGaN(青色)などがすでに市販されている．

D. 光電磁気効果を利用する材料

一方，誘電体や磁性体は有用な光学効果を示す．誘電体に電界を印加するとポッケルス効果(Pockels effect)により屈折率は電場に比例して変化する．これらの材料には $BaTiO_3$，$LiNbO_3$，$Ba_2NaNb_5O_{15}$ などがある．また，レーザー光を照射すると非線形光学効果により，波長が半分や 1/3 となった第 2 高調波や第 3 高調波が観察され，光エネルギーを増大させることができる．

また，磁化した磁性体を透過した光や反射した光は偏光を受ける．これをファラデー効果およびカー効果とよぶ．前者は光アイソレーターとして光ファイバー接合部の反射による戻り光の除去に，後者は光磁気記録機器として記録媒体(MO ディスクとよばれる)からの情報の読み出しに，それぞれ応用されている．前者にはガーネット($Gd_3Fe_5O_{12}$ など)単結晶が，後者には Tb-Fe-Co 系などのアモルファス磁性薄膜が用いられる．

2.3.5 触　　媒

触媒は，均一系触媒と不均一系触媒に大別される．均一系触媒には酸，アルカリ，金属錯体などがあり，これらは溶液のように反応物や生成物と均一に混合した状態で作用する．そのため，この場合は一般に反応物への転化率と選択率が高い反面，生成物と触媒との分離が必要となる．これに対し，触媒が粉末や多孔体などの固体で，反

応物や生成物と均一に混ざり合わないものを不均一系触媒とよぶ．これらは，おもに反応物が気体や液体の場合に用いられるため，生成物との分離は容易であり連続運転を行いやすい．また，高圧，高温といった厳しい反応条件での操業も可能である．しかし，反応に固体表面が関与するため，生成物の選択性は均一系触媒に比べ一般に低い．

A. 固体表面と反応性

固体は，構成成分が3次元状に凝集し安定な状態となっている．しかし，固体表面は内部の結合が切れた不安定な状態となっており，表面には特にテラス，エッジ，コーナー，キンク，空格子点などの配位不飽和欠陥が存在する（図2.20）．そのため，固体表面はイオンや分子を吸着し，これらと結合を形成することで安定化する傾向がある．これが，固体が不均一系触媒として作用する駆動力となる（この場合単に固体触媒ともよぶ）．したがって固体触媒の開発には，固体バルクよりはむしろ，固体表面の状態に関する研究が重要となる．近年，高分解能電子顕微鏡，X線光電子分光法（XPS），固体核磁気共鳴法（NMR）などの分析手段の発達により，固体の表面物性と触媒の作用機構との関連が解明されてきている．

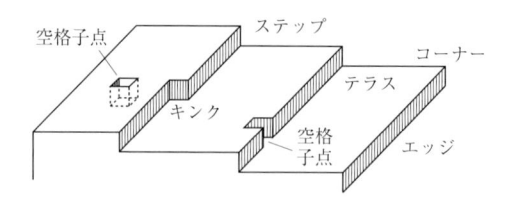

図2.20 固体表面の欠陥構造．

B. 実用固体触媒

固体触媒には，上述のように固体表面が関与するため，反応物と相互作用を増大させるには，表面積を増大させる必要がある．そのため，固体触媒には通常大きな表面積を有するシリカ，アルミナなどの無機系微細粉末が触媒担体として用いられ，これらの表面に遷移金属や貴金属などの活性な触媒成分が分散担持される．自動車用排ガス浄化触媒は，Pt，RhおよびPdなどの貴金属を，アルミナ担体上に助触媒となるCeO_2とZrO_2との複合酸化物$(Ce,Zr)O_2$とともに共担持し，さらに，多孔質のステンレス製またはセラミックス成型体上に焼き付けて使用される（図2.21）．

他方，不均一系触媒は固体表面だけでなく内表面も有効に作用する．その典型例が，ゼオライトや最近開発が盛んな多孔質シリケートであり，これらの場合は規則的な細孔径の違いによる「分子ふるい」，すなわち反応物である分子のサイズによる反応特異性が期待できる．

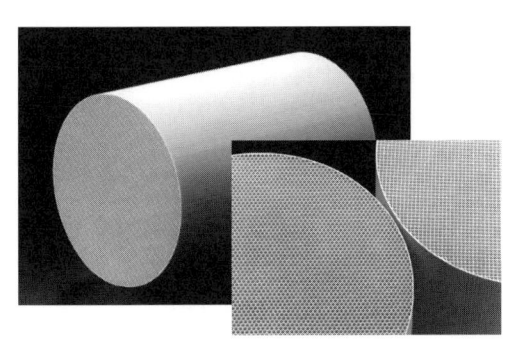

図 2.21 自動車用排ガス浄化触媒.
[日本ガイシ(株)ホームページより]

ゼオライトは，アルミノケイ酸塩の総称で，一般式は$(SiO_2)_x(AlO_2)_y M^I_y$(M^Iは1価のカチオン，アルカリ金属イオンやアンモニウムイオンなど)である．天然にも存在するが，工業用として使用されているものは合成ゼオライトである．ゼオライトは規則正しい細孔をもち(図 2.22)，上述の反応物に対する形状選択性を発現する．そのため，これらのゼオライトは石油のクラッキング用触媒として盛んに使用される．また，シクロヘキサノンオキシムからε-カプロラクタムへの転移反応(Beckmann転移)にも利用される．

$$\text{（化学式）} \tag{2.39}$$

触媒は通常熱化学反応に適用されるが，これ以外に光触媒としての応用も期待されている．TiO_2や$SrTiO_3$は$E_g = 3.0$および3.2 eVの値をもち，また水の理論電解電位は1.23 Vであるので，紫外線照射により水を水素と酸素に分解することが可能とな

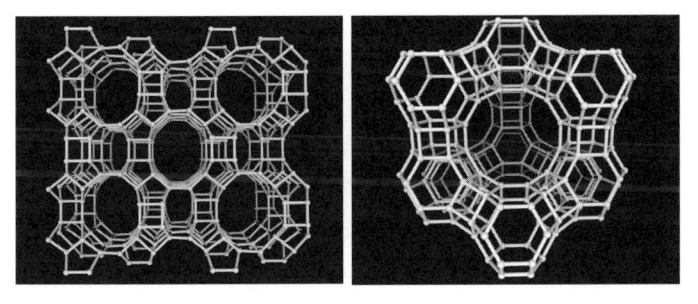

図 2.22 ゼオライトの細孔構造(モルデナイト(左)とY型ゼオライト(右))．

る．そこで，太陽光を利用した水素の製造が試みられたが，太陽光の利用率はシリコン太陽電池などのそれには遠く及ばず，まだ実用には至っていない．しかし，触媒表面には水素のほかに活性な発生期酸素が生じるため殺菌作用があり，衛生タイルなどとしてすでに実用化されている．

C. ガスセンサー

一方，吸着や燃焼などの触媒機能を利用した機能素子にガスセンサーがあり，これによりガスの種類や濃度を電気信号として読み取ることができる．ここで，可燃性ガスを触媒表面で効率よく燃焼し，この温度変化を白金線などの電気抵抗の変化で検出するものを，接触燃焼式センサーとよぶ．

また，検出部に半導体を用い，その抵抗値の変化からガスの種類と濃度を検出するものを半導体センサーという．ここで，炭化水素などの陽性分子は吸着に伴い電子を放出し，またSO_xやNO_xなど酸性ガス（陰性分子）は吸着に伴い電子を捕獲する性質がある．そのため，n 型半導体を検出素子に使用すると，電気抵抗は前者で低下し，後者では増大することになる．逆に，p 型半導体を用いると抵抗の変化はその逆となる．SnO_2，ZnO，TiO_2 などの酸化物半導体が検出素子として使用され，特に SnO_2 を用いるものは都市ガス，LPG，アルコール用のガスセンサーとして市販されている（図 2.23）．

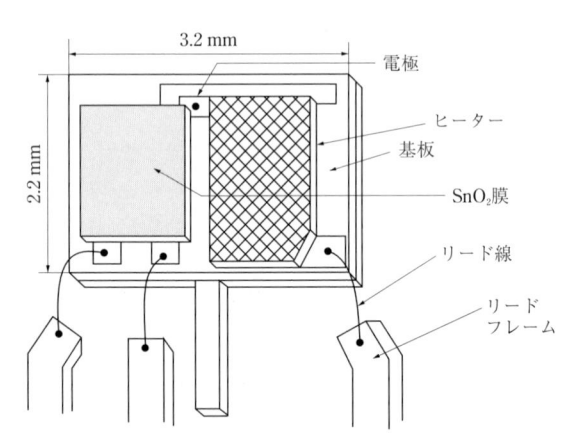

図 2.23 酸化物半導体（SnO_2）ガスセンサーの構造．
　　　　［森泉豊栄，中本高道，センサ工学，p.66，昭晃堂(1997)］

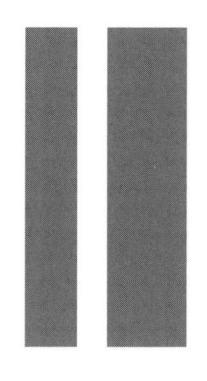

第3章
電気化学

3.1
電気化学の歴史

表3.1に電気化学の発展に関連するおもな歴史を示す．1800年ごろからさまざまな発見により変遷を遂げてきた電気化学は，その後も国際的な発展のもとで，エネルギー変換や貯蔵，環境浄化，腐食・防食，新素材開発などにも大きく貢献し，今や多くの分野で中枢的な役割を担っている．

「電気化学」を，英語では"electric chemistry"ではなく"electrochemistry"と表現し，電子が関与する化学領域を意味するから，厳密にいえば「電気化学」よりも「電子化学」がふさわしい．ただし，これまで伝統的に使われてきた電気化学に敬意を表し，ここでは電気化学に統一する．

さてその電気化学であるが，各論といっても随分と裾野が広い．本章では，今後のさらなる活用に結びつけることができるように，応用価値の高い原理や手法を解説し，材料技術研究，エネルギー工学研究，あるいはプロセスエンジニアリングに役だてることを狙うものである．

3.2
電気化学の基礎

電気化学反応は一般的に(3.1)式のように表現できる．Redは還元体または電子供与体(electron‒donor)を，Oxは酸化体または電子受容体(electron‒acceptor)を，Zは関与する電子数を意味する．(3.1)式の反応に対する化学平衡は，化学ポテンシャルμを用いて，(3.2)式のように表すことが可能である．

$$\mathrm{Red} = \mathrm{Ox} + Z\mathrm{e}^- \tag{3.1}$$

$$\mu_\mathrm{R} = \mu_\mathrm{Ox} + Z\mu_\mathrm{e} \tag{3.2}$$

一方，化学ポテンシャルμは，(3.3)式のように固有値μ^oと組成依存値$RT\ln a$の和

表3.1 電気化学発展の歴史

1791年	解剖学者 L. Galvani(1737 〜 1798)が,異種金属接触の際に現れる生物電気を発見
1800	物理学者 A. C. Volta(1745 〜 1827)が,Galvani の実験を追試し実証→"ガルバニ電池"の命名
1833	M. Farady(1791 〜 1867)が,"ファラデーの法則"を発見
1845	Farady が磁気旋光に関する"ファラデー効果"[†]を発見.このころ, anion, anode, cation, cathode, electrode, electolysis などの用語が確立
1839	W. R. Grove(1811 〜 1896)が,水素・酸素燃料電池を考案→ F. W. Ostwald(1853 〜 1932)が,カルノーエンジンの制約を受けないことを証明
1879	H. L. F. Helmholtz(1821 〜 1894)が,電極界面に関するヘルムホルツの固定二重層モデルを提案
1905	J. Tafel(1862 〜 1918)が,水素過電圧と電流密度との関係をターフェル式として提唱
1909 〜 1913	L. G. Gouy(1854 〜 1926)と D. L. Chapman(1869 〜 1958)が拡散電気二重層モデルを提唱
1923	J. A. V. Butler(1899 〜 1977)が,ボルツマン統計に基づき可逆電極電位の理論を確立
1924	O. Stern(1888 〜 1969)がシュテルンの固定・拡散二重層モデルを提唱
1930	M. Volmer(1885 〜 1965)が,電流-電圧曲線のバトラー-フォルマーの式を確立
1933	A. N. Frumkin(1895 〜 1976)が,電荷移動過程および活性化過程に与える電気二重層の影響を解説→以降,"The Great Nernstian Hiatus(偉大なるネルンストの開口)"を越える
1947	D. C. Grahame(1912 〜 1958)が,電気二重層における特異吸着現象を確認→ J. O. M. Bockris, K. Müller らが電気二重層モデルを提唱
1970	光半導体電極法による「本多-藤嶋効果」の発見.この原理の発展が現在の光触媒ブームを巻き起こす
1982	G. Binning と H. Rohrer が走査型トンネル顕微鏡(STM)を発明.この功績を称えノーベル物理学賞授与.この原理をさらに発展させ,その後 in situ 電気化学 STM が完成し,電気化学界面現象の解析に大きく貢献
2000	ポリマー電池の先がけとなる導電性ポリマーの発見に対し,白川英樹がノーベル化学賞を受賞

[†] 磁気光学効果の一種で,磁場中におかれた透明媒質中を直線偏光が磁場と平行に伝搬するとき,偏光面が回転する現象のことをいい,ファラデー回転ともよばれる

により表される.電子の化学ポテンシャルについては,F をファラデー定数,E を電極電位として(3.4)式のように表される.ここで,(3.3)および(3.4)式により,(3.2)式は(3.5)式のネルンストの式に変換できる.

$$\mu = \mu^\circ + RT \ln a \tag{3.3}$$

$$\mu_e = -FE \tag{3.4}$$

$$E = (\mu^\circ_{Ox} - \mu^\circ_{R})/ZF + (RT/ZF)\ln(a_{Ox}/a_R) = E^\circ + (2.30RT/ZF)\log(a_{Ox}/a_R) \tag{3.5}$$

第1項 E° は標準電極電位とよばれるが,濃度には依存しない.すなわち電極電位 E が正の方向になると,酸化体の活量 a_{Ox} が増加することになる.

一方，電気化学の基礎となる電極界面のモデルは，表 3.1 に示したように，1947 年の J. O. M. Bockris と K. Müller が提唱した電気二重層モデルが有名である．図 3.1 にこの界面モデルを示すが，電荷移動の場となる領域が電気二重層であり，これはさらにヘルムホルツ層とグイ-チャップマン層に区分されている．

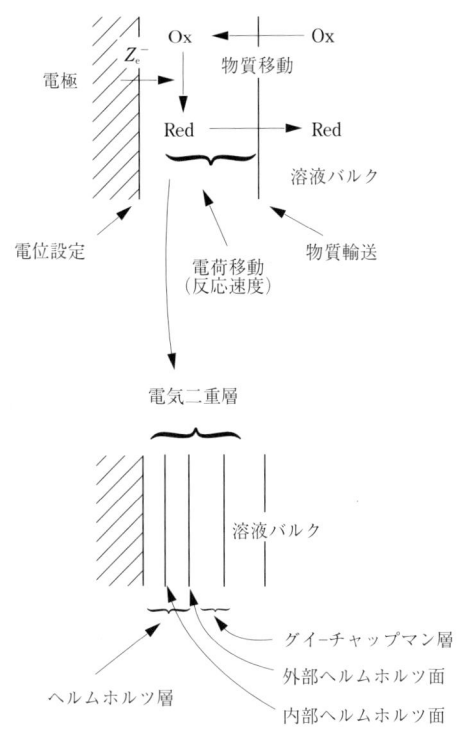

図 3.1 電極界面のモデル．

3.3
電解の化学

3.3.1 水電解の化学

図 3.2 に水のエンタルピー H と温度 T との相関を示す．H_2O の状態にあるエンタルピーは負であり，$H_2 + 1/2\,O_2$ の分解した状態にあるエンタルピーは正である．ΔG はギブスの自由エネルギー（光エネルギー，電気エネルギーおよび化学エネルギー），

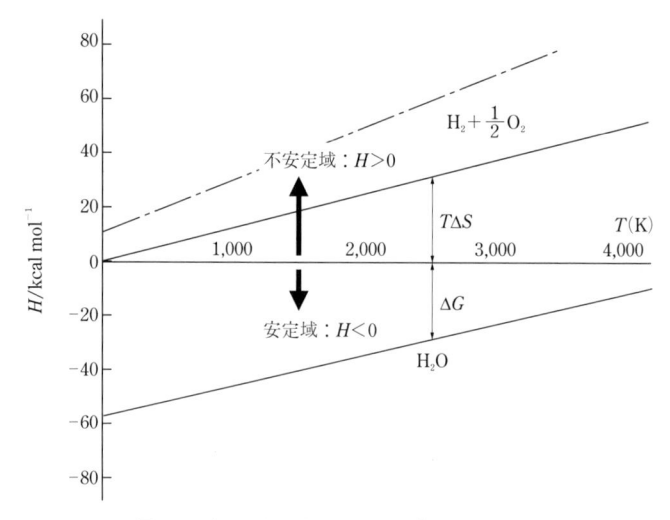

図 3.2 水の分解に伴うエンタルピーと温度線図.

ΔS はエントロピー変化であり，これらの間には(3.6)式が成立する．

$$\Delta G = \Delta H - T\Delta S \tag{3.6}$$

すなわち，温度 T が高くなれば熱エネルギー項 $T\Delta S$ が大きくなり，ΔG が小さくてすむ．室温付近では 80 %以上の ΔG が必要となり，光や電気を用いた分解が必要となる．図 3.3 にこの関係をモデルで示す．実際の工業プロセスとして実施されている水電解は，アルカリ水溶液中で行われ，その反応は(3.7)～(3.9)式で表される．

$$\text{アノード反応} \quad 2\text{OH}^- \rightarrow 1/2\text{O}_2\uparrow + \text{H}_2\text{O} + 2\text{e}^- \tag{3.7}$$

$$\text{カソード反応} \quad 2\text{H}_2\text{O} + 2\text{e}^- \rightarrow \text{H}_2\uparrow + 2\text{OH}^- \tag{3.8}$$

$$\text{全反応} \quad \text{H}_2\text{O} \rightarrow \text{H}_2 + 1/2\text{O}_2 \tag{3.9}$$

25 ℃，1 atm でこの反応を進行させるのに必要な最低電圧を理論分解電圧と称するが，この値は 1.23 V である．すなわち(3.6)式で示したギブスの自由エネルギー変化 ΔG が，237 kJ mol^{-1}(1.23 V × 96500C × 2)であることを示している．しかしこの反応は吸熱反応であることから，実際には熱エネルギーを系に与える必要がある．図 3.3 に示したように，水の分解に必要な全エネルギーは温度によってはそれほど変化しない．ところが，理論分解電圧は高温になるほど小さく，逆に必要な熱エネルギーは高温になるにつれて増大する．それゆえ高温側で外界より熱エネルギーを系に供給して，理論分解電圧分を電気エネルギーから供給することも可能となる．

太陽光を用いる水分解は光半導体電極法，光・熱化学ハイブリッド法などいくつか

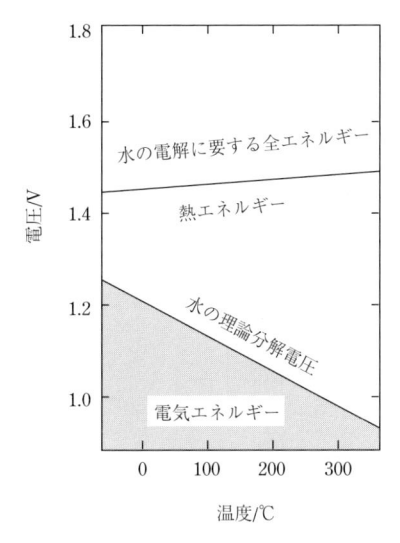

図 3.3 水の電解に必要なエネルギー配分.

知られているが,なかでも「本多-藤嶋効果」と称されるシステムは,日本が世界に誇る顕著な業績である.1970 年に東京大学工学部本多健一助教授と藤嶋昭講師(いずれも当時)が,きわめて興味深い現象を発見した.この現象は,触媒作用に相当する部分に半導体を用いることで光半導体電極法とよばれるが,本多-藤嶋効果の名称(朝日新聞が命名)が有名である.

図 3.4 にその原理を示す.酸化チタン(TiO_2)半導体電極に紫外線を照射すると,半導体電極が浸漬している電解質溶液の水分解が起こり,半導体電極から酸素(O_2)が,対極の白金電極から水素(H_2)が発生する現象である.これをまとめると,以下のように表現できる.

a) 半導体電極+光($h\nu$)→電子 $2e^-$ +正孔 $2h^+$
b) 正孔 $2h^+$ +水(H_2O)→水素イオン($2H^+$)+酸素($1/2\ O_2$)
c) 白金電極へ溶液中を移動していった水素イオン　($2H^+$) + $2e^-$ →水素(H_2)

本多-藤嶋効果は画期的な水分解といえるが,半導体の機能が非常に重要である.図 3.5 には,n 型と p 型半導体電極が電解質溶液に浸されたときのエネルギーバンド構造を示している.n 型半導体と電解質溶液との界面では,電導エネルギー C バンドの底と価電子エネルギー V バンドの頂上が盛り上がる.この盛り上がりは界面に生じた半導体中の空間電荷により生じるものであるが,これが重要な機能を果たす.

光エネルギー $h\nu$ が当たると半導体の V バンドの電子 e^- が C バンドへ励起され,

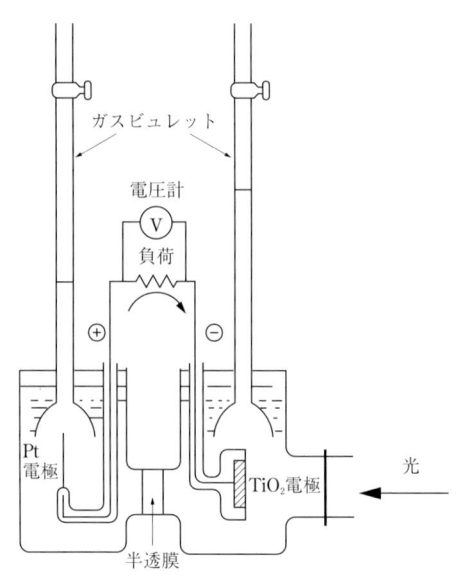

図 3.4 光半導体電極法による水の分解.

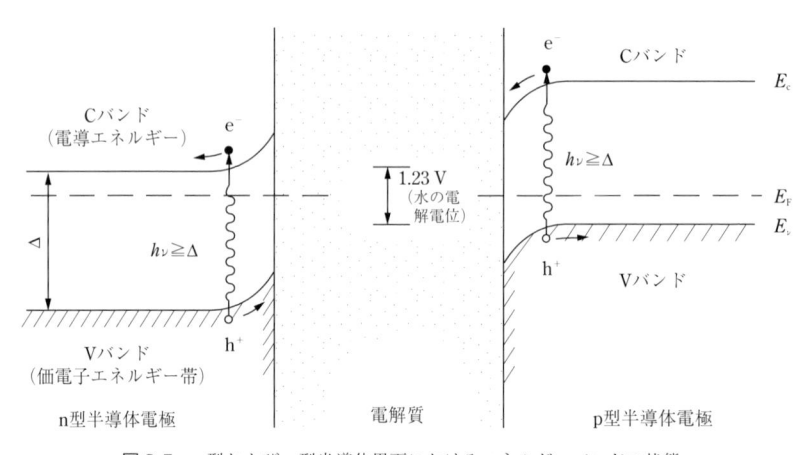

図 3.5 n 型および p 型半導体界面におけるエネルギーバンドの状態.

この励起電子 e^- と電子の抜け穴の正孔 h^+ とが,半導体中を自由に移動する.そして界面の盛り上がった電界によって,C バンドの電子 e^- が半導体内部へ,一方 V バンドの正孔 h^+ が界面の谷間へ移動して,界面と半導体との間に電位差を生じる.正孔

h$^+$が集合した谷の頂上と，電子 e$^-$ が集合した C バンドの底との電位差が 1.23 V という水の電解電位と同等以上になると，水が分解され水素と酸素が発生する．図 3.5 右側の p 型半導体の場合は逆の形で進行するが，原理は同様である．

この本多-藤嶋効果の水分解効率は 5 % 程度であり，本格的な水分解工業に適しているとは言いがたいが，現在ではこの原理を光触媒研究にシフトしたことで多大な成果を修め，日本が独壇場となって世界から大きな注目を浴びている．

3.3.2　電着塗装の電気化学

自動車の防食法として重要なものに電着塗装技術がある．電着塗装はイオン化された塗料の電気泳動原理によるものであり，方式にはアニオン系とカチオン系がある．当初はポリブタジエン樹脂を主としたアニオン電着塗装が主流であったが，1980 年以降はエポキシ樹脂を主とするカチオン電着塗装が主流になっている．後者の利点は，耐食性にすぐれた塗膜が形成されること，ならびに塗料の電気電導性が高くないため車体内部への付き廻り性がよいことなどがあげられる．

その後，カチオン電着塗料の中でもハイビルドと称される厚膜型カチオン電着塗料が普及し，車体の防食レベルは着実に向上した．従来型のカチオン電着では外板膜厚が 20 〜 50 μm，内板膜厚が 15 〜 20 μm 程度だったが，厚膜型ではそれぞれ 35 μm 以上，20 μm 以上が可能になった．厚膜型の副次効果としては，樹脂系の粘性が改質されているため，形成塗膜の肌の平滑性が高まっている．また，電着塗装のプロセスや通電条件の設定幅も広がり，種々の対応がとりやすくなってきた．図 3.6 にカチオ

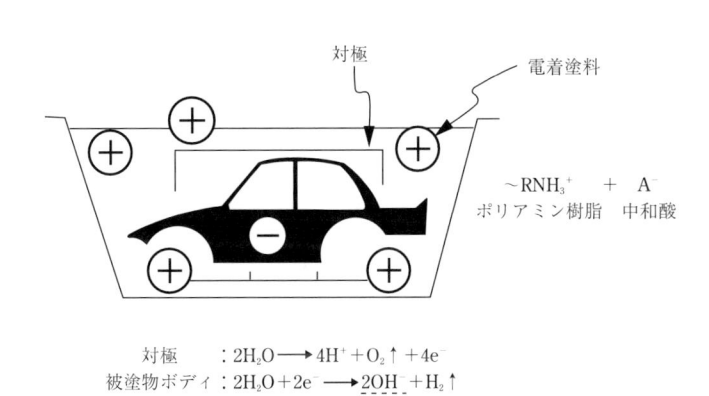

対極：$2H_2O \longrightarrow 4H^+ + O_2\uparrow + 4e^-$
被塗物ボディ：$2H_2O + 2e^- \longrightarrow 2OH^- + H_2\uparrow$
　　　　　　　　　　　　　　　　↓ 〜RNH$_3^+$
　　　　　　　　　　　　　〜RNH$_2$ + H$_2$O
　　　　　　　　　　　　　　　析出塗膜

図 **3.6**　カオチン電着塗装の原理と反応機構．

3 電気化学

ン電着塗装の反応原理を示す．

　被塗物であるボディ側はカソードであり，水の電気分解が界面で起こり OH^- イオンの生成と水素ガスの発生を伴う．そしてこの OH^- イオンがある一定濃度に達すると，イオンの形で存在する樹脂と反応して塗膜を析出する．すなわちカチオン電着塗装の被塗物界面では，OH^- イオンの増加に伴い pH 上昇が起こる．この pH 上昇に関しては詳細は省くが，OH^- イオンを拡散イオンとしてフィックの拡散式を解くことにより，pH が 12 程度になることが確認されている．

　カチオン電着塗装特有の問題もある．クレーターとよばれる現象で，合金化溶融亜鉛めっき鋼板に生じやすいが，電着塗装条件によって水素ガスの異常発生となる現象である．図 3.7 に合金化溶融亜鉛めっき鋼板に生じたクレーターを示す．クレーターは円形状を呈し，中心部には核がみられる．電着塗装時のクレーター発生現象は，電気的に不均質な表面に電流が局部的に流れる結果，発生するものと考えられている．クレーター発生の程度は，鋼板の種類と電着塗装条件によって支配されるものであるが，電着塗装プログラムの制御によって，合金化溶融亜鉛めっき鋼板を車体の外面に適用することが実用化されている．

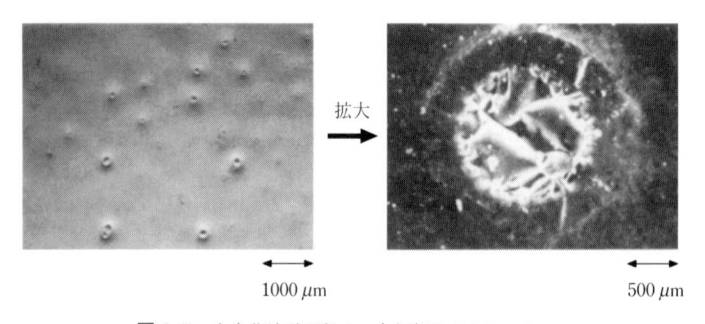

図 3.7　合金化溶融亜鉛めっき鋼板上のクレーター．

フィック (Fick) の拡散式

$C_{(x,t)}$ を被塗物界面からの距離 x，および時間 t における OH^- イオンの濃度として，D を OH^- イオンの拡散係数と表現すると，以下のフィックの拡散式が成立する．これは界面の物質移動に関して応用性が高く，有益な情報を提供するため，多くの現象解析に役だっている．

$$\partial C_{(x,t)}/\partial t = D \cdot \partial^2 C_{(x,t)}/\partial x^2$$

3.4
エネルギー貯蔵の電気化学

近年の二次電池技術の進歩にはめざましいものがある．携帯電話やパソコンに代表される民生品機器の普及とともに，二次電池の性能向上とコスト低減の進化が相まって発展した．この技術発展は，世界の中でも日本が主導権を握ってきたが，今後の技術開発も日本の技術ブレークスルーが期待されるところである．なかでも近年の大きな特徴は，ニッケル・金属水素化物電池とリチウムイオン電池の急増である．

さらに昨今，二次電池に対する新たな期待とニーズが高まっている．それは，21世紀の主要な技術と予測される電動車両技術における主動力エネルギーとしての役割である．電気自動車(electric vehicle, EV)，ハイブリッド電気自動車(hybrid electric vehicle, HEV)および燃料電池自動車(fuel cell vehicle, FCV)が社会ニーズとしてクローズアップされている昨今，これらの発展は二次電池の進化に大きくかかわっている．しかし，このような自動車の主動力源となる電池の開発は，小型民生用電池の開発と大きく異なるところに課題が山積している．電池のエネルギー密度の位置づけを図 3.8 に示す．一次電池については他の専門書に譲ることとし，ここでは小型二次電池や大型二次電池を中心に解説する．

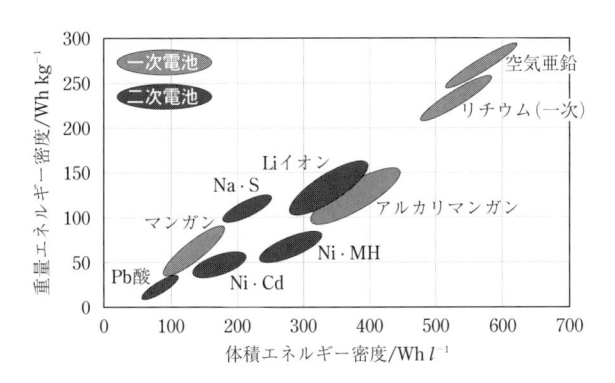

図 3.8 電池のエネルギー密度比較．

3.4.1 鉛 電 池

図 3.9 に各電池の電池電圧を示すが，鉛電池(Pb 酸)はこれまで二次電池の主役を果たしてきた．その最大の理由は電池構成材料コストの低廉さにある．正極の酸化鉛と負極の鉛から構成されるこの電池は，酸素発生過電圧と水素発生過電圧が大きいこ

3 電気化学

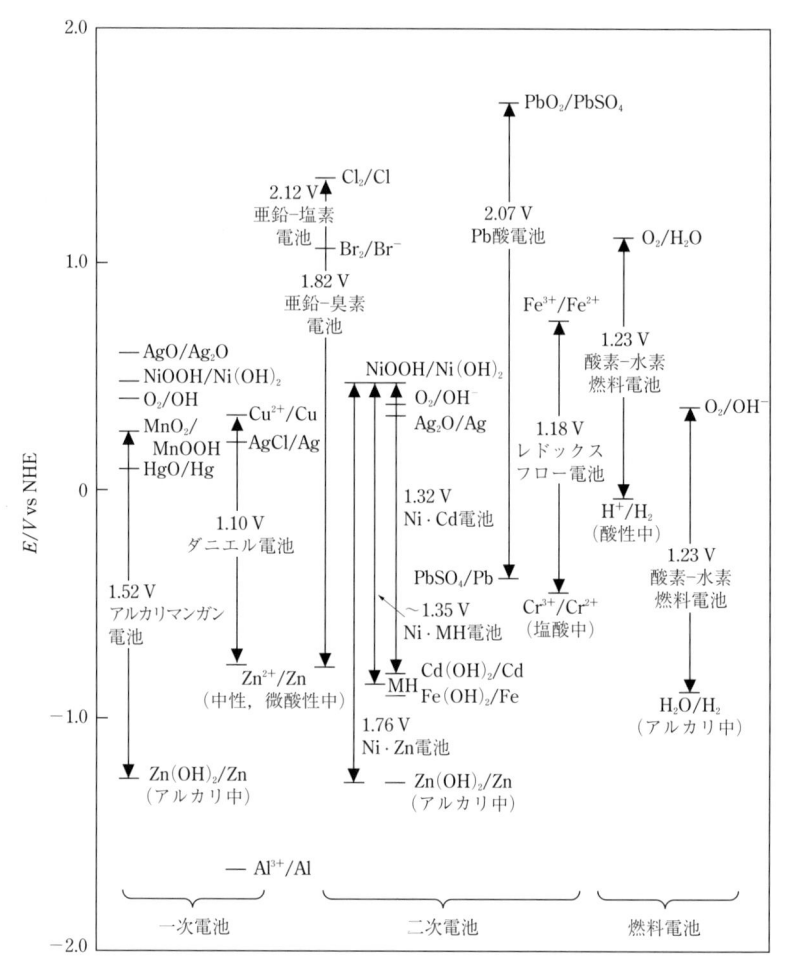

図3.9 各種電池の電極組合せと標準電極電位.

とで，単セルあたり2.0Vという電池電圧を形成することも特徴である．

すなわち，負極活物質である鉛の電位は-0.39Vであり，水素を発生して溶解しても不自然ではない位置にあるが，負極活物質として機能しうる理由は，亜鉛や水銀と同様に，鉛の水素過電圧がきわめて大きい（水素発生が起こりにくい）ためである．ちなみに鉛，亜鉛および水銀は，電池負極材料の御三家である．水素発生に伴う鉛や水銀の交換電流密度（反応が平衡にあるときの一方向の速度）は，白金の$10^5 \sim 10^8$分の

1レベルであり，その分，水素発生を起こしにくいことになる．

一方，酸化鉛の正極電位は1.68 Vであり，水の分解電圧1.23 Vを引き起こすのに十分な酸化物質であるが，酸性中の酸化鉛の酸素発生過電圧が特に大きいため，正極として非常に有利な機能をもっている．電池の充放電反応を(3.10)～(3.12)式に示す．

$$\text{正極：} PbO_2 + H_2SO_4 + 2H^+ + 2e^- \Leftrightarrow PbSO_4 + 2H_2O \quad E_0 = 1.68 \text{ V} \quad (3.10)$$

$$\text{負極：} Pb + H_2SO_4 \Leftrightarrow PbSO_4 + 2H^+ + 2e^- \quad E_0 = -0.39 \text{ V} \quad (3.11)$$

$$\text{全反応：} PbO_2 + Pb + 2H_2SO_4 \Leftrightarrow 2PbSO_4 + 2H_2O \quad E_0 = 2.07 \text{ V} \quad (3.12)$$

しかし一方では，この式でわかるように，電池反応が電極活物質と電解液間での溶解析出反応を伴うため，硫酸鉛が酸化鉛や鉛に戻らない硫酸化(sulfation)という現象を引き起こし，寿命が比較的短いという欠点を有している．近年，電極の溶解析出の現象を電気化学的原子間力顕微鏡により，*in situ*(その場)測定にて明瞭に把握できるようになってきた．用途としての最大の需要は自動車用スターター電池であり，メンテナンスフリーの鉛電池がすでに実現されているが，今後の課題はより長寿命化という視点にある．また簡易型HEV用で一部実用化されている．

3.4.2 ニッケル・カドミウム(Ni・Cd)電池

アルカリ電池の代表的電池として君臨してきたこの電池は，民生用では1990年代前半までその地位を維持し続けてきた．正極は水酸化ニッケル，負極はカドミウムから構成され，水酸化カリウムの電解液で反応が進行する．(3.13)～(3.15)式にこの電池反応を示す．

$$\text{正極：} 2NiOOH + 2H_2O + 2e^- \Leftrightarrow 2Ni(OH)_2 + 2OH^- \quad E_0 = 0.52 \text{ V} \quad (3.13)$$

$$\text{負極：} Cd + 2OH^- \Leftrightarrow Cd(OH)_2 + 2e^- \quad E_0 = -0.80 \text{ V} \quad (3.14)$$

$$\text{全反応：} 2NiOOH + Cd + 2H_2O \Leftrightarrow 2Ni(OH)_2 + Cd(OH)_2 \quad E_0 = 1.32 \text{ V} \quad (3.15)$$

正極の水酸化ニッケルの構造を図3.10に示す．正極活物質は，充電時の酸素発生を制御するための重要な機能ももちあわせている．酸素発生制御のために，カドミウムや亜鉛の添加技術の確立がはかられた．これらの技術は日本の独壇場である．

メモリー効果(サイクル経過に伴って放電電圧が低下し，見かけ上の容量低下や出力低下が起こる現象)については，諸説紛々あるものの，ニッケル正極に依存するものが支配的である．カドミウム負極の再結晶化による部分もあるが，3.4.4項のニッケル・金属水素化物電池とほぼ同レベルであることを考慮すると，正極支配であることが確認できる．しかし欧州では，スウェーデンをはじめ本電池に関する規制が活発化しており，いずれ世界的にもニッケル・金属水素化物電池に淘汰されることになると予想される．

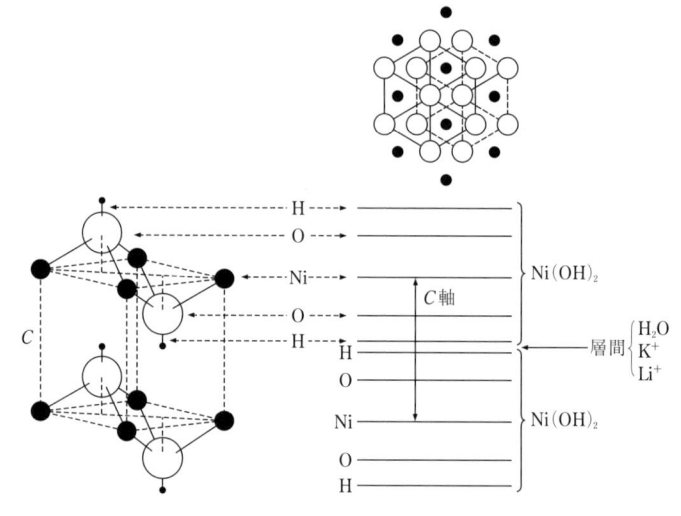

図 3.10　水酸化ニッケルの結晶構造.
［電池便覧編集委員会編，電池便覧，p.231，丸善(1990)］

3.4.3　ニッケル・亜鉛(Ni・Zn)電池

Ni・Cd電池のカドミウム負極を，亜鉛負極(電極電位 -1.24 V)に置換した電池である．この電池の特徴は，他のニッケル系電池に比べ電池電圧が 1.76 V と大きいこと，エネルギー密度が大きいことにある．電池電圧は図 3.9 に示したように，負極の亜鉛の水素発生過電圧が大きいことに由来する．エネルギー密度の高い理由は，亜鉛の比重(7.13)がカドミウム(8.65)や鉄(7.87)に比べて小さいことが 1 つの因子になっている．

3.4.4　ニッケル・金属水素化物(Ni・MH)電池

図 3.11 に本電池の充放電反応を示すが，水素吸蔵合金を負極とする Ni・MH 電池は，従来の Ni・Cd 電池のシェアを着実に奪いつつある．その理由としては，性能では完全に Ni・Cd 電池を凌駕したこと，およびカドミウムの公害かつ資源的ハンディキャップの因子がある．この電池は，1970 年代における Philips 社での $LaNi_5$ 水素吸蔵合金の研究開発に端を発し発展してきた．この AB_5 型希土類系合金に数年遅れて開発されてきたのが，AB_2 型のラーベス系合金である．一般的には後者のほうが高容量化をはかれる利点を有するものの，一方では水素平衡圧が高くなるため，民生用や大型電池の一部で使用されている程度である．

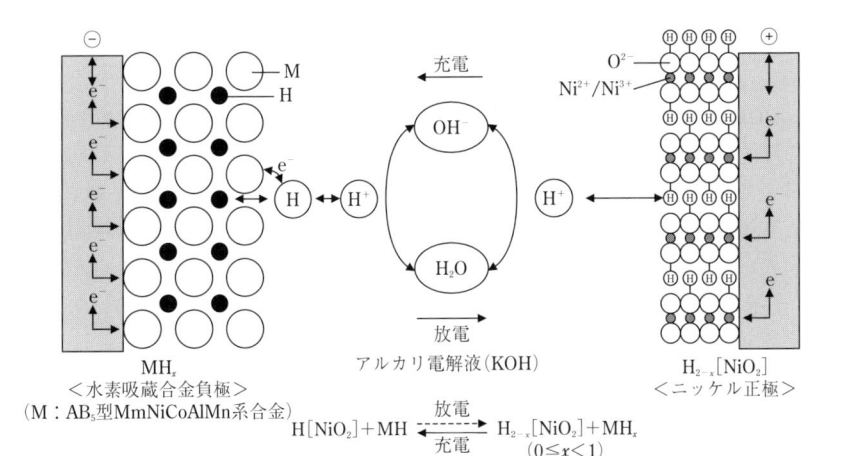

図 **3.11** Ni・MH 電池の充放電反応.

$$H[NiO_2] + MH \underset{充電}{\overset{放電}{\rightleftarrows}} H_{2-x}[NiO_2] + MH_x \quad (0 \leq x < 1)$$

図 3.12 に両者の合金構造を示す．現在，民生用や大型電池で実用化されている希土類系合金は，$MmNi_{5-x-y-z}Al_xMn_yCo_z$ が主流となっている．この材料では各元素の機能が構造解析などにより明らかにされている部分が多いが，ラーベス系の場合には機構面でも解明されていないところが多い．電池の基本反応を(3.16)〜(3.18)式に示す．

正極：$NiOOH + H_2O + e^- \Leftrightarrow Ni(OH)_2 + OH^-$　　$E_0 = 0.52$ V　　(3.16)

負極：$MH + OH^- \Leftrightarrow M + H_2O + e^-$　　$E_0 \sim -0.83$ V　　(3.17)

全反応：$NiOOH + MH \Leftrightarrow Ni(OH)_2 + M$　　$E_0 \sim 1.35$ V　　(3.18)

図 3.10 に示した正極活物質の水酸化ニッケルは，充電と放電過程で相転移を起こ

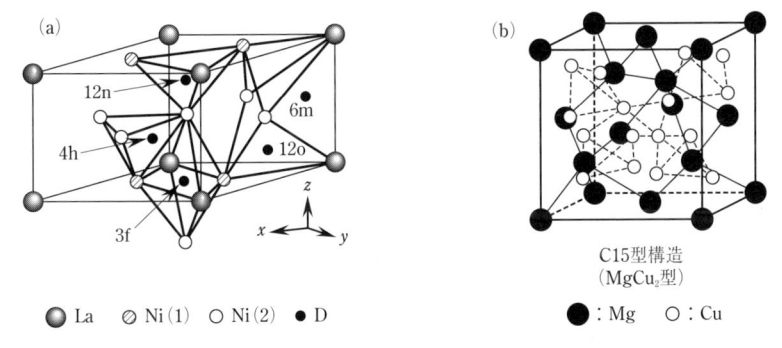

図 **3.12** 水素吸蔵合金の結晶構造．(a)$LaNi_5$ の結晶構造と α 相における水素侵入位置(D)，(b)ラーベス相金属間化合物の結晶構造．

し，これに伴って体積変化を起こすと同時に電気化学的特性を変える．図3.13にその変化の様子を示す．ニッケル系電池のメモリー効果現象は，正極活物質の γ-NiOOH（オキシ水酸化ニッケル）の生成に支配されるという説もあるが，必ずしも明らかになっていないところがある．また，水酸化ニッケルへの亜鉛やコバルトの添加は，充電時の酸素発生電位を上げ，酸素発生を遅らせたり酸化還元電位を低下させ，充電効率を高める機能をもたらす作用があるため，実用化されている．さらに近年の研究成果では，イットリウム酸化物（Y_2O_3）やイッテルビウム酸化物（Yb_2O_3）などがいっそう効果的であることが確認され，一部実用に供されている．図3.14に，これを裏づける希土類系元素と酸素発生過電圧との相関を示す．

セパレーターはポリプロピレン系不織布が一般的で，さらにスルホン酸やグラフト重合による表面改質などによって，自己放電の制御や親水性付与などが確立されている．というのも，Ni・Cd電池の場合では自己放電が比較的小さかったために，ポリアミド系不織布でもよかったものが，Ni・MH電池では自己放電が本質的に大きいために，セパレーターによる自己放電抑制機能が必要になったためである．

1997年に米国カリフォルニア州でEVが販売開始された．このEV専用に開発されたのが95Ah級，27 kWhのNi・MH電池であり，この実現によって従来のEVより飛躍的に航続距離が拡大し，1充電あたり200 km以上の走行が可能になっている．

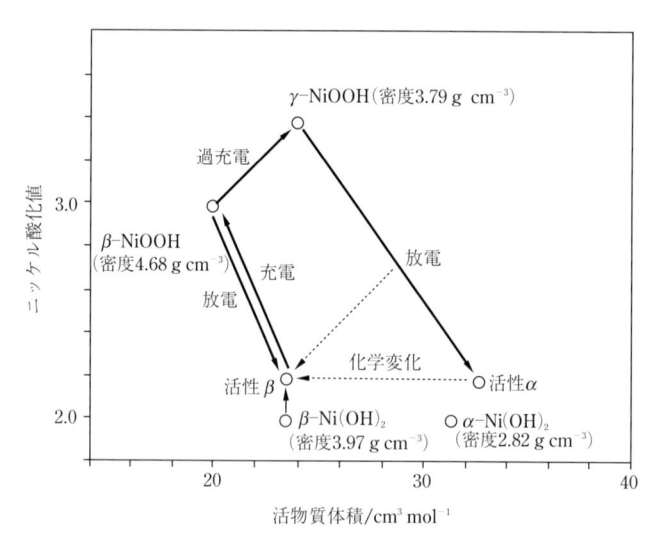

図3.13 充放電過程におけるニッケル活物質の変化．
[電池便覧編集委員会編，電池便覧，p.233，丸善 (1990)]

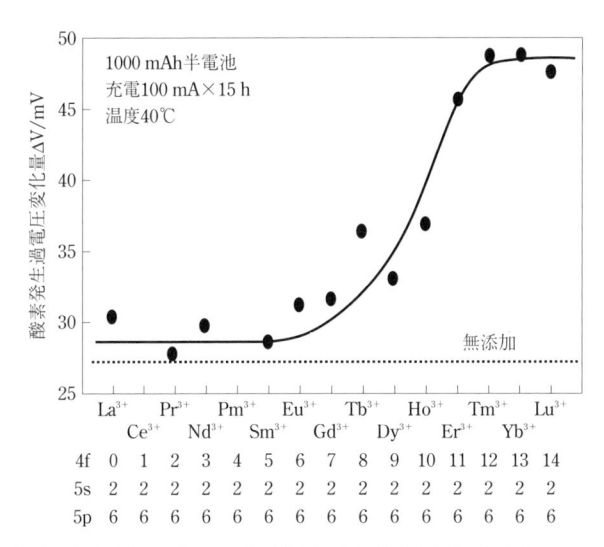

図 3.14 正極への希土類酸化物添加による酸素過電圧の向上効果.
[M. Oshitani *et al*, *J. Electrochem. SOC.*, **148**, 67 (2001) を改変]

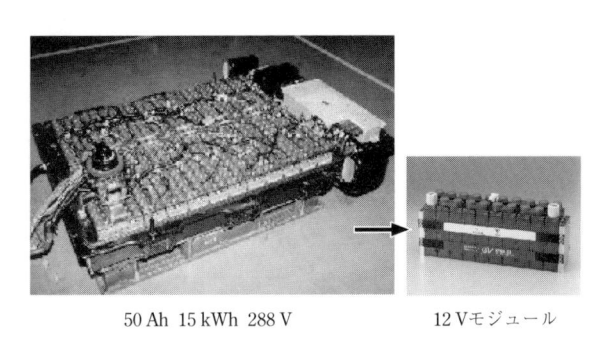

図 3.15 高性能 Ni・MH 電池.

その後は，図 3.14 の特性を活用した 50Ah 級の高性能 Ni・MH 電池も開発されている．図 3.15 にこの電池を示すが，特に高温側でのエネルギー効率と耐久性が格段に進化し注目された．

3.4.5 リチウムイオン電池

一般にリチウム電池というと，現在では Li イオン電池を意味するようになっているが，厳密には常温型から高温型，リチウム金属系からリチウムイオン系，非水系電

解質から全固体型と数種類の組合せがある．Li イオン電池の正極は $LiCoO_2$ が実用化されてきたが，コバルトの資源性やコスト，あるいはコバルト酸化物系の安全性を勘案し，ニッケル酸化物系やマンガン酸化物系，あるいはこれらの混合体の実用化が活発になってきている．一方，負極には黒鉛やハードカーボンなどが適用されている．

電解液はプロピレンカーボネート(PC)やエチレンカーボネート(EC)などの環状カーボネートと，ジメチルカーボネート(DMC)，ジエチルカーボネート(DEC)，メチルエチルカーボネート(MEC)などの鎖状カーボネートとの混合物を溶媒とし，溶質には $LiPF_6$ などが用いられている．図 3.16 に Li イオン電池の構成と反応モデルを示す．電池反応は，リチウムイオンの層間挿入による固相反応である．

黒鉛系負極とハードカーボン系(熱硬化型樹脂などを焼成すると整然とした結晶化が阻害されランダムな層状体のカーボンが形成されるが，非常に硬い物性を示すため

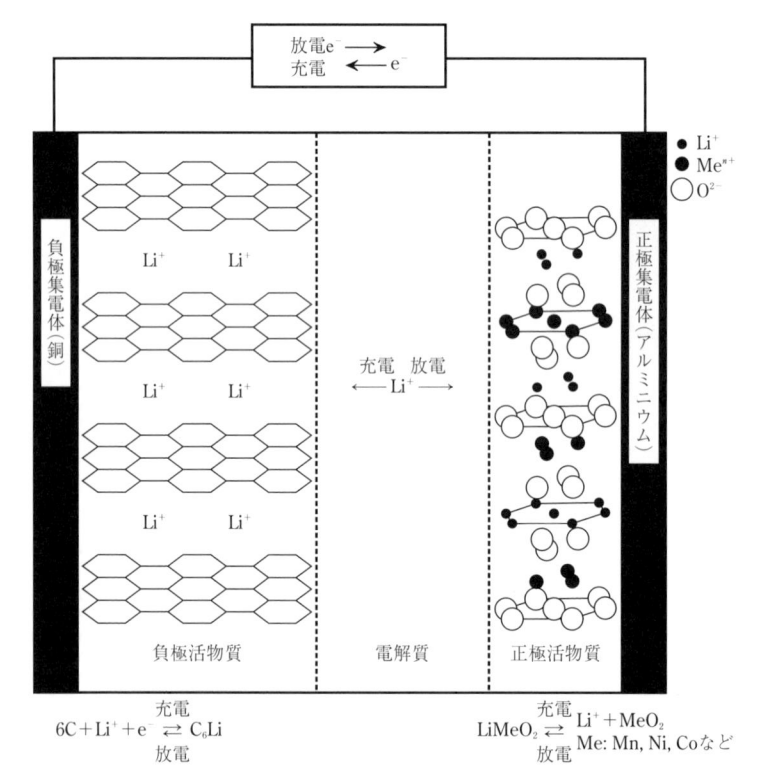

図 3.16 Li イオン二次電池の構成と反応モデル．
　　　　[竹原善一郎監修，高密度リチウム二次電池，p.7，テクノシステム(1998)を改変]

このように称す)負極では,前者の放電曲線が平坦であるのに対し,後者は放電深度が深くなるにつれ電位の低下が顕著である.ハードカーボン系のこの特徴をうまく利用すれば充電状態の検知に使えることになるが,逆にいえば出力特性がそれに比例して低下することになるため,大きな出力特性が要求される電動車両系の用途に対しては,全体として出力特性をそれだけ大きくすることが必要になる.特に負極の機能は,出発原料,反応温度,反応時間などの焼成条件などによって異なることが知られている.すなわち,焼成条件に依存する平均面間隔や結晶サイズ,マクロ構造や比表面積などが大きく変わることを意味している.しかし,Liイオン電池の課題の1つとして,高温側での充放電サイクル劣化や放置による劣化があり,この解決策が研究されている.高温放置後の負極界面を観察すると,図3.17に示すようなSEI(solid electrolyte interface, 固体電解質界面)と称される被膜が見られる.これは電解液系成分が分解したもので,厚みが40～200 nmの範囲にあることが明らかになっている.この被膜生成の適切な制御が,耐久性向上の鍵の1つと考えられる.

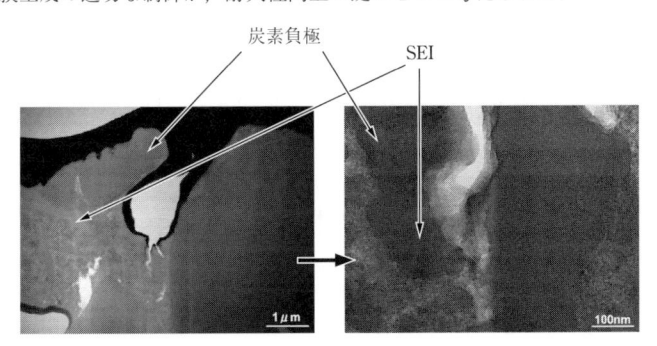

図 3.17 Li イオン電池の負極界面に形成された SEI の TEM 観察.
[N. Sato *et al., J. Power Sources*, **124**, 124(2003)]

一般的なLiイオン電池の構造を図3.18に示すが,Liイオン電池では特に安全性を考慮した電池設計がより重要となり,これに適したセパレーターの実用化がはかられてきた.融点範囲が120～140℃にあるポリエチレンや,180℃程度の融点を有するポリプロピレンが主流である.一般には,電池が短絡し内部温度がセパレーターの融点まで上昇すると,セパレーターが溶融して孔がふさがり電池反応が停止する,いわゆるシャットダウン機能をもたせている.さらに機械的強度の確保と出力特性のバランスから,セパレーターの厚みは25～30 μmの設計になっている.しかし電池が大型になればなるほど,この機能だけでは信頼性に乏しく,他の安全性制御機構や信頼性向上が課題になっている.将来的には,より難燃化の方向へ電解液系を設計できれば,大型電池といえどもいっそう安全な電池へ進化していくことになる.

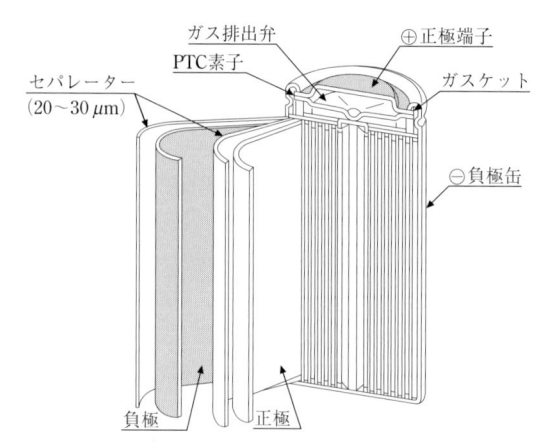

図 3.18 円筒型 Li イオン電池の構造断面例.

3.4.6 リチウムポリマー電池

Li イオン電池の電解液をゲル状の固体膜にした電池が，Li ポリマー電池である．ただし負極には金属リチウムが使われる場合もある．この電池の特徴は電解質を固体にしたことで，安全性の面で Li イオン電池よりも優位性が出るところに特徴がある．しかし一方では，電極と電解質の界面が固体-固体となるため，電池の抵抗成分が大きくなることで高出力化がむずかしいことや，耐久性の面での課題も多く，Li イオン電池の次世代版という位置づけで研究されている．もっとも小型民生用では，一部実用化もはかられている．

3.4.7 ナトリウム・硫黄(Na・S)電池とナトリウム・ニッケル塩化物(Na・NiCl$_2$)電池

Na・S 電池の原理は，固体電解質の研究を行っていた Ford 社によって見いだされた．この電池は負極にナトリウムが，正極に硫黄が使われ，電解質に β-アルミナが用いられる高温型システムである．また，この正極の硫黄の代わりに塩化ニッケルを用いる Na・NiCl$_2$ 電池は，Na・S 電池と類似した挙動を示す電池である．双方にはそれぞれの特徴があるが，Na・NiCl$_2$ 電池の大きな特徴は，Na・S 電池に比べて 270～350℃ と反応温度がやや低いこと，および放電電位が 2.58 V と Na・S 電池の 2.08 V に比べて 0.5 V 大きいことにある．

Na・NiCl$_2$ 電池の反応モデルを図 3.19 に示す．ただし，これらの電池は機能を維持するために，常時温度を一定にしておくための熱の管理が不可欠である．この電池群

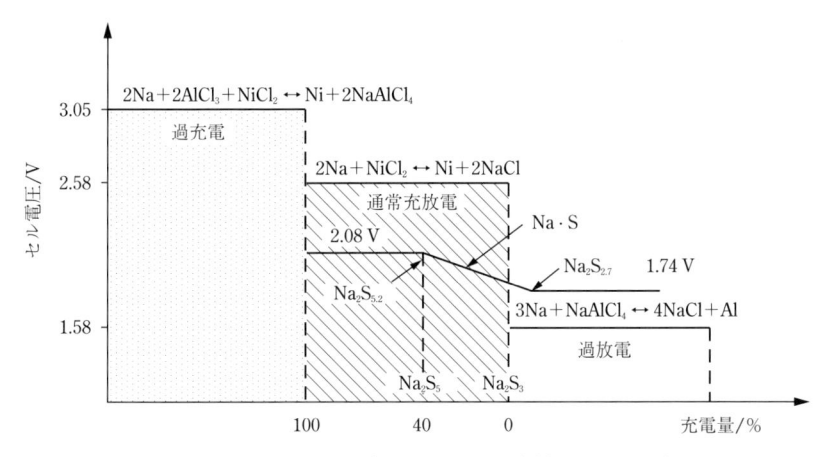

図 3.19 Na・NiCl$_2$ 電池の各電位における反応(参考比較 Na・S).

における重要な機能材料が，固体電解質の β-アルミナである．$Na_2O \cdot 11Al_2O_3$ で示される β-Al_2O_3 や $Na_2O \cdot MgAl_{10}O_{16}$ で示される β''-Al_2O_3 で構成される固体電解質は，電池の内部抵抗を大きく支配する．抵抗を小さくするために薄型化していくと，機械的強度が低下するために耐久性や信頼性が損なわれることから，適切なバランスが要求される．

Na・S 電池は定置型電源としてすでに実用化されているが，負荷変動の激しい EV 用の電池としては適していない．1990 年ごろを境に，Ford や BMW 社では EV 用として Na・S 電池の積極的な開発が続けられてきたが，1992 年に，立て続けに EV の実験車両で火災事故が起こり，これを契機に EV 用電池としての開発が中止された経緯がある．

当時の Dimler-Benz 社は Na・S 電池の代わりに Na・NiCl$_2$ 電池を先駆的に開発し，EV の実車試験まで実行して Na・NiCl$_2$ 電池の応用の可能性を立証した．しかし，Ni・MH 電池や Li イオン電池に比べてこの電池の優位性がほとんどないこと，あるいは日本をはじめとして，ナトリウムの取り扱いに対する消防法の規制(特に 10 kg 以上)があることなどを考えると，少なくとも EV 用電池としての普及は考えにくいことから，この電池も開発が中断された．

3.4.8 酸化銀・亜鉛 (AgO・Zn) 電池

正極に酸化銀，負極に亜鉛，電解液に水酸化カリウムを適用するこの電池は，アルカリ電池の一種で，小型軽量かつ高率放電を行いやすい特徴をもつ．銀酸化物は材料

価格が高いこともあって，用途としては可搬用のほか，ロケット，ミサイル，人工衛星あるいは競技用ソーラーカーなどの特殊な推進動力源として使用されている．作動原理は(3.19)〜(3.23)式のとおりである．

$$正極：2AgO + H_2O + 2e^- \Leftrightarrow Ag_2O + 2OH^- \quad E_0 = 0.57\ \mathrm{V} \tag{3.19}$$

$$2Ag_2O + H_2O + 2e^- \Leftrightarrow 2Ag + 2OH^- \quad E_0 = 0.34\ \mathrm{V} \tag{3.20}$$

$$負極：Zn + 2OH^- \Leftrightarrow Zn(OH)_2 + 2e^- \quad E_0 = -1.24\ \mathrm{V} \tag{3.21}$$

$$全反応：2AgO + H_2O + Zn \Leftrightarrow Ag_2O + Zn(OH)_2 \quad E_0 = 1.81\ \mathrm{V} \tag{3.22}$$

$$2Ag_2O + H_2O + Zn \Leftrightarrow 2Ag + Zn(OH)_2 \quad E_0 = 1.58\ \mathrm{V} \tag{3.23}$$

すなわち，充放電反応は2段階プロセスで進行すること，および他のニッケル系のアルカリ電池に比べて放電電位が大きいなどの特徴がある．

3.4.9 電気二重層キャパシター

1970年代の後半から，小型で信頼性の高いメモリーバックアップ電源のニーズに呼応して，電気二重層キャパシターが実用化された．昨今では，急速充放電の負荷に追従しやすい特性をもつこのシステムが，電動車両用としても出力アシストやエネルギー回生を目的として開発が加速されている．

図3.20にキャパシターの動作原理を示す．電極には高比表面積と高導電性を有する活性炭が分極性電極として用いられ，従来型のコンデンサーに比べて百万倍以上の大容量キャパシターが実現している．電解液は，電解質を含むプロピレンカーボネートやエチレンカーボネートなどの有機溶媒系と，硫酸水溶液系のものに大別される．一般には前者の分解電圧が高いため，耐電圧とエネルギー密度を上げるのに有利である．

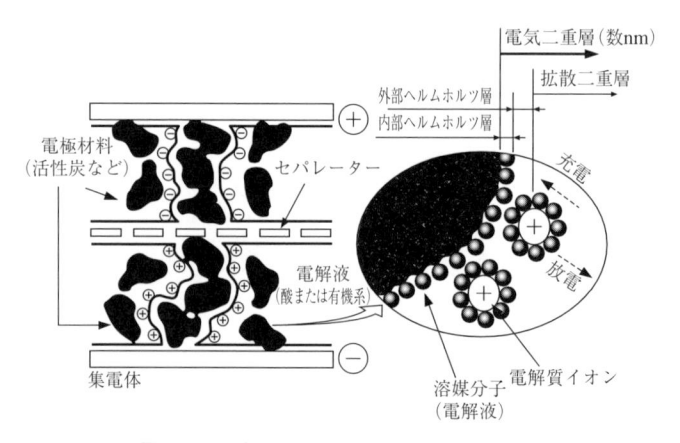

図 **3.20** 電気二重層キャパシターの原理モデル．

一方材料コスト面と安全性の観点では，後者のほうに利点がある．

電極と電解液とが接触する界面では，わずかな距離を隔てて正と負の電荷が配列して電気二重層を形成する．ここに直流電流を流すと，(3.24)式に示される電気容量 C が蓄積できる．

$$C = \int \varepsilon \cdot (4\pi\delta)^{-1} dS \tag{3.24}$$

ここで，ε は電解液の誘電率，δ は電極表面とイオン中心間の距離，S は電極の接触表面積である．すなわち高容量の電気二重層キャパシターを実現するためには，電極活性炭の比表面積が重要な因子である．

キャパシターは二次電池と異なり，電気化学反応を伴わないため一般に反応抵抗が小さく，その分，高出力特性を確立しやすい特徴をもつ．しかし本来的にエネルギー密度は二次電池に比較して極端に小さいため，エネルギー密度の増大が今後の課題の1つであると同時に，キャパシターの特性を最大限に駆使した応用が鍵になる．近年の実用化例では，HEVトラックやFCV用のエネルギー貯蔵システムがあげられる．

3.5 燃料電池の電気化学

3.5.1 燃料電池の歴史

燃料電池の原理は19世紀にさかのぼり，1839年に英国のW. R. Groveがその可能性を実証し，以降種々の実験が試みられた．1800年から1900年初頭までは，いわゆる「発電原理と実験の時代」と称される第1の時代である．この推移を表3.2に示す．

第2の時代は「宇宙開発での利用開始の時代」で，特許取得や宇宙船への搭載が行われた．そして第3の時代は，1960年代から始まる「商業化に向けての研究開発推進の時代」である．米国のリーダーシップ的計画が主として展開され，その後，日本や欧州に伝播する時代である．いずれも国家プロジェクト計画の推進のもとで展開され，発展してきた．

1990年代に入ると産業界での研究開発も加速され，ロードレベリング用の電力貯蔵発電システムのみならず，家庭用燃料電池システムあるいは将来的な燃料電池自動車への応用をめざした研究開発が，大々的に展開されてきた．今後の自動車のエミッションを主とした環境改善の動きと代替エネルギーの本格的検討は，この領域の研究開発をいっそう加速させる要因にもなっている．したがって，1990年代からは「実用化に向けて動き出した新たな時代」と表現できる．

3 電気化学

表 3.2 燃料電池の発見と開発の歴史

[第1の時代：燃料電池の発電原理の発見と実験の時代]
　1801年　デーヴィ(英)が炭素を燃料とする燃料電池の可能性を発表
　1839年　グローブ(英)が最初の燃料電池の実験
　1889年　モンドとランジャー(英)が粗製水素(石炭ガス)と空気を用いた燃料電池の実験
　1899年　ネルンスト(独)が安定化ジルコニアの酸化物イオン導電性を発見
　1921年　バウア(独)が溶融炭酸塩型燃料電池の実験
[第2の時代：宇宙開発での利用開始の時代]
　1952年　ベーコン(英)が燃料電池の特許権取得
　1958年　UT社(米)がベーコン特許を獲得
　1965年　GE社(米)製高分子型燃料電池がジェミニ5号に搭載
　1968年　UT社製アルカリ型燃料電池がアポロ7号に搭載
[第3の時代：商業化に向けての研究開発推進の時代]
　1967年　米国のターゲット計画(12.5 kWリン酸型燃料電池の商業化)開始
　1971年　米国のFCG-1計画(大容量の電気事業用リン酸型燃料電池の商業化)開始
　1977年　米国のGRI計画(40 kWリン酸型燃料電池の商業化)開始
　1978年　日本のサンシャイン計画でアルカリ型燃料電池の研究開発を開始
　同年　　米国のエネルギー省(DOE)と電力研究所(EPRI)が燃料電池の研究開発に対する支援
　　　　　計画を開始
　1981年　日本のムーンライト計画で本格的な燃料電池研究開発の開始
　1989年　欧州でジュール計画の燃料電池研究開発の開始
[第4の時代：実用化に向けて動き出した新たな時代]
　1990年以降　家庭用燃料電池および燃料電池自動車の本格的研究開発の開始
　2002年　ホンダとトヨタが燃料電池自動車を日米で限定販売
　2009年　家庭用燃料電池の販売開始

3.5.2 水素-酸素燃料電池の原理

　燃料電池は水の電気分解の逆反応に相当するもので，触媒の作用下で燃料源である水素と酸素を反応させ，エネルギーを取り出すものである．すなわち燃料が有している化学エネルギーを，電気化学反応によって電気エネルギーに変換するシステムである．したがって電池という貯蔵体ではなく，電気化学反応による発電機構であるため，"電気化学発電"または"電気化学エンジン"のほうが適切な表現ともいえる．

　電解質の種類により反応温度や基本性能が異なるが，図3.21に示す原理により発電する．すなわち水素極では水素がプロトンになり，そのプロトンが電解質を経由して酸素極側へ移動し，酸素極側に供給された酸素と反応し水を生成する．このとき反応に伴う熱量が放出されるが，図3.22に示すように，機械エネルギーとして利用できる熱量と，熱として放出される熱量とに分けられる．これは熱力学第一法則に相当する．

　燃料電池の場合は，上記の機械的エネルギーや仕事になる熱量に相当する分が，電気エネルギーとして取り出せる熱量になる．ただし(3.6)式に示したように，図3.22の場合は25℃における理論効率 ε_F であり，温度の増加とともに $T\Delta S$ 項が大きくな

58

3.5 燃料電池の電気化学

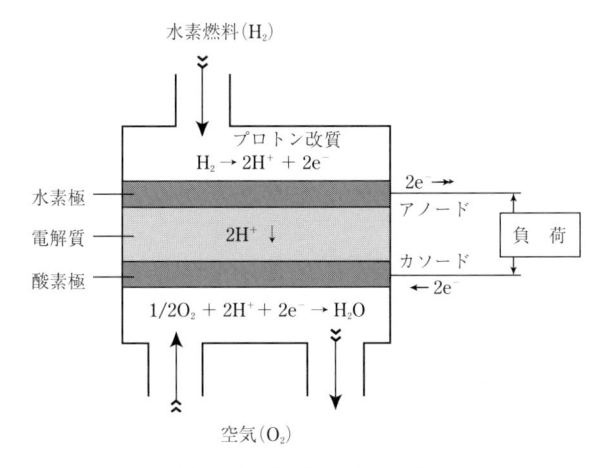

図 3.21 燃料電池の反応原理.

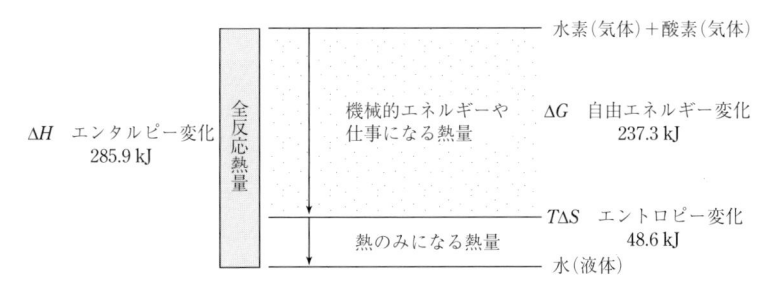

図 3.22 水素と酸素から水 1 mol が生成するときの放出熱量(理論効率 $\Delta G/\Delta H$ = 83 % at 25 ℃).

るため，図 3.23 のように ε_F は直線的に低下する．すなわち燃料電池は，低温側で作動させることにより高い効率を引き出すことができる．熱機関システムの場合はカルノー効率 ε_C が限界となり，燃料電池とは逆に作動温度が高くなると ε_C は増大する．

図 3.21 に示した燃料電池の電極間に生じる起電力を V_{cell} (ボルト，V) とした場合，流れる電気量 q (クーロン，C) と電気エネルギー Q (ジュール，J) との間には，(3.25) 式が成立する．

$$V_{cell} = Q/q \quad (1\text{J} = 1\text{V} \times \text{C}) \tag{3.25}$$

図 3.21 に示したように，水分子 1 個ができるときに関与する電子は 2 個である．電子 1 個あたりの電荷を 1.602×10^{-19} C として，(3.25)式は(3.26)式により，理論的な起電力は 25 ℃，1 気圧下で 1.23 V と計算できる．

3 電気化学

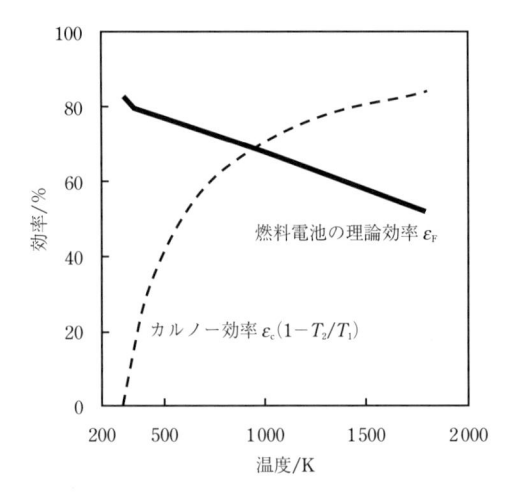

図 3.23 燃料電池と熱機関の理論効率.
[太田健一郎, 佐藤　登監修, 燃料電池自動車の開発と材料,
p.36, シーエムシー出版(2002)]

$$V_{cell} = 237.3 \times 10^3 \, \text{J} / (2 \times 6.022 \times 10^{23} \times 1.602 \times 10^{-19}) = 1.23 \, (\text{V}) \tag{3.26}$$

ただし，この起電力は機械的エネルギーや仕事に相当する熱量のすべてが電気エネルギーに変換された場合の理論値で，実際には熱発生によりエネルギー損失が生じる.

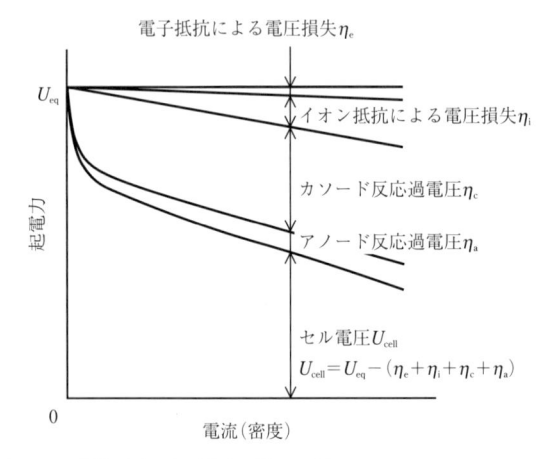

図 3.24 燃料電池の起電力と電流の関係.
[太田健一郎, 佐藤　登監修, 燃料電池自動車の開発と材料,
p.42, シーエムシー出版(2002)]

図 3.24 に，燃料電池の起電力 U_{eq} と電流 i との相関について各抵抗成分ごとに示す．ここで観測される電圧降下は，電極やセパレーターに支配される電子抵抗成分の電圧損失，電解質に支配されるイオン抵抗成分の電圧損失，そしてカソード反応とアノード反応に帰属する過電圧損失に分類できる．反応抵抗成分は分極抵抗とも表現されるが，電圧損失の大半を占める．この抵抗成分を小さくするためには，電極の幾何面積あたりの真の表面積を大きくすることが効果的である．

━━━ カルノーサイクルの制約 ━━━

熱容量が十分に大きく，それぞれ温度一定の2つの熱源があると，作動物質が高温の熱源から等温的に熱を与える．このときの可逆等温変化と可逆断熱変化よりなる可逆サイクルを，カルノーサイクル (Carnot cycle) と称し，その機構を有したエンジンをカルノーエンジンとよんでいる．

図でA→Bの過程では高熱源から一定温度 T_1 で熱量 Q_1 の供給を受け，B→Cの膨張仕事は断熱とし，低熱源へは等温 T_2 で熱量 Q_2 を廃熱する（C→D）．D→Aの圧縮過程は断熱変化としてA点に戻り，1サイクルを完了する．等温変化の熱量 Q は，

$$Q_1 = A\int PdV = ART\ln(V_B/V_A)$$

$$Q_2 = ART\ln(V_C/V_D) \quad A：仕事の熱当量$$

で表され，断熱変化では，

$$V_B/V_A = V_C/V_D$$

となるので，熱効率 ε_c は，

$$\varepsilon_c = (Q_1 - Q_2)/Q_1 = 1 - Q_2/Q_1 = 1 - T_2/T_1$$

となる．すなわち，熱効率は作動流体の物性値に無関係に表現され，高低熱源の温度のみに依存する．$T_1 = 2400$ K，$T_2 = 300$ K とすれば，ε_c は 0.875 となり，87.5 % の熱効率機関が得られることになるが，現実的には不可逆性のため 40 % 程度にとどまる．

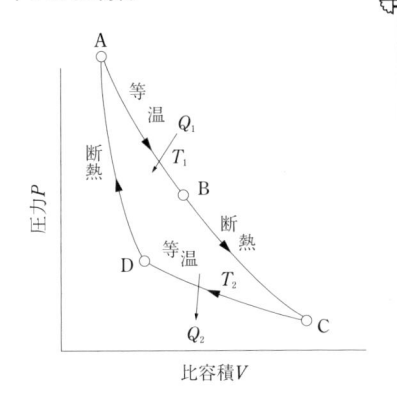

図 カルノーサイクル．

3.5.3 燃料電池の種類

　燃料電池は表 3.3 に示すように，おもに 5 種類の系に分類される．アルカリ型燃料電池(alkaline fuel cell, AFC)，リン酸型燃料電池(phosphoric acid fuel cell, PAFC)，溶融炭酸塩型燃料電池(molten carbonate fuel cell, MCFC)，固体電解質型燃料電池(solid oxide fuel cell, SOFC)，および固体高分子膜型燃料電池(polymer electrolyte fuel cell, PEFC)として表現される．この中で家庭用および自動車用として，近年特に研究開発の活発なものが PEFC である．PAFC の電解質は濃厚リン酸溶液で，作動温度は 200 ℃近辺，発電効率が 40 %前後という特性をもつ．PEFC は，電解質にフッ素系スルホン酸樹脂などのカチオン交換膜を用い，PAFC と同様，プロトンが電解質内を移動する．図 3.25 に代表的なイオン交換膜の構造を示す．したがって proton exchange membrane fuel cell(PEMFC)ともよばれる．電解質は固体膜であるため 50 〜 200 μm 程度の薄型化が可能であり，出力密度を高めていくことが原理的に可能

表 3.3　燃料電池の種類

燃料電池の種類	アルカリ型 (AFC)	リン酸型 (PAFC)	溶融炭酸塩型 (MCFC)	固体電解質型 (SOFC)	高分子膜型 (PEFC)
電解質	水酸化カリウム(KOH)	リン酸 (H_3PO_4)	溶融炭酸塩 (Li_2CO_3 + K_2CO_3)	安定化ジルコニア ($ZrO_2 \cdot Y_2O_3$)	高分子膜 (フッ素樹脂系スルホン酸)
作動温度(℃)	100 以下	約 200	約 650	約 1000	100 以下
燃料	純水素	粗製水素	粗製水素	粗製水素	粗製水素
使用可能な原燃料	精製された水素，電解工業の副生水素など	天然ガス，メタノール，ナフサ，灯油	天然ガス，メタノール，ナフサ，灯油，石炭	天然ガス，メタノール，ナフサ，灯油，石炭	天然ガス，メタノール，ナフサ
出力密度 ($W\,cm^{-2}$)	約 0.1	約 0.15	約 0.15	約 0.3	〜 0.3
発電効率(%)	〜 60	35 〜 45	45 〜 55	50 以上	40 以上
用途	宇宙，海洋など	コジェネレーション用，分散配置型電気事業用，離島用電気事業用，可搬用電源，輸送用電源	コジェネレーション用，分散配置型電気事業用，火力発電代替電気事業用(大規模)	コジェネレーション用，分散配置型電気事業用，火力発電代替電気事業用(中規模)	小規模発電用，分散配置型電気事業用，可搬用電源，輸送用電源
その他技術課題	CO_2 による電解液劣化	電極の CO 被毒による劣化	溶融塩による腐食と CO_2 リサイクル	高温域でのセラミックス材料の耐久信頼性	電極の CO 被毒による劣化

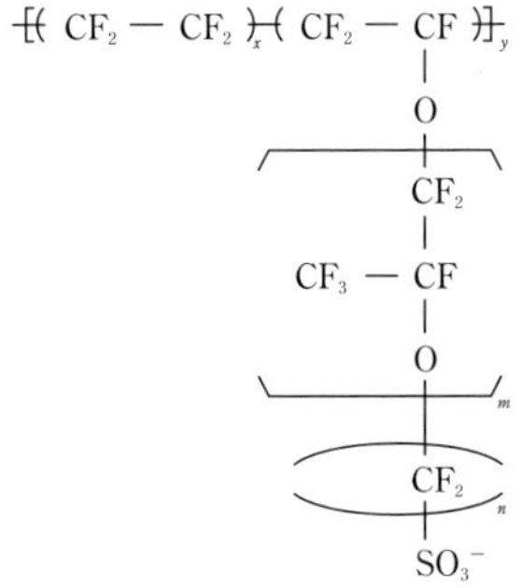

$$\mathrm{+(CF_2-CF_2)_{\mathit{x}}(CF_2-CF)_{\mathit{y}}+}$$

(構造図: 側鎖)
$$\begin{array}{c} | \\ O \\ | \\ CF_2 \\ | \\ CF_3-CF \\ | \\ O \\ | \\ (CF_2)_m \\ | \\ SO_3^- \end{array}$$

Nafion®　　m, $n=2$, $x=5\sim13.5$, $y\approx1000$
Dow 膜　　$m=0$, $n=2$
Aciplex®　　$m=0.3$, $n=2\sim5$, $x=1.5\sim14$
Flemion®　　$m=0.1$, $n=1\sim5$

図 3.25 パーフルオロアルキルスルホン酸系イオン交換膜の分子構造.
［太田健一郎, 佐藤　登監修, 燃料電池自動車の開発と材料, p.113, シーエムシー出版(2002)］

である.

イオン交換膜は疎水性の強い主鎖部分が集合し, 親水性のスルホン酸基は会合して水分子を取り込む構造になっている. 側鎖が架橋していないことから, イオン交換基のついた末端は割合自由に動くことができるため, 含水状態では交換基と対イオンおよび水分子がクラスターを形成し, プロトン通路ができることでイオン伝導が現れる.

3.5.4　燃料電池自動車

21世紀の脱化石エネルギーの一環として, FCV(燃料電池自動車)に大きな期待が寄せられている. 2002年12月には, ホンダとトヨタが限定台数ではあるものの, 日米にて販売を開始した. 図 3.26 に 60 kW 級 FCV を示すが, これには 78 kW の燃料電池スタック, エネルギーアシストと回生のためのウルトラキャパシターを搭載している. キャパシターの代わりに Ni・MH 電池や Li イオン電池の搭載も可能で, FCV の特性やエネルギーマネージメントに応じて選定される. 水素燃料は 78.3 l の 35 MPa の圧縮容器を 2 本搭載し, 355 km の航続距離を実現している. 水素貯蔵合金システムでは一般に 2 wt%の水素重量密度であるのに対し, 35 MPa の圧縮水素システムでは 5 wt%を超えるため, 航続距離において有利となり, 多くの FCV で圧縮水素システムが採用されている.

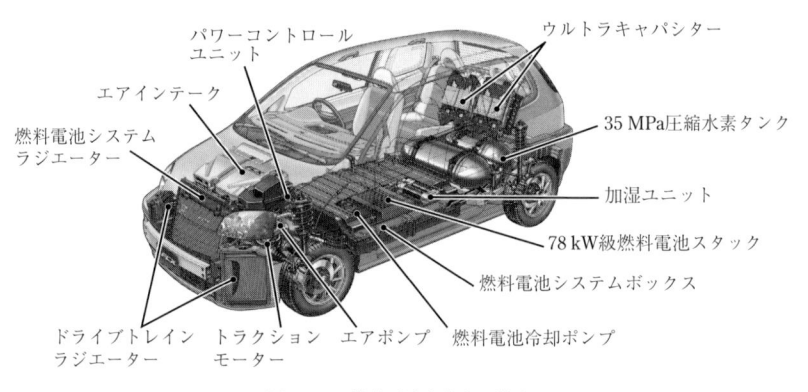

図 3.26　燃料電池自動車の構造.

3.5.5　固体高分子膜型燃料電池と触媒技術

　図 3.27 は FCV 用 PEFC スタックの構造例である．膜/電極接合体(membrane electrode assembly，MEA)は触媒電極とプロトン交換膜から構成される．また燃料ガス室と空気室を分離するのが，セパレーターである．

　触媒電極は，白金をカーボンに担持したもので電解質膜と接している．電極反応は，反応ガス/触媒電極/電解質の三相界面で起こるが，PEFC では電解質が固体膜のため，反応場が電極と膜との接触界面に限定される．したがって，白金の利用率が低下する傾向にあり，実質上反応にかかわる有効な白金粒子は限定される．触媒の利用率を向上させ触媒量を低減させる目的での手法としては，たとえば Nafion(図 3.25 参照)溶液のような同じ膜材料からなる溶液をガス電極の膜接合側に塗布して乾燥させ，電極作動面積を 3 次元化することが効果的である．従来の白金担持量は少なくとも 4 mg cm^{-2} 程度必要とされていたが，以上のような方法や電極反応層を薄くすることで，$0.2 \sim 0.4$ mg cm^{-2} 程度に低減されている．

　必要な白金担持量が両極合わせて 0.4 mg cm^{-2} で，PEFC の面積あたりの出力密度を 5 kW m^{-2} としても，1 kW あたり 0.8 g の白金を必要とする．したがって，100 kW 級の FCV 用スタックを作るうえで必要な白金量は 80 g にものぼり，この白金価格だけでも 15 万円程度になる．このため白金量の大幅な削減が必要となる．

　図 3.26 に示した FCV は純水素搭載型であるが，メタノールを燃料として搭載し，オンボードで改質するシステムもある．この場合，メタノール改質器が必要になるが，それ以外の課題もある．(3.27)式に示すように，メタノールを改質する際に生成するガス中の CO の影響である．

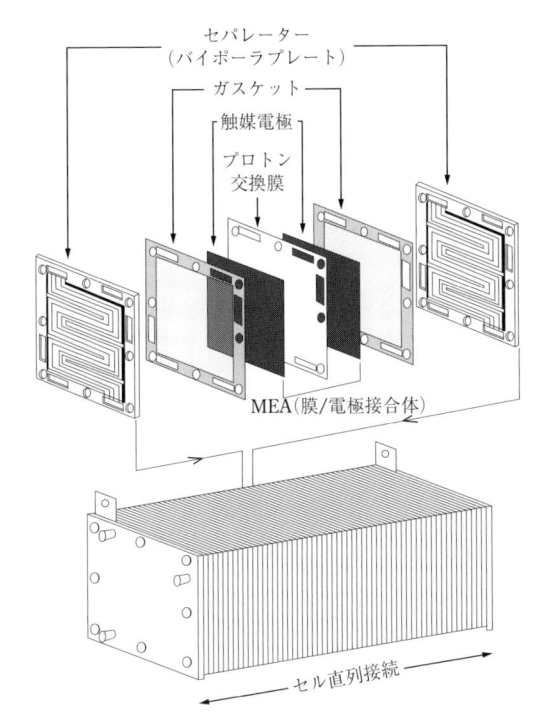

図 3.27　燃料電池スタックの構造例．

$$CH_3OH \rightarrow 2H_2 + CO \tag{3.27}$$

電極触媒としての白金はCOとの親和性が強く，低濃度のCOでも触媒表面に強固に吸着し，水素の電極酸化反応を極端に阻害する．燃料ガス中のCO濃度の増大が，電極の特性を下げることが確認されている．このために改質型の燃料電池システムでは，改質器とスタックとの間に，COを酸化して触媒を被毒しないCO_2へ変換する装置を組み込む．反応容器は(3.28)式で表される水蒸気による酸化と，(3.29)式で表される空気による酸化の2つのプロセスで構成される．

$$CO + H_2O \rightarrow CO_2 + H_2 \tag{3.28}$$

$$CO + 1/2 O_2 \rightarrow CO_2 \tag{3.29}$$

しかし，この方法でも数十ppmのCOが燃料ガス中に含まれてしまうため，耐COアノード触媒が必要になる．さまざまな白金系触媒が研究されているが，現在のところPt-Ru系触媒が一般に効果が知られている．Pt-MoやPt-Snなどの合金系触媒も検討されているが，数万時間を超える十分な耐久性までは確認できていない．

3 電気化学

　図3.28に，PEFC用に利用可能な各種燃料のエネルギー密度を示す．炭化水素系燃料の改質には600℃以上の温度を要することや脱硫も必要になり，扱いが容易ではない．利点はインフラが整備されていることである．水素自体のエネルギー密度は群を抜くが，貯蔵容器や吸蔵合金の重量が入ると重量エネルギー密度は激減する．いずれにしろ，純水素搭載はシステム上も反応上も簡易で現実性が高い．しかし，水素製造コストが現状のガソリンよりも数倍高くなり，燃料コストの低減に向けた製造技術が不可欠となる．

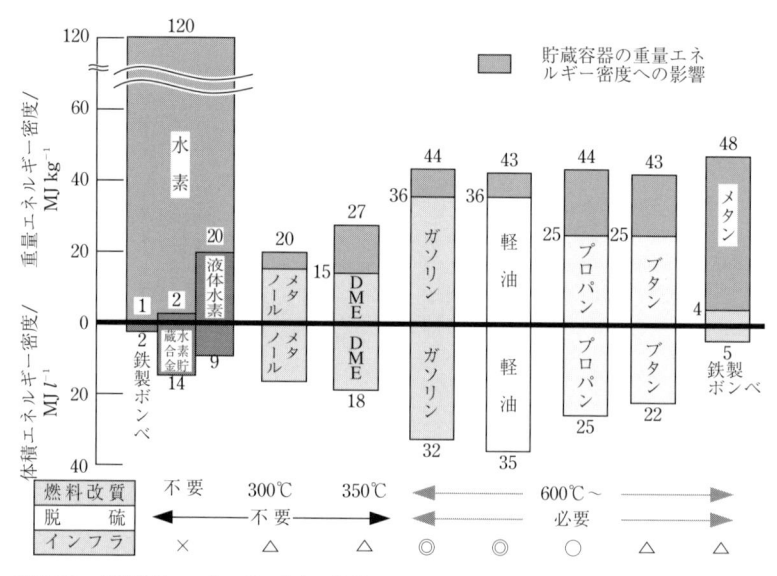

図3.28　各種燃料のエネルギー密度の比較．DME：ジメチルエーテル．
　　　　［太田健一郎，佐藤　登監修，燃料電池自動車の開発と材料，p.54，シーエムシー出版(2002)］

3.6
太陽電池

3.6.1　太陽電池の意義

　太陽電池は1954年，米国のPearsonらによって発明されたことに端を発している．1958年には米国の人工衛星バンガード1号に搭載され，通信用電源として使用された．しかしその後は，無線中断所や灯台などに応用された経緯があるが，価格が高

かったため普及するまでには至らなかった．ところが，1973年のオイルショック以降，太陽電池の特性が代替エネルギー源として注目されるようになり，米国エネルギー省や日本の通産省(当時)サンシャイン計画により推進され，技術開発が進められた．その結果，シリコン系太陽電池の変換効率は年々向上してきた(図3.29)．

太陽電池は，太陽エネルギーから直接電気を取り出すことのできる電池である．エネルギー源としての太陽エネルギーは無限に近い寿命をもち，地球に約40兆 kcal s^{-1} が降り注いでいるため，約40分のエネルギーで全世界のエネルギーをまかない，無公害でクリーン，使う場所でのエネルギー入手が可能などという特徴をもつ．一方，太陽電池の特徴としては，光電効果によって電気を発生するため燃料が不要で排気ガスの発生がない，発電効率は発電システムの規模に依存しない，曇りのような拡散光でも発電可能，寿命が半永久的などがあげられる．

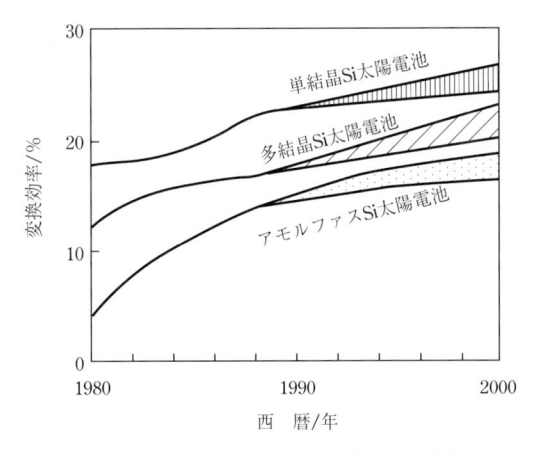

図3.29 シリコン系太陽電池の変換効率の推移．

3.6.2 太陽電池の種類と特性

構成する材料側から太陽電池を分類すると表3.4のようになり，構造的にはバルク結晶型や薄膜型などがある．シリコン系太陽電池セルには，製法や結晶学的な観点から，単結晶Si，多結晶Si，アモルファス(非晶質)Siの3種類がある．

単結晶Siは，インゴットという大きな結晶から薄板ウエハーを切り出し作るもので，理論変換効率27％を有する高効率セルを可能にする．一方，多結晶Siの場合は複数の結晶粒からなるが，結晶粒径が大きくなるとともに単結晶Siの特性に近くな

表 3.4 太陽電池の分類

シリコン系太陽電池	単結晶 Si(バルク結晶)
	多結晶 Si(バルク結晶または薄膜)
	水素化アモルファス Si(薄膜)
化合物半導体太陽電池	III-V族化合物半導体：GaAs, InP(エピタキシャル膜)
	II-VI族化合物半導体：CdTe/CdS, Cu_2S/CdS(薄膜)
	カルコパイライト系半導体：$CuInSe_2$, $CuIn_{1-x}$, Ga_xSe_2, $CuInS_2$(薄膜)
有機半導体太陽電池	ペンタセン，フタロシアニン，メロシアニンなど
湿式太陽電池	色素増感型(TiO_2/Ru 化合物色素/I^-/I^{3-} 溶液)，n-Si/ジメチルフェロセン溶液など

［山田興一，小宮山宏，太陽光発電工学，p.68，日経 BP 社(2002)］

る．多結晶 Si は単結晶 Si のセルより変換効率は小さいが，単結晶に比べて安価に製造できるところに特徴をもつ．アモルファス Si を用いる太陽電池の変換効率は，結晶系 Si 太陽電池に比べて劣るが，安価で量産には適しているのが利点である．

化合物半導体は，III-V族元素の化合物，II-VI族元素の化合物，およびII-VI族の変形型カルコパイライト系化合物の 3 種類に分類できる．特にバンドギャップが 1.35 eV の InP，1.41 eV の GaAs，1.44 eV の CdTe などが太陽電池に適した材料である(表 2.2 参照)．化合物半導体の光吸収係数は Si 系より 1〜2 桁大きいため，薄膜セルで使用するのに適している．そのため軽量化が可能であると同時に，複数セルを重ねるいわゆるタンデム構造を形成できるため，高効率化も可能となる．近年，化合物半導体での変換効率向上の成果に注目が集まっている．CIGS と称される $Cu(In,Ga)Se_2$ で高い変換効率が達成され，図 3.30 のように実用化が始まった．

GaAs の太陽電池は耐放射特性がすぐれているため，宇宙用太陽電池として実用化され発展してきたが，資源としては豊富ではないことから，宇宙用などの特殊用途が

図 3.30 CIGS 系太陽電池の実用化(本田技研(株)浜松製作所細江工場)．

対象と考えられている．一方，CdTe–CdSを組み合わせたヘテロ接合の太陽電池は，低コストであるため実用工業製品になっているが，有害なCdを使用するために今後の発展性には多少疑問が残る．有機半導体は軽量かつ低コストな材料ではあるが，効率の面で不利であった．また無機半導体に比較して長期間の耐久性に劣るため，これらの点が今後の課題となっている．

　湿式太陽電池は電気化学セルを形成するもので，電解質溶液と半導体電極および対極から構成される．電解質溶液に電極を浸漬することで接合させるため，作製が容易という特徴をもつ．近年，湿式型の中で研究開発の盛んなものが色素増感型太陽電池である．これは電極にTiO_2を用いるもので，電極表面に色素を吸着させておく．この色素が光吸収によりTiO_2に電子を注入すると同時に，電解質溶液から色素が電子を奪い還元されることで，電流が流れる原理である．さらにこの電解質溶液の安定性や特性向上を目的として，イオン性液体への期待が日増しに高まっている．

イオン性液体

身近にある塩類(カチオンとアニオンのみで構成された物質)は食塩(NaCl)であるが，常温では固体でしか存在しない．これに対し，特定の有機イオンを導入すると常温で液体の塩が形成されるが，この物質をイオン性液体または常温溶融塩とよぶ．1990年以降にさまざまなイオン性液体が発見され，急速に発展しつつある．代表的なイオン性液体を以下に示す．

PF_6^-
エチルメチルイミダゾリウム・PF_6

$N(CF_3SO_3)_2$
ヘキシルトリメチルアンモニウム・TFSI

これらの物質はイオンのみから構成されているため，蒸気圧がほぼゼロであり安定な液体で存在し，難燃性をもつ，イオン伝導性が大きいなどの特徴を有する．Liイオン電池や電気二重層キャパシター，あるいは色素増感型太陽電池などには可燃性の電解液系が用いられているため，このようなデバイスに適合するイオン性液体をベースにした電解液系が実用化されると，安全性のさらなる向上はもちろん，出力特性や低温性能などが飛躍的に向上するので，大きな期待が寄せられている．

第4章

石炭化学・炭素材料

4.1 石炭化学

　石炭(coal)は，エネルギー源や化学原料として第二次大戦までは欠くことができない主要な資源であった．その後，液体で取り扱いやすい石油にその地位を譲り，今日に至っている．しかし，石炭の確認埋蔵量は9800億トンで，可採年数は石油の約5倍(約200年分)と推定されており，また産地が石油のように偏在しておらず，エネルギーセキュリティーの面からも石油代替資源として再認識されている．固体状の石炭をガス化してクリーンな利用をはかる技術や，二酸化炭素の排出を抑制するプロセスの開発が，国家プロジェクトとして進められている．2002年度の日本の石炭の年間消費量は1億5832万トンであり，その内訳は製鉄用8063万トン，発電用3941万トンなどとなっている．本章では，石炭の種類，組成や化学構造など石炭の基本的な特性について述べたあとに，代表的な用途である製鉄用コークスと微粉炭燃焼による火力発電を取り上げ概説する．さらに，石炭のクリーンな利用をはかるための新しい技術開発についても紹介する．

4.1.1　石炭の分類と組成

　石炭は，水中や地中に堆積した植物が分解腐朽作用を受け，さらに地殻変動などによって地中に埋没して地熱や地圧による変成作用を受け，数億年から数千万年の長い年月を経て生成したと考えられている．石炭は，有機質と無機質からなる不均質で非常に多様な化合物の複雑な混合物である．石炭を顕微鏡で観察すると，色や光沢が異なる4種のしま状組織が区別できる．これらの組織は表4.1に示すように，ビトリット，クラリット，ドリット，フジットとよばれており，親水性や熱分解反応特性などの性質が大きく異なることが知られている．また，表4.2に示すように，有機質を構成するおもな元素は炭素(C)で，有機質の60〜95 wt %を占める．次いで，酸素(O)

表 4.1　石炭の組織成分とその性質

組織成分	外観	硬さ	比重	ぬれやすさ	揮発分	コークス化性
ビトリット (vitrite)	通常輝炭といわれる部分で，石炭の代表的部分，黒色の光沢があり，ガラスのように均質な感じ	比較的もろく，粉化しやすい	1.3	やすい	多い	よい
クラリット (clarite)	通常輝炭といわれる部分で，光沢はあるが，ガラスのような均質の感じがない	比較的もろい	1.2〜1.3	やすい	ビトリットより多い	よい
ドリット (durite)	通常暗炭といわれる部分．光沢のない暗色，粒状組織を呈する	硬い	1.3〜1.4	にくい	クラリットより少ない	悪い
フジット (fusite)	木炭状の外観	軟らかく粉状になりやすい	1.4〜1.5	にくい	最も少ない	ない

［小西誠一，燃料工学概論，p.163，裳華房(1991)］

表 4.2　石炭と石油の元素組成例

	無煙炭	歴青炭 (中揮発度)	褐炭	石油 (原油)	ガソリン
C	93.7	88.4	72.7	83〜87	86
H	2.4	5.0	4.2	11〜14	14
O	2.4	4.1	21.3	—	—
N	0.9	1.7	1.2	0.2	—
S	0.6	0.8	0.6	1.0	—
H/C(元素比)	0.31	0.67	0.69	1.76	1.94

［小西誠一，燃料工学概論，p.157，裳華房(1991)］

5〜30 wt％，水素(H)4〜5 wt％で，数 wt％以下の窒素(N)や硫黄(S)も含む．石油と比べて酸素含量が多く，水素や硫黄含量が少なく，また H/C 元素比が小さい特徴がある．また，石油よりも多くの無機質(5〜30 wt％)を含む．

表 4.3 に無機質の組成を示す．主要な無機質はシリカ(SiO_2)，アルミナ(Al_2O_3)，酸化鉄(Fe_2O_3)であり，これらは鉱物に由来する．石炭は，日本ではその発熱量に基づいて褐炭，亜歴青炭，歴青炭，無煙炭に分類されており，この順に石炭化度が大きく

表 4.3 石炭中に含まれる無機質の組成例

組成	存在量(%)	組成	存在量(%)
SiO_2	40 〜 60	SO_3	1 〜 20
Al_2O_3	15 〜 35	LiO_2	微量
Fe_2O_3	5 〜 25	TiO_2	微量
CaO	1 〜 15	ZnO_2	微量
MgO	0.5 〜 8	V_2O_5	微量
$Na_2O + K_2O$	1 〜 4	UO_2	微量

なり，また炭素含量が増え，酸素含量が減少する傾向にある(表4.2 参照)．各種石炭のH/C元素比とO/C元素比との関係はコールバンドとよばれ，植物から各種石炭に至る化学変化の様子が推察される（図4.1）．H/CとO/C元素比がともに減少しており，脱水($-H_2O$)反応が優先して進行したと予測できる．褐炭から亜歴青炭を経て歴青炭に至る過程は，主としてO/Cが減少して脱炭酸($-CO_2$)が優先し，歴青炭から無煙炭へはH/Cの減少が顕著であり，脱メタン($-CH_4$)の進行がうかがえる．

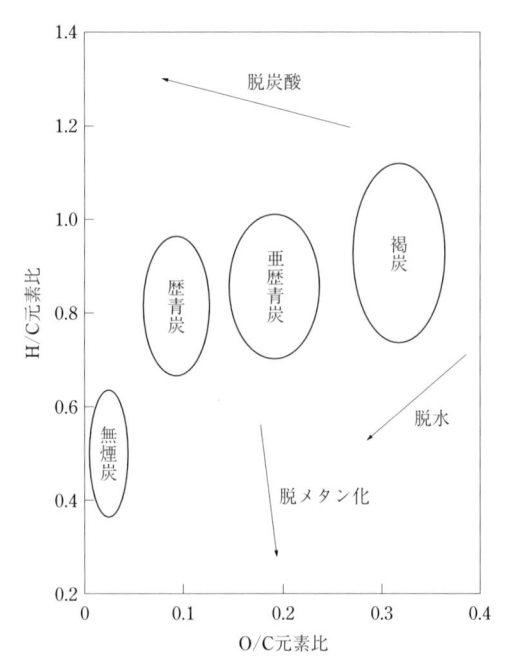

図 4.1 植物から石炭の生成経路を示すコールバンド．
　　　［多賀谷英幸ほか，有機資源化学，p.37，朝倉書店(2002)］

4.1.2 石炭の化学構造

各種石炭の単位構造のモデルを図 4.2 に示す．石炭化度が進むにつれて脂肪族成分（$-CH_2-$など）や含酸素官能基（$-OH$ など）が減少し，芳香環の縮合の程度が増加する．こうした単位構造が結合した高分子構造が提案されているが，炭素含量の高い石炭ほど単位構造の架橋の程度が低くなると考えられている．したがって，石炭の炭素含量が低く，石炭化度が低い石炭ほど縮合芳香環よりなる単位構造のサイズが小さく，これが高度に架橋した構造であると推察されている．近年の分析機器の進展はめざましく，溶剤に溶けない固体で非常に複雑な混合物であるため，分析が困難であるとされてきた石炭の化学構造が提案されている．図 4.3 は，NMR，FT-IR，質量分析，元素分析などの機器分析結果を組み合わせて組み立てられた歴青炭の平均化学構造モデルである．また，コンピュータによる計算を援用して，凝集構造など分子間の相互作用を考慮した構造を解析する試みもなされている．

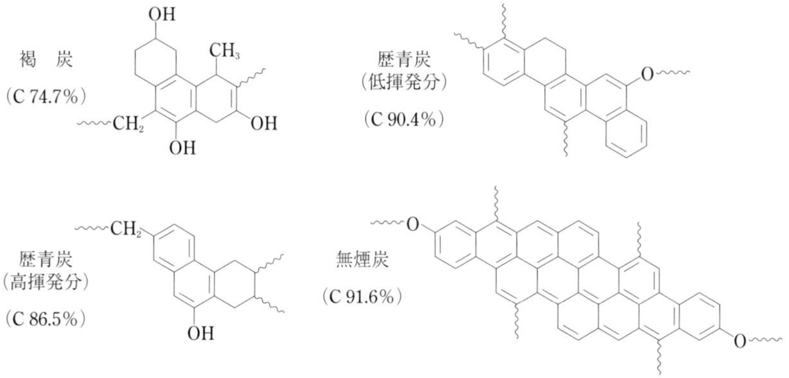
褐　炭
（C 74.7%）
OH
CH_3
CH_2
OH
OH
歴青炭
（低揮発分）
（C 90.4%）
O
歴青炭
（高揮発分）
（C 86.5%）
CH_2
OH
無煙炭
（C 91.6%）
O
O

図 4.2　炭素含量の異なる各種石炭の単位構造モデル．

4.1.3 コークス

コークスは，鉄鉱石の還元剤および燃料として製鉄用の高炉で多量用いられている．空気を遮断して石炭を 1000 ℃以上の温度で熱分解する高温乾留で製造される．加熱時に軟化溶融する石炭（歴青炭）を粘結炭とよび，良質のコークスの製造に欠くことができない．原料炭と称され，一般炭（非粘結炭）とは区別して取り引きされている．年間（2002 年）1 億 5832 万トンの石炭が日本に輸入されたが，そのうちの 8063 万トンを原料炭が占めている．高炉用コークスの製造には，流動度や揮発分の評価に基づいて，

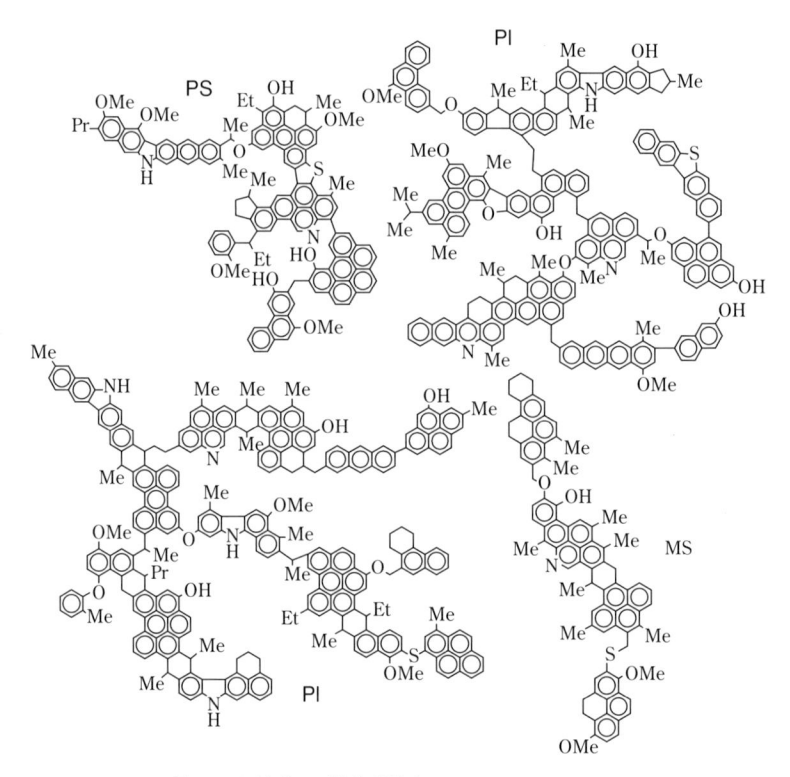

図 4.3　歴青炭の平均化学構造モデル.
[M. Nomura *et al.*, *Energy Fuels*, **12**, 512 (1998)]

数十種にも及ぶ原料炭と一般炭がブレンドされて用いられる.さらにこれらの配合炭は数 mm 以下に微粉砕され,不均質な石炭組織成分の偏在を回避する均質化処理が施されている.2002 年のコークス生産量は 3842 万トンで,そのうち 3100 万トンが高炉用として使用されている.

A. 石炭の加熱による化学変化

図 4.4 に石炭の加熱に伴う気体の発生状況を示す.400 ℃以下の温度では,石炭中に元来含まれていた低分子量の揮発成分がタールとして水分とともに発生する.この温度領域では化学反応はあまり進行しない.400 ~ 650 ℃では,メタン(CH_4),二酸化炭素(CO_2),一酸化炭素(CO)が生成し,石炭の脂肪族鎖や含酸素官能基の熱分解反応の進行が示唆される.タールの生成量は 400 ~ 500 ℃で最大となっているが,この温度領域で石炭が溶融して流動性を示すことから,タールが石炭(原料炭)の軟化溶

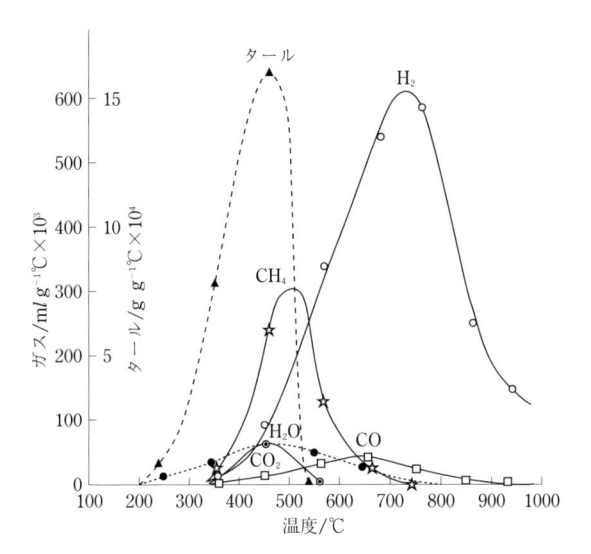

図 4.4 石炭の加熱に伴う気体の発生状況.
[小西誠一,燃料工学概論,p.180,裳華房(1991)]

融現象の発現に深く関係しているとの考えもある.650℃以上では水素(H_2)発生が主となり,芳香環の縮合が進行し,炭素化が進む.

B. コークス炉

製鉄用コークスは,耐火レンガ製のコークス炉(図4.5)で製造されている.下部は熱交換器の役割を果たす蓄熱室,上部にはコークスを製造する乾留室と燃焼室とが交互に配置されている.乾留室は幅40 cm,奥行10〜14 m,高さ3〜4 m程度の直方体で,これが数十室並んでコークス炉が形成される.1室あたり10〜20トン,コークス炉あたり〜800トンの石炭が入れられ,1200〜1300℃で14〜20時間加熱してコークスが製造される.燃焼室では,石炭から発生したガスを燃焼させて両隣の乾留室を加熱する.燃焼ガスは下の蓄熱室に導かれ,燃焼室に入る空気や発生炉ガスを予熱し,自らは300℃以下に冷却されて排出される.石炭はタールが発生する温度領域で膨張するが,高温になると収縮する.石炭粒子が膨張すると乾留室の炉壁で圧縮されるため,石炭粒子どうしの固着が促進される.最終的には収縮するので,炉壁との間に空隙が生じ,押出機によるコークスの取り出しが容易になる.

日本のコークス炉の多くが1970年代に建造され,寿命(40年)が近い.石炭を急速昇温する連続プロセスなど,環境に調和し,建設費が安くて生産性が高く,粘結性の低い石炭(一般炭)も利用しうる新しいコークス製造方法の研究開発が行われている.

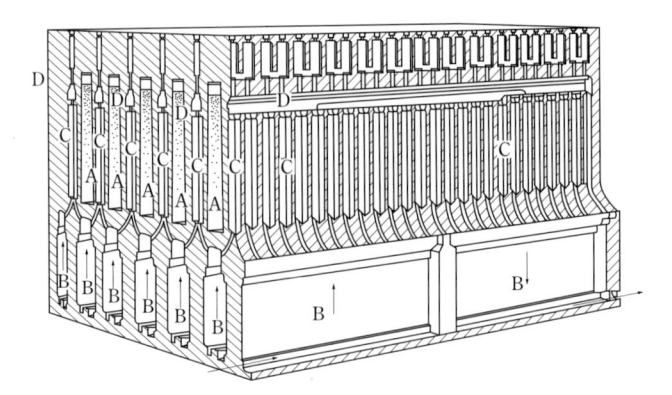

図 4.5 コークス炉の構造（コッパース式）．A：乾留室，B：蓄熱室，C, D：燃焼室．
[小西誠一，燃料工学概論，p.183，裳華房(1991)]

C. 高温乾留の副生成物

高温乾留によって，石炭の 70 wt % 程度のコークスが生成する．副生物として，ガス（乾留ガス，コークス炉ガス，～25 wt %）やタール（コールタール，～数 wt %）などが得られる．コークス炉から得られる生成物を図 4.6 にまとめる．多岐にわたる副生成物が得られ，石油化学が発展する以前は化学工業薬品のおもな供給源であったことがうかがえる．ガスは，水素（50～60 wt %），メタン（約 30 wt %），一酸化炭素（約 7 wt %）などからなり，都市ガスなどの燃料として利用されてきた．タールは黒色の粘ちょうな液体で，400 種以上の成分を含んでいる．主要な成分の種類と化学構造を図 4.7 に示す．ナフタレン，フェナントレンなどの芳香族炭化水素化合物が多いことがわかる．

D. 高炉におけるコークスの役割

高炉で銑鉄 1 トンを製造するのに，鉄鉱石 1.6 トン，コークス 0.8 トン，石灰石 0.4 トン，少量のマンガン鋼が用いられる．図 4.8 に模式的に示すとおり，高炉内では鉄鉱石とコークスとが層状に積み重ねられる．コークスの役割は，1) 鉄鉱石を還元して金属鉄を生成する還元剤，2) 高炉下部から吹き込まれる空気によって燃焼し，還元反応および金属鉄の溶融に必要な熱を供給，3) 空気などのガスを通気させ，また溶融鉄などの炉下部への滴下路を与える，4) 高温ガスの顕熱を利用して鉄鉱石を予熱する熱交換作用，があげられる．さらに，高炉内部での厳しい熱的な条件下においても耐衝撃摩耗強度を有し，二酸化炭素との反応による耐劣化性をもつ必要がある．

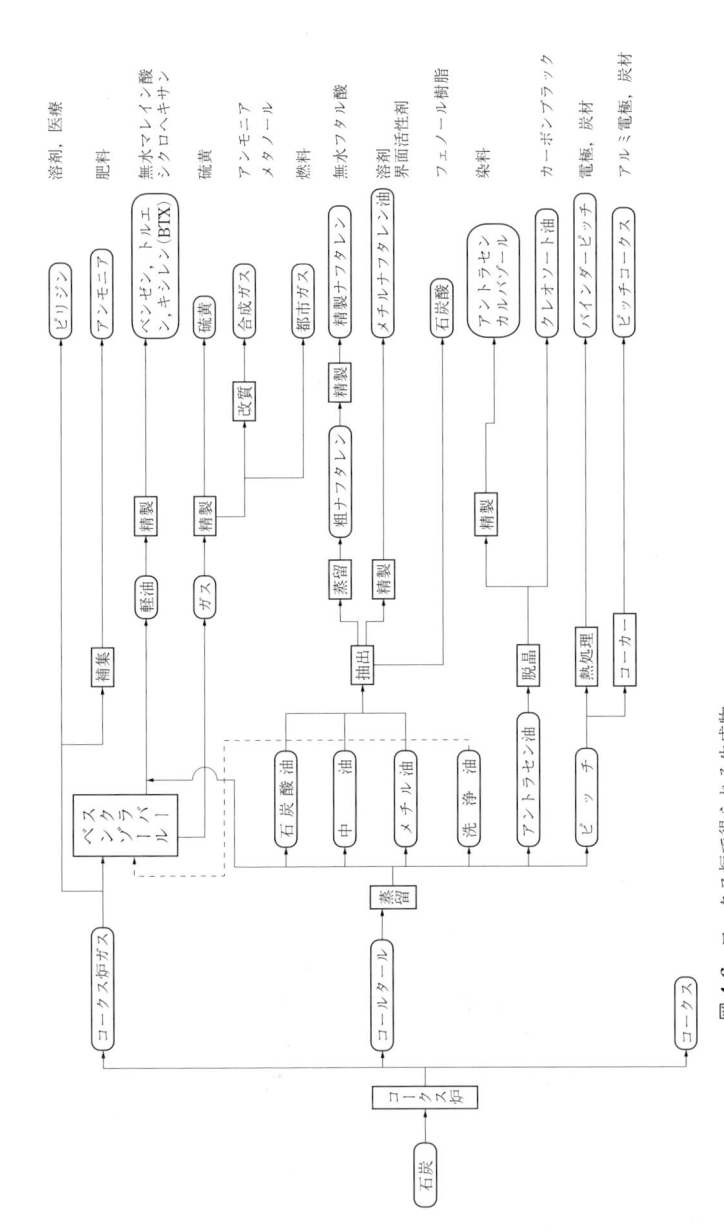

図 4.6 コークス炉で得られる生成物.
[エネルギー総合工学研究所石炭研究会編, 石炭技術総覧, p.196, 電力新報社 (1993)]

4　石炭化学・炭素材料

ナフタレン
7.0%

アントラセン
1.8%

アセナフテン
1.2%

フェナントレン
5.0%

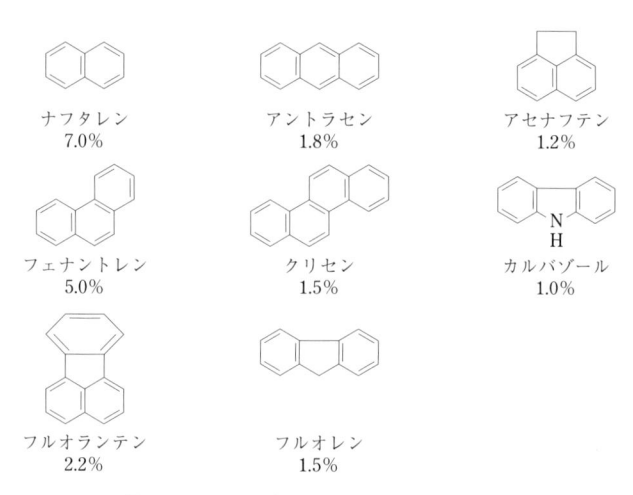

クリセン
1.5%

カルバゾール
1.0%

フルオランテン
2.2%

フルオレン
1.5%

図 4.7　タールに含まれる成分とその化学構造.

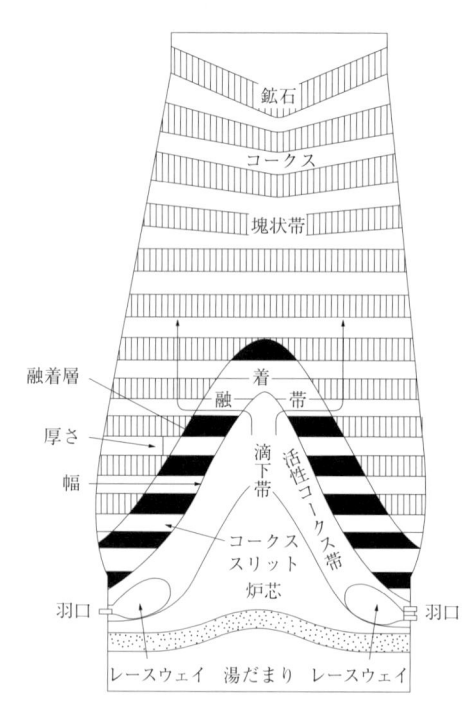

図 4.8　高炉内部の模式的な様子.
　　　　［炭素材料学会編, 新・炭素材料入門, p.173, リアライズ社(1996)］

4.1.4 火力発電

火力発電は，電力消費ピークに対応し起動停止できる発電設備として重用されている．昨今は，原子力発電に対する世論が厳しさを増していることから，ベース需要をまかなう発電設備としてもその重要性が再認識されている．第一次オイルショック（1973年）以降，石油価格の高騰とナショナルセキュリティー面から火力発電用燃料の多様化がはかられ，重油以外の石炭や液化天然ガス（LNG）も見直されるようになった．2002年度には3900万トンの石炭が火力発電に使用された．

A. 火力発電所における発電プロセス

石炭火力発電所の設備を図4.9にまとめる．船で運ばれてきた石炭は揚炭機で陸揚げされ，微粉砕されたのちボイラーで燃焼される．ボイラー内のチューブ中を通る水が加熱されて高温高圧の水蒸気が作られ，この水蒸気によってタービン発電機が回され発電される．すなわち，石炭の燃焼で得た熱エネルギーを機械エネルギー（タービンの回転）に転換し，さらに，発電機で電気エネルギーに変換している．そのため，発電効率は40％程度にとどまっており，二酸化炭素発生を削減する必要性からも，発電効率の向上が求められている．

B. 火力発電所における環境対策

火力発電所では，大量の石炭を燃焼させるため環境対策に大きなコストをかけている．石炭火力発電所におけるおもな環境保全設備（図4.9参照）について，以下に概説する．フライアッシュなどの煤じんは，静電気を利用した電気集じん機を用いることにより，99.9％の除去率が達成されている．硫黄酸化物（SO_x）は，石炭中に含まれる含硫黄化合物（無機および有機）の酸化によって生成する．排煙中に含まれるSO_x（酸性）は，アルカリ性の石灰石と反応させる湿式石灰石-セッコウ法による脱硫装置により除去されている．窒素酸化物（NO_x）は，石炭燃料中に含まれる窒素化合物（無機および有機）が酸化されて生成するフュエルNO_xと，空気中の窒素の酸化によるサーマルNO_xの2種がある．NO_xは高温で生成しやすく，燃焼雰囲気中の酸素濃度に影響を受ける．そこで，NO_x発生を抑制する工夫として，燃料の着火および燃焼を緩慢に行うことで燃焼温度を下げる低NO_xバーナーの採用，最初に酸素不足状態で不完全燃焼させたのちに二次空気を吹き込んで完全燃焼させる二段燃焼法，排ガスをボイラー内に再度吹き込んで火炎温度と酸素濃度を低下させる排ガス混合方式，などの対応がなされている．さらに，アンモニア（NH_3）を還元剤とし，酸化物触媒を用いる乾式接触還元反応によって，NO_xを無害な窒素（N_2）に転換する排煙脱硝装置も設置されている．このほかに石炭火力発電所では，廃水，騒音・震動，粉じんなどに対する対策がとられている．また，石炭は重油に比べて無機質の灰分を多く含むため，ピスト

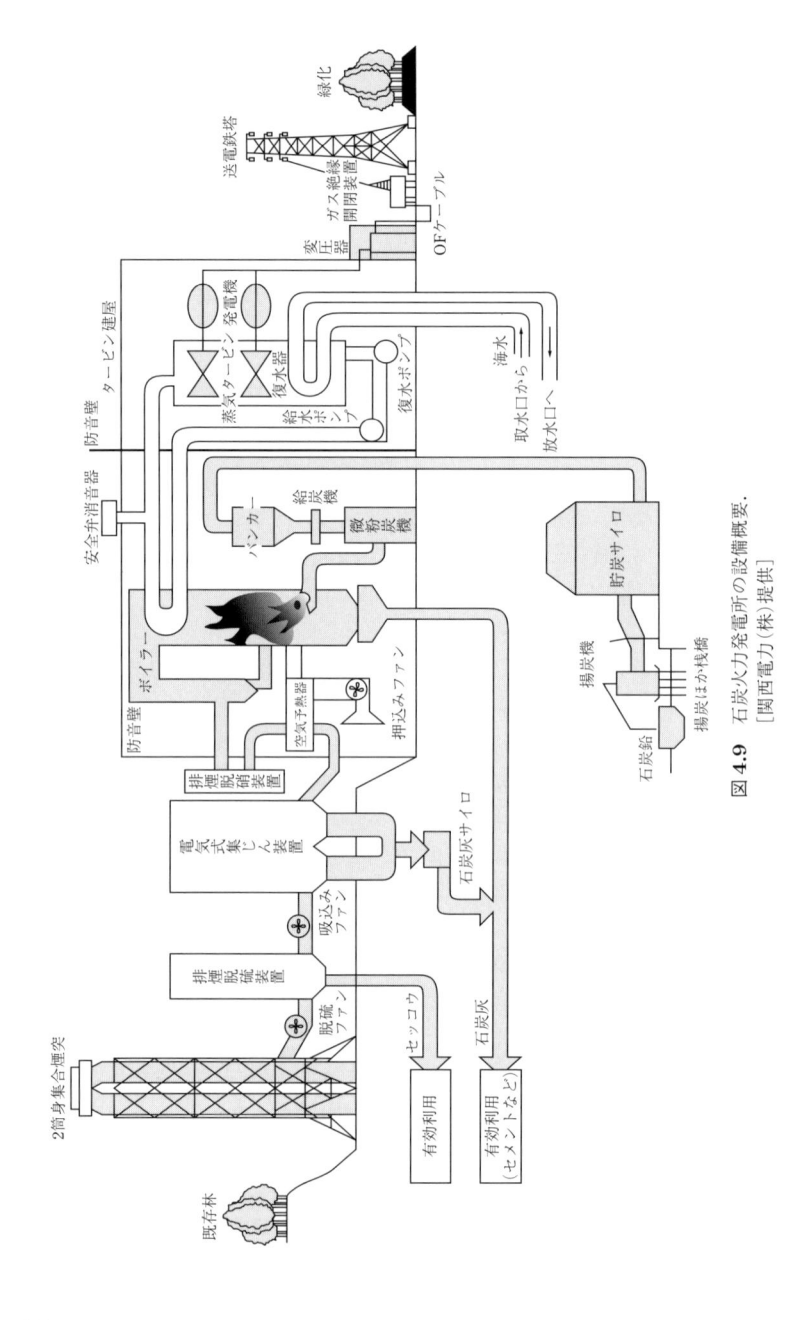

図 4.9　石炭火力発電所の設備概要.
［関西電力(株)提供］

4.1 石炭化学

ンなどの摩耗，溶融灰のボイラー壁への沈着などの対策が必要となっている．

C. 発電効率の向上

微粉炭は，重油やLNGと比べて発熱量がかなり低い(石炭6,500 kcal kg^{-1}，重油9,700 kcal l^{-1}，LNG13,000 kcal kg^{-1}程度)．また，H/C元素比の値が小さく，単位発生熱量あたりのCO_2発生量が多い．したがって微粉炭燃焼では，発電効率の向上が特に強く求められる．このような方策の1つとして，複合サイクル発電がある(図4.10)．高温高圧の燃焼排ガスによりガスタービンを駆動して発電し，ガスタービンに使用された高温排ガスを熱交換器で熱回収して蒸気を加熱，さらに蒸気タービンで発電する複合システムである．通常の微粉炭火力発電の効率は，1,000 MW級で約38%(送電端)であるが，複合サイクル発電では44％程度に向上するといわれている．

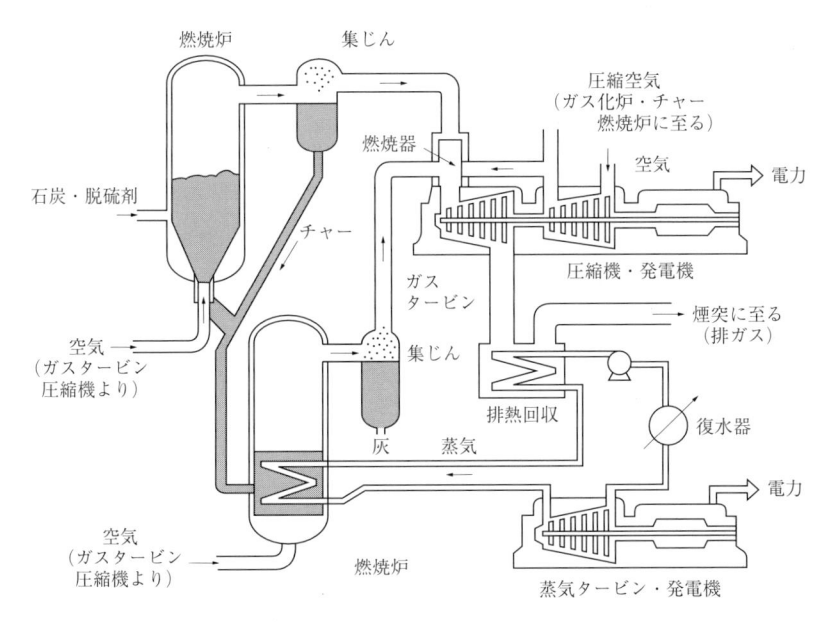

図4.10 複合サイクル発電の概要．
[エネルギー総合工学研究所石炭研究会編，石炭技術総覧，p.115，電力新報社(1993)]

4.1.5 クリーンコールテクノロジー

石油代替資源として期待されている石炭のクリーンな利用をはかるため，取り扱いやすいクリーン燃料への転換技術の開発が，国家プロジェクトとして実施されている．次にそのいくつかを紹介する．

A. 石炭ガス化技術

　石炭ガス化は，発電用や産業用の合成ガス（CO と H_2 の混合ガス），都市ガス用代替天然ガス（CH_4），燃料電池用水素ガスなどの燃料ガスを大量安定供給することを目的としており，各用途に応じたガス化技術の開発が進められている．ガス化は，品位が劣る石炭などにも広範囲に適用できる利点がある．

　燃料電池（3.5 節参照）は，燃料から直接電気エネルギーを得るため発電効率が 75 ～ 80 ％ と高く，CO_2，SO_x，NO_x など大気汚染物質の排出がないクリーンなエネルギーシステムとして注目されている．固体電解質型燃料電池などの燃料電池に供給可能なガス（水素と一酸化炭素）を高濃度で発生させるガス化技術（EAGLE プロセス）が，検討されている．パイロットプラントのフローダイヤグラムを図 4.11 に示す．主として石炭前処理・供給設備，ガス化設備，ガス精製設備で構成され，ほかに空気分離設備，ガスタービン（発電）設備，生成ガス焼却設備が付帯している．ガス化炉は 1 室 2 段形状で，旋回型噴流床式であり，酸素を吹き込みながら 25 g cm^{-2} G で微粉炭を反応させ，H_2 と CO（2,500 kcal Nm^{-3}）を生成させる．このガス化炉では，微粉炭火力では使用困難な融点の低い灰分を含む石炭を用いることができる．生成ガス中の不純物（SO_x，NO_x，ダスト，微量金属，有機化合物）は，燃料電池の白金触媒を被毒するため（特に SO_x），湿式法を採用してきわめて低いレベルまで精製除去している．

B. フィッシャー・トロプシュ合成

　合成ガスからおもにパラフィン系炭化水素を製造する，(4.1) 式に示すフィッシャー・トロプシュ（FT）合成は，硫黄や芳香族成分を含まないクリーンな液体燃料が製造でき，副生する α-オレフィン，ワックス，アルコールも化学原料として利用できることから，最近注目されている．

$$n\mathrm{CO} + 2n\mathrm{H}_2 \rightarrow \pm\mathrm{CH}_2\pm_n + n\mathrm{H}_2\mathrm{O} \tag{4.1}$$

合成ガスの製造原料として，石炭のほかに天然ガス，バイオマス，プラスチックなどの資源性廃棄物などを用いることも可能である．FT 合成は，1926 年に独・Kaiser-Wilhelm 石炭研究所の F. Fischer と H. Tropsh が開発した．南アフリカの Sasol 社では 1955 年以降鉄系触媒を用いた商業生産を行っており，その生産能力は現在日産 22,500 バレルである．石炭を主原料にした合成ガスを反応器に底部から吹き込み，ガス流によって触媒粒子が反応器内を流動させ，生成物を上部から取り出す固定流動床反応方式がとられている．$H_2/CO = 0.5 \sim 1$，反応温度 300 ～ 350 ℃ でナフサ留分がおもに生産される．また，触媒粒子を生成物であるパラフィンに分散させ，高い除熱効率を達成するとともに，ワックスの沈着による触媒劣化を抽出効果によって防ぐスラリー床反応器も用いられている．

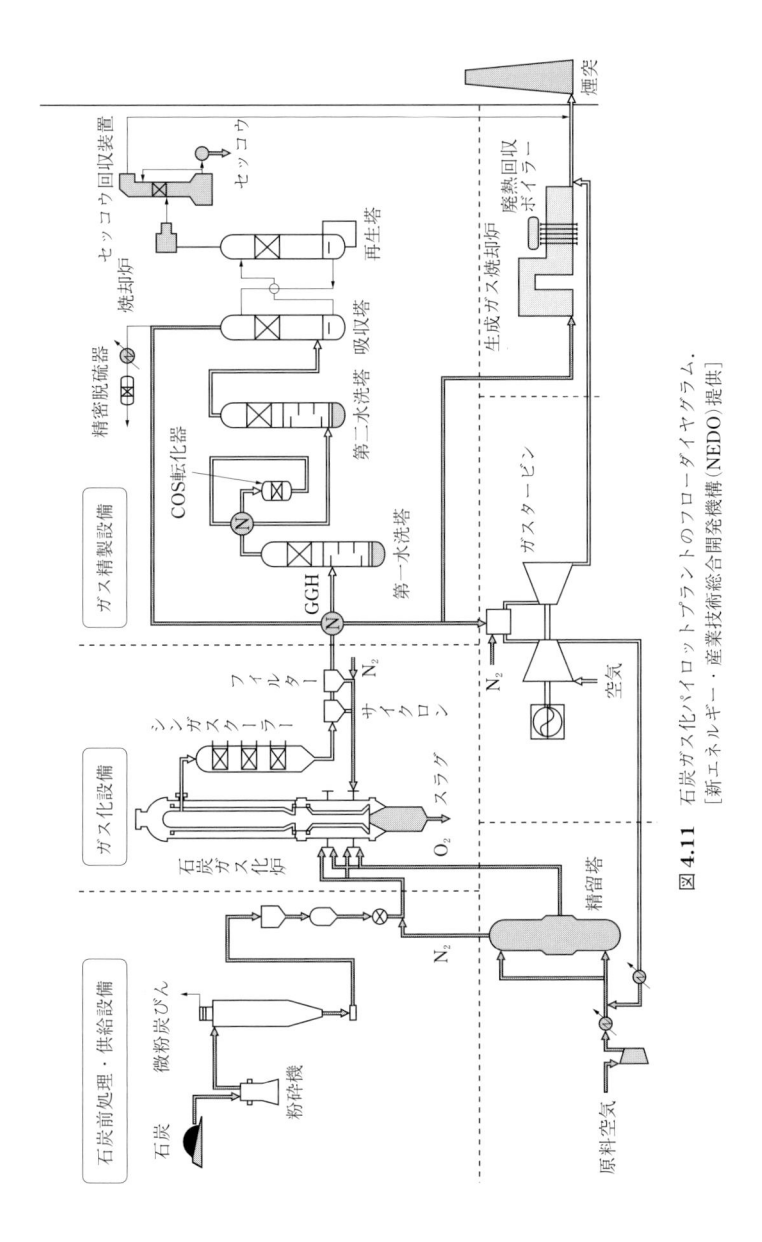

図 4.11 石炭ガス化パイロットプラントのフローダイヤグラム.
[新エネルギー・産業技術総合開発機構 (NEDO) 提供]

C. ジメチルエーテル合成

ジメチルエーテル（DME）は化学的に安定な沸点 $-25\,°C$ の気体であり，加圧すると容易に液化する．スプレーの噴射剤として，現在国内で1万トンが利用されている．その性質がLPGの主成分であるプロパンやブタンと類似しているため，取り扱いや貯蔵にLPGの技術が適用できる．また，セタン価が55と高くすすの排出が少ないので，ディーゼルエンジンの燃料，さらにメタノールと同様に燃料電池用燃料など，クリーン燃料としての利用が期待されている．

従来DMEは，合成ガスからまずメタノールを合成し，メタノール2分子の脱水反応によって合成されてきた(4.2式)．

$$2CH_3OH \rightarrow CH_3OCH_3 + H_2O \qquad (4.2)$$

メタノールを経ずに合成ガスから直接DMEを製造する技術開発プロジェクトが，進められている(4.3式)．

$$3CO + 3H_2 \rightarrow CH_3OCH_3 + CO_2 \qquad (4.3)$$

スラリー床反応器を用い，$H_2/CO = 1$ の合成ガスを $5 \sim 6\,MPa$ の加圧下，$250 \sim 280\,°C$ で反応させることによって，90％の選択率でDMEが製造でき，その商業生産に向けてパイロットプラントによる実証試験が行われている．

4.2 炭素材料

4.2.1 炭素原子の結合様式と炭素同素体

炭素は原子番号6の元素である．小さな元素なので軽く，電子雲もコンパクトで結合距離が短い強い結合が形成される．IV族元素で中程度の電気陰性度(2.5)を有し，共有結合を形成しやすい．炭素原子どうしは，sp^3，sp^2，sp の3種類の混成軌道を形成する．おのおののσ結合とπ結合数，混成軌道の形状とその角度を表4.4にまとめる．表4.5に示すように，炭素には多様な同素体が存在するが，これはこうした結合様式の違いに由来する．sp混成軌道からなるカルビンは化学的反応性に富み，その性質はまだ十分には解明されていない興味ある材料で，最近，伝導性材料や多孔性材

表 4.4 炭素原子の結合様式

結合の種類	結合形態	角度(°)
$sp(\sigma + 2\pi)$	直線	180
$sp^2(\sigma + \pi)$	平面	120
$sp^3(\sigma)$	正四面体	109.5

表 4.5 炭素同素体の種類

結合の種類	配位数	炭素同素体
sp	2	カルビン(ポリイン, クムレン)
sp^2	3	グラファイト(六方晶, 菱面体晶)
		フラーレン(C_{60}, C_{70}, バッキイチューブなど)
sp^3	4	ダイヤモンド(立方晶, 六方晶, 菱面体晶[†])
		ダイヤモンド多形体(6H, bc-8[†]など)
		ダイヤモンドライクカーボン(DLC), i-カーボン
イオンまたは	6	単純立方晶[†], β-スズ型[†]
金属的	8	体心立方晶[†]
	12	面心立方晶[†], 六方最密充填[†]

† 実験的に未確定
[近藤建一, 平井寿子, 炭素, **155**, 320(1992)]

料などへの利用が提案されている. sp^2混成軌道からなる炭素は, 木炭, 黒鉛(グラファイト), すすなどで, 一般に炭素材料という場合は, このsp^2混成軌道からなる炭素をさす. sp^3混成軌道からなるダイヤモンドは, 強固なσ結合が三次元的に広がっており, 等方的で硬い絶縁性物質である. 化学蒸着(CVD)法によってダイヤモンド薄膜が人工的に製造されるようになり, 工具などに応用されている.

4.2.2 炭素材料の組織構造の多様性

炭素材料(sp^2混成軌道からなる炭素)は, 古代から燃料, 薬(吸着材), 顔料(墨, インク), 冶金に利用されてきた. 炭素材料は軽量で加工しやすく, 機械的強度が大きく, 耐熱性, 耐酸化・耐蝕性, 電気伝導性, 熱伝導性, 潤滑性, 生体適合性, 吸着性にすぐれていることから, 金属精錬, 電気・電子材料, 機械部品, 化学工業材料, 医用材料など今日も工業的に広範に利用されている. 最近は, 人体や環境にやさしい材料として特に注目されている. こうした多様な性質は, 基本単位である縮合芳香環のサイズや積層の程度(結晶子), 結晶子の配向様式(微細組織), さらに, 微細組織の集合状態(集合組織)の多様性に由来する(図 4.12). 原料を加熱し炭素化する際の中間状態の差異が, 微細組織に影響を及ぼすことが知られている(図 4.13). 原料が加熱途中で溶融する場合(易黒鉛化性炭素)には, 結晶子間のファンデルワールス相互作用によって結晶子が平行になるように結晶子の再配列が起こり, 最終的に生成する炭素も異方性構造をとる(液相炭素化). コークスや黒鉛がその代表例である. 一方, 固体原料が固体のまま炭素になる場合(難黒鉛化性炭素)は結晶子の再配列は起こらず, もとの原料の構造を反映して, 結晶子はランダムのままで炭素になり異方性を示さない(固相炭素化). その例として, 木炭, 活性炭, ガラス状炭素などがあげられる. また,

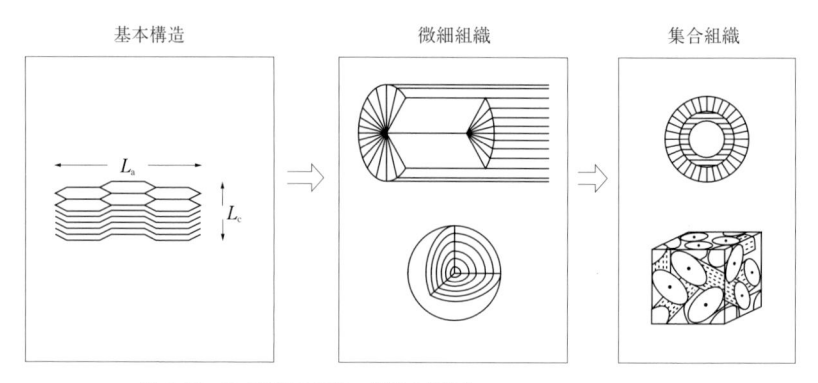

図 4.12 炭素材料の構造・組織の多様性.
[稲垣道夫, 炭素材料工学, p.2, 日刊工業新聞社(1985)]

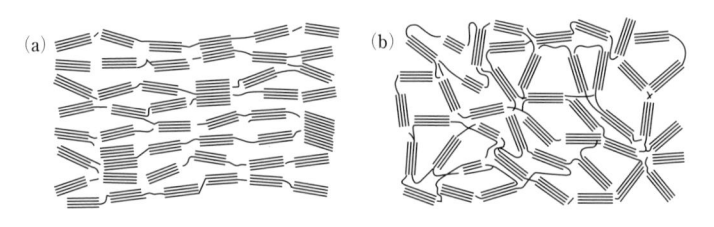

図 4.13 炭素材料における基本構造の配列様式. (a) 易黒鉛化性炭素, (b) 難黒鉛化性炭素.

　天然ガスやアセチレンなどの気体を原料とすると, 微粒子状炭素(すす)が生成する(気相炭素化). 微粒子状炭素は墨, トナーなどの顔料やタイヤ添加剤として利用されている. 炭素電極を用いるアーク放電や炭素のレーザー摩滅で得られたすすから, フラーレンやナノチューブなどの炭素クラスターが発見され, 最近非常な注目を集めている. また気相炭素化では, 高配向性のグラファイトや炭素繊維なども合成できることが知られている.

　炭素は, 軽く, 熱的・化学的に安定(非酸化性の雰囲気)で, 生体適合性, 電気伝導性, 熱伝導性, 耐熱衝撃性, 潤滑性, 高弾性, 吸着性, 中性子減速能などのすぐれた特性を有している. このような多様な炭素材料のうち特徴的な性質を有するダイヤモンド, 活性炭, 人造黒鉛, 炭素繊維, フラーレン・ナノチューブについて以下に紹介する.

4.2.3 ダイヤモンド

A. ダイヤモンドの構造と製造法

　ダイヤモンドは, 炭素原子が最近接の4個の炭素原子と sp^3 混成軌道による σ 結合

を形成し，等方的な結合が三次元的に広がっている．最も一般的な結晶構造は立方晶である(図4.14)．人工的な合成方法として，グラファイトを火薬などを使って衝撃加圧する方法や，千数百℃に加熱したニッケルなどの液体金属中で 5 ～ 10 GPa 程度で加圧する高圧法が，古くから検討されてきた．高圧法で長時間反応させることにより，数 cm サイズの良質な単結晶が合成されている．また，水素で希釈したメタンを原料とした CVD 法により，ダイヤモンド薄膜の低圧気相合成法が 1980 年代に開発され，工具やハードディスクなどのコーティング材として応用されている．

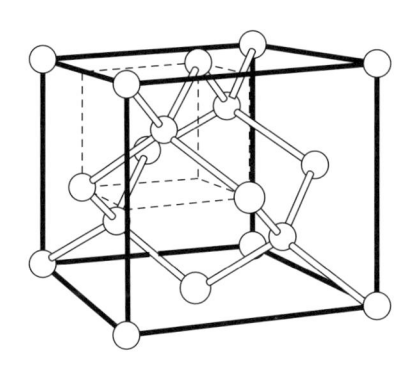

図 **4.14** ダイヤモンドの立方晶結晶構造．

B. ダイヤモンドの性質と用途

ダイヤモンドは最も硬い物質(モース硬度 10)として知られており，ヌープ硬度は(100)面が 10,000, (111)面が 7,800 kg cm^{-2} である．ヤング率や弾性率も大きく，切削研磨工具や IC 実装用ボンディングツールとして利用されている．外科用メスや歯科材料などの医療分野への応用が注目されている．加えて，潤滑性を有し摩擦係数も小さいので，ハードディスクのコーティング材や磁気ヘッドなどにも応用されている．熱伝導率も ～ 2,000 W mK^{-1} と物質中で最大であり，半導体素子や固体レーザーのヒートシンク(放熱体)としての利用が進んでいる．音の伝播速度も物質中最大であり，高音用スピーカー振動板などの音響材としても注目されている．絶縁体であるがホウ素をドーピング(他の成分や元素を少量添加すること)することで半導体となり，電子や正孔の移動度が大きい特長がある．青色発光素子，ディスプレイや光伝導材料などとして期待されている．

4.2.4 活 性 炭

A. 活性炭の構造と製造法

活性炭は固相炭素化によって製造される多孔質炭素であり，吸着材として広く利用されている．活性炭の細孔構造を模式的に図 4.15 に示す．孔の大きさ(径)により，マクロ孔，メソ孔，ミクロ孔，サブミクロ孔に区別される．活性炭は，植物や石炭などの原料を不活性ガス中にて 800 ℃程度で炭化し，その後，水蒸気，二酸化炭素，酸素などの酸化剤を用いて加熱処理(賦活)して製造する．賦活の初期過程では，炭素結晶子間の炭素構造内の閉塞されていた孔隙が開放されて内部の表面積が増加し，次いで炭素結晶子自体を含む炭素構造体が酸化ガス化されて消耗し，孔径の大きな発達した孔隙を組織的に形成すると考えられている．賦活反応による炭素消耗率が 50 % で

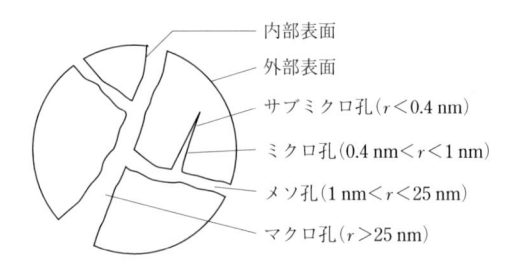

図 **4.15** 活性炭の細孔構造とその分類．
　　　　［真田雄三，鈴木基之，藤元　薫編，新版活性炭，p.17，講談社(1992)］

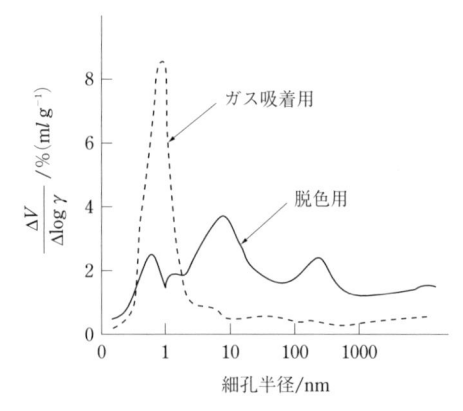

図 **4.16** 活性炭の細孔分布の例．
　　　　［真田雄三，鈴木基之，藤元　薫編，新版活性炭，p.21，講談社(1992)］

はミクロ孔が主体の活性炭が生成し，75%を超えるとマクロ孔の割合が顕著に増加する．活性炭の細孔分布の例を図4.16に示す．ガス吸着用の活性炭は1 nm程度のミクロ孔を多く含み，一方，液体の脱色用はメソ孔(1～25 nm)領域の細孔が多い．吸着物質の種類により細孔構造の設計制御が必要であることがうかがえる．炭素表面は疎水性であるため，活性炭はガソリンやトルエンなどの有機溶媒に対してすぐれた吸着能を示すが，アンモニアなどに対する吸着能は低い．表面を改質して水酸基(-OH)やカルボキシル基(-COOH)などの含酸素官能基を導入して親水性を付与すると，アンモニアなどの極性化合物の吸着能が増加すると報告されている．炭素繊維を賦活処理して調製する繊維状活性炭は，吸着に有効な1～2 nmのミクロ孔のみが繊維表面に直接存在している(図4.17)ので，通常の粒子状活性炭に比べ吸脱着速度が大きい特長を有している．

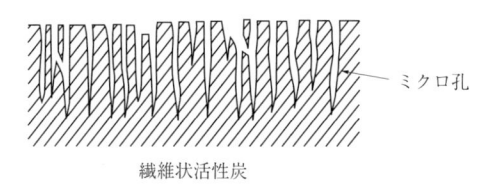

図4.17 繊維状活性炭の模式的細孔構造．

B. 活性炭の用途

比較的安価に細孔構造の異なる活性炭を製造できるため，工業的に吸着材として広く利用されている．たとえば排煙脱硫・脱硝，脱臭などの空気浄化，圧力スウィング吸着(PSA)(気体の分離濃縮，精製)，溶剤回収，上下水処理，廃水処理，人工腎臓，精糖工業(脱色，触媒)などがあげられる．

4.2.5 人造黒鉛

A. 黒鉛の構造

液相炭素化で生成した易黒鉛化性炭素は，炭素六角網面が平行に配向し，異方性を示す(図4.13参照)．こうした炭素材料を3000℃程度の高温で熱処理すると，炭素六角網面のサイズが拡大し，その積層数も増えた(結晶構造が発達した)黒鉛(グラファイト)が生成する．原料炭化水素化合物(ピッチ)から黒鉛に至る構造変化のイメージを，図4.18に示す．温度上昇に伴って脂肪族側鎖や含酸素官能基が脱離し，さらに脱水素反応により縮合芳香環(炭素六角網面)のサイズが増加し，同時に積層構造が発達すると考えられている．生成する黒鉛の結晶構造は原料の種類や加熱温度に依存して変化するが，理想的な黒鉛結晶は，図4.19に示すように炭素六角網面がABAと積

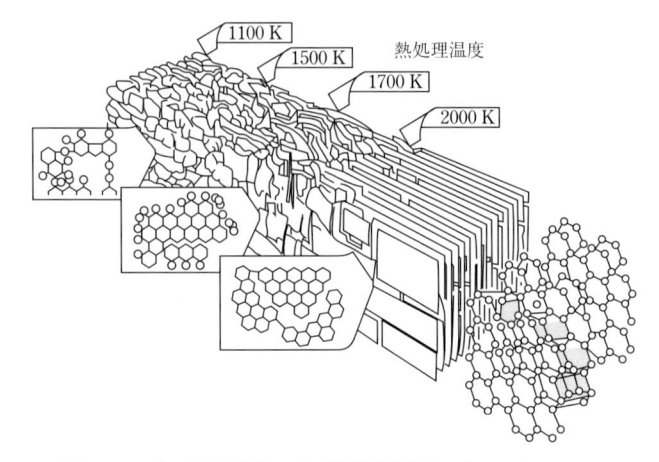

図 **4.18** ピッチから黒鉛に至る化学構造変化のイメージ．
［持田 勲, 炭素材の化学と工学, p.128, 朝倉書店(1990)］

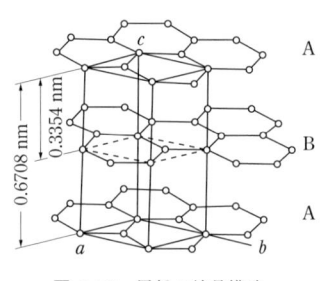

図 **4.19** 黒鉛の結晶構造．

層した六方晶で，その面間距離(d_{002})は 0.3354 nm である．こうした黒鉛の基本的な構造を反映した材料に，人造黒鉛がある．

B. **人造黒鉛の製造方法**

人造黒鉛の製造方法を図 4.20 に示す．あらかじめ 1500 ℃程度に加熱炭化して調製したコークスをフィラー(骨材)として用い，これをバインダーであるピッチと混合し，成型，焼成，黒鉛化して製造する．ブロック材の成型には，熱可塑性混合物をプレスで押し出す押出し成型が一般に用いられる(図 4.21)．フィラーコークスのみでは焼結しないためバインダーを加え成型するが，バインダー自体が炭素化してコークスとなり，フィラーコークスとコンポジットを形成することが特長である．焼成物にピッチを含浸させて再焼成すると気孔やクラックが埋められ，緻密な黒鉛製品が得られる．

4.2 炭素材料

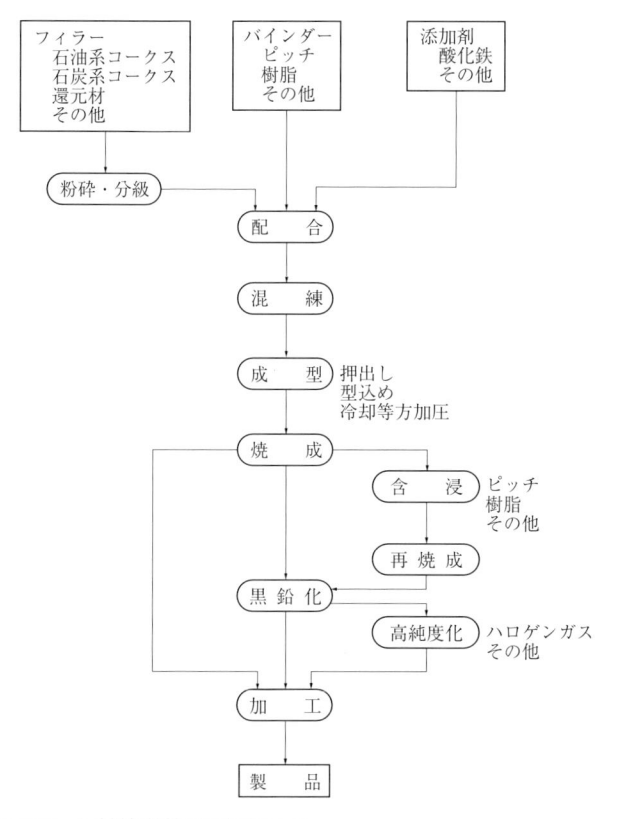

図 **4.20** 人造黒鉛材料の製造プロセス．
　　　　［炭素材料学会編，新・炭素材料入門，p.106，リアライズ社(1996)］

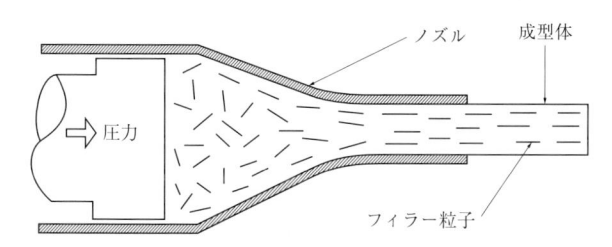

図 **4.21** 押出し成型の様子．
　　　　［炭素材料学会編，新・炭素材料入門，p.105，リアライズ社(1996)］

高い耐熱衝撃性が要求される製鋼アーク炉用黒鉛電極には，針状組織をもつニードルコークスをフィラーとして用いる．押出し成型の際にニードルコークスが配向して強度が増加することに加え，配向した網面に沿って存在するマイクロクラックが熱膨張を吸収し，耐熱衝撃性を高めるためである．

C. 人造黒鉛の性質と用途

人造黒鉛材料は軽量で加工しやすく，機械的強度，耐熱性，耐酸化・耐蝕性，電気伝導性，熱伝導性，潤滑性にすぐれている．このため，耐熱性・耐蝕性ブロック，電極（電気製鋼用，アルミニウム電解製錬用，溶融塩電解用），抵抗発熱体，るつぼ，鋳造用鋳型，断熱材，電気機械用ブラシ，パンタグラフ集電体，軸受け，原子力用減速材・反射材など多方面で利用されている．

4.2.6 炭 素 繊 維

A. 炭素繊維の種類と用途

直径が $5 \sim 15 \mu m$ の繊維状の形態をした炭素を，炭素繊維と称する．ポリアクリロニトリル（PAN）およびピッチを原料として製造された炭素繊維が市販されているが，炭化水素ガスの接触分解により，結晶構造が発達した気相成長炭素繊維も生成する．これら3種の炭素繊維は，いずれも日本人によって開発された．表4.6に示すように，炭素繊維は用途に応じて汎用品，高性能品，活性炭化処理品など広範囲に作り分けられている．さらに，長繊維，短繊維（チョップ，ミルド），フェルト，織物などに加工される．軽量および機械の強度を利用したコンポジット（他の材料との複合化物）のほか，断熱材，電池用電極材，潤滑材，導電材として用いられている．

表4.6 炭素繊維の種類と用途

種 類	おもな用途
汎用炭素繊維	補強用複合材料，断熱材料，導電材料
黒鉛炭素繊維	電池用材料，電極用複合材料，航空宇宙用複合材料
気相成長炭素繊維	生体用複合材料，電池用材料，層間化合物素材
活性炭素繊維	吸着材

B. 炭素繊維の製造方法

PAN系炭素繊維の製造過程を図4.22に示す．PAN繊維は空気中で軽度に酸化して表面に架橋結合を導入する耐炎（不融化）処理を施し，不活性雰囲気中で炭化させる．すなわち，PAN系炭素繊維は固相炭素化反応で生成する．用途に応じて賦活処理して活性炭素繊維化したり，さらに高温で熱処理して黒鉛化炭素繊維が製造される．

4.2 炭素材料

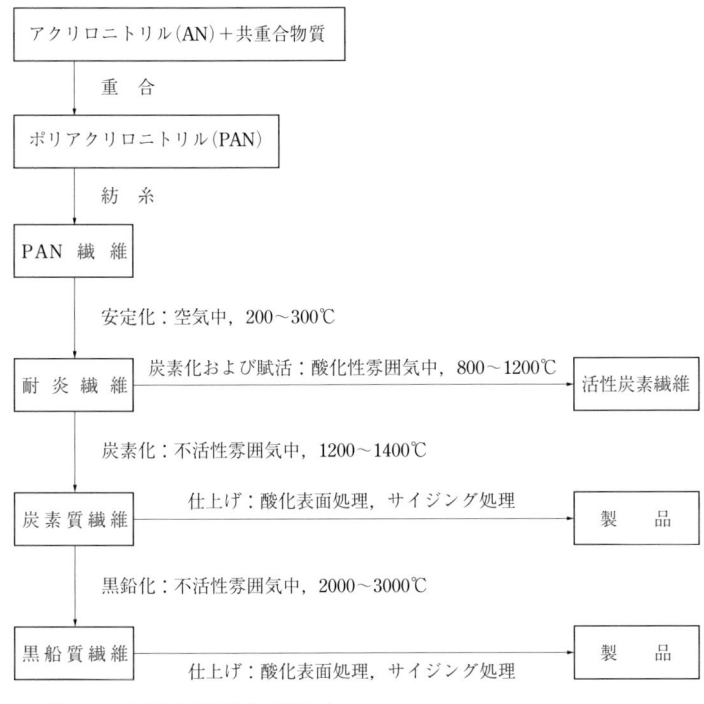

```
アクリロニトリル(AN)＋共重合物質
        │ 重　合
        ▼
ポリアクリロニトリル(PAN)
        │ 紡　糸
        ▼
    PAN 繊維
        │ 安定化：空気中，200〜300℃
        ▼
   耐 炎 繊 維 ──炭素化および賦活：酸化性雰囲気中，800〜1200℃──▶ 活性炭素繊維
        │ 炭素化：不活性雰囲気中，1200〜1400℃
        ▼
   炭素質繊維 ──仕上げ：酸化表面処理，サイジング処理──▶ 製　品
        │ 黒鉛化：不活性雰囲気中，2000〜3000℃
        ▼
   黒鉛質繊維 ──仕上げ：酸化表面処理，サイジング処理──▶ 製　品
```

図 **4.22** PAN 系炭素繊維の製造プロセス．
　　　　　［炭素材料学会編，新・炭素材料入門，p.92，リアライズ社(1996)］

ピッチ系炭素繊維は，等方性ピッチまたは異方性メソフェーズピッチ*を溶融紡糸し，PAN 系炭素繊維と同様に，不融化処理ののちに不活性雰囲気中で炭化させる．原料ピッチ自体は安価であるが，品質が一定せず，溶融紡糸に適した原料ピッチを調製するのにコストがかかる欠点がある．このため，ナフタレンを重合させて得たピッチを原料とすることも提案されている．図 4.21 に示した人造黒鉛における押出し成型と同様，溶融状態のピッチをノズルから紡糸するときに，縮合芳香環よりなるピッチ中の成分分子が繊維軸方向に配列する．一方，PAN 系炭素繊維ではこうした紡糸時の効果は期待できないため，延伸負荷をかけながら炭化させることで配向させる．炭素

---

* ピッチの成分である縮合芳香族分子がランダムである場合を，等方性ピッチとよぶ．一方，400℃程度に加熱すると軟化溶融し，成分である縮合芳香族分子が再配列して積層構造を示すピッチを，異方性メソフェーズピッチとよぶ．等方性ピッチは固相炭素化，異方性メソフェーズピッチは液相炭素化の中間状態である．

繊維における軸方向への六角網面の配向が，高強度が発現する要因である．

C. 炭素繊維の構造

炭素繊維の断面における炭素六角網面の配向様式を，図4.23に模式的に示す．基本的な配列様式として，中心から表面に向けて平行に網面が積層したオニオン，放射状に配列したラジアル，さらに配列していないランダムの3種に大別できる．実際の繊維では，表面付近は発達した六角網面がオニオン状に，内部はランダムというように，配列様式が複合した場合が多く認められる．透過型電子顕微鏡の観察結果をもとにして提案されたPAN系炭素繊維の構造モデルを，図4.24に示す．炭素六角網面の積層体が繊維軸方向に配向しているが，網面は屈曲して複雑に入り組んでおり，多くの空隙が存在する．一方，ピッチ系炭素繊維（特に分子配向しやすいメソフェーズピッチを原料とした場合）では，高温加熱により高い黒鉛化度が達成され，発達した六角網面が高度に軸配向および面配向し，高い弾性率をもつ黒鉛繊維が調製できる．

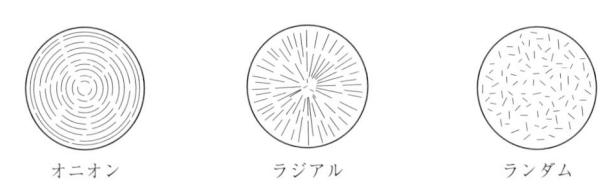

オニオン　　　ラジアル　　　ランダム

図4.23 炭素繊維断面における六角網面の配向様式．

D. 炭素繊維強化炭素

炭素材料はすぐれた力学特性を有する材料であるが，炭素繊維と複合させた炭素繊維強化炭素(carbon composit, C/C)は，炭素材料と比べてその破壊じん性が大きく向上し，特に高温での強度改善が著しいことが知られている．C/Cの特性は繊維の種類によって支配されるが，マトリックスの性質，さらに繊維の表面状態に依存する．短繊維や粉体を用いるC/Cでは，人造黒鉛と同様にしてマトリックスと混合したのちに，押出しなどの方法で成型が可能である（図4.21参照）．しかし，長繊維の場合には繊維を織物などに加工成型し，これをマトリックス原料中に埋め込むなどして炭素化する必要がある．C/Cのおもな製造方法を図4.25に示す．製法は，マトリックス前駆体に熱硬化性樹脂，熱可塑性ピッチ，炭化水素ガスを用いる場合に大別できる．エポキシなどの熱硬化性樹脂や熱可塑性ピッチを用いる場合には，これらを炭素繊維やその織物などに含浸したのちに炭素化し，さらに必要に応じて黒鉛化する．生成したコンポジットに気孔や亀裂が通常存在するため，含浸・炭素化を数回繰り返し，これらを埋め密度を増加させる．熱硬化性のエポキシやフェノール樹脂は固相炭素化し，

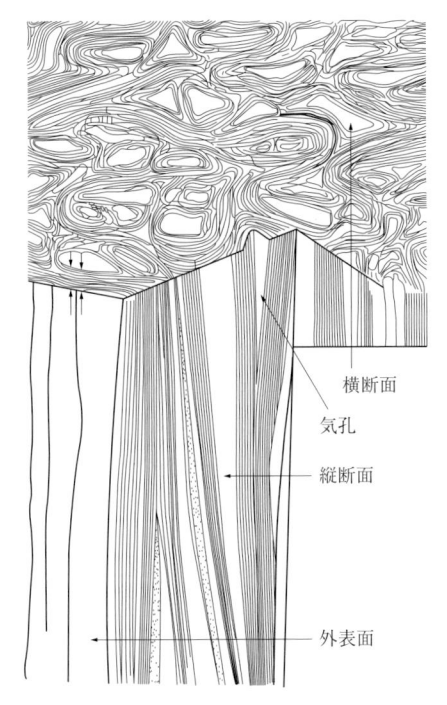

図 **4.24** PAN 系炭素繊維の構造モデル．
　　　　　［稲垣道夫，炭素材料工学，p.98，日刊工業新聞社(1985)］

難黒鉛化性である．しかし C/C のマトリックスとして用いた場合には，高温熱処理すると黒鉛構造を与えることが知られている．これは，炭素化過程で繊維との相互作用による応力の効果によるものと推定されている．炭素化収率の高いポリイミドなどの樹脂や加圧条件を用いると，含浸・炭素化の繰り返し回数を減らすことができる．ピッチをマトリックスとして用いた場合には，等方的で微細な組織を与えるほうが高い強度を有する C/C を与える．マトリックスとして炭化水素ガスを用いる方法は，加熱した繊維織物上で原料炭化水素を熱分解させて炭素を沈着させる方法である．C/C は 2,000 ℃を超える高温においても高い力学的強度を示す．酸素雰囲気で使用する場合には，酸化を防ぐために C/C 表面はガラス膜などで被覆される．C/C の用途として，耐熱材料(スペースシャトルなどのタイル材，タービン材)，摩擦材料(航空機や自動車のブレーキ材)，構造材料(原子炉用構造材，ボルト，ナット，発熱体)，生体材料(骨，歯根，関節)などがあげられる．

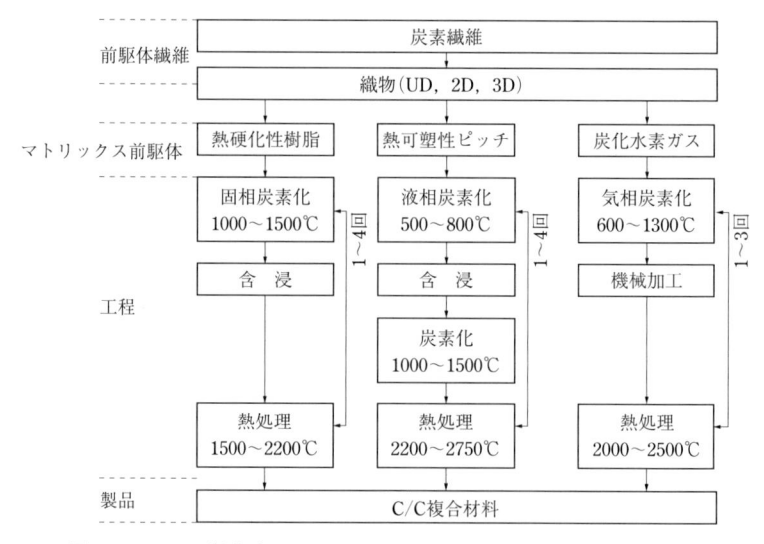

```
前駆体繊維 ───── 炭素繊維
                 │
                 ▼
            織物(UD, 2D, 3D)
マトリックス前駆体  熱硬化性樹脂  熱可塑性ピッチ  炭化水素ガス
工程       固相炭素化    液相炭素化    気相炭素化
          1000~1500℃   500~800℃    600~1300℃
          含 浸        含 浸        機械加工
                      炭素化
                      1000~1500℃
          熱処理       熱処理       熱処理
          1500~2200℃  2200~2750℃  2000~2500℃
製品 ──────── C/C複合材料
```

図 4.25 C/C の製造プロセス.
[炭素材料学会編, 新・炭素材料入門, p.103, リアライズ社(1996)]

E. 炭素繊維強化プラスチック

炭素繊維強化プラスチック(CFRP)のマトリックス樹脂として, 熱硬化性樹脂(不飽和ポリエステル, エポキシ, フェノールなど)や, 熱可塑性樹脂(ポリエーテルケトン, ポリイミドなど)が用いられる. 長繊維を用いる場合には, CFRP の力学特性は繊維の配向方向や組織化方法に大きく依存するため, 目的に応じた製造方法を選択することが重要である. 長繊維を用いる CFRP の成型の方法として, 繊維の束に樹脂を含浸させて型に巻きつけ硬化後に離型する方法, 樹脂を含浸させた繊維を減圧や加圧下で樹脂のゲル化状態で成型する方法など, 用途に応じた多様な方法が用いられている. CFRP は軽くて成型性にすぐれていることから, 航空機や小船舶の構造材料やロケットの部材, テニスラケット, ゴルフクラブ, 釣りざおなどのスポーツ・レジャー用品, 吊り橋などの建築材などとして, 多様な分野で利用されている.

F. 炭素繊維強化コンクリート

1980 年代以降に使用が規制された石綿に代わる素材として, 比較的安価なピッチ系炭素繊維が開発され, 炭素繊維強化コンクリート(CFRC)が土木建築素材として実用されるようになってきた. 短繊維 CFRC は, 1 cm 程度に切断した炭素繊維を, 1~5 vol % 程度セメントモルタル中に分散混合したものである. 曲げ・引張り特性, ならびにひび割れ抵抗性が向上することから, カーテンウォールなどのビルの外装材料

に使用されている．耐風圧性にすぐれているため，コンクリート製カーテンウォールよりも薄くでき，軽量化がはかれる．国内で最初に CFRC カーテンウォールが本格的に使用されたのは，1986 年に建設された地上 37 階建のアークヒルズ森ビル（東京・赤坂）である．フッ素樹脂塗装した CFRC カーテンウォールが 32,000 m^2 使用され，ここに 150 トンの炭素繊維が用いられた．外壁重量が 60 % 低減された結果，4,000 トンの鉄骨の節約につながったといわれている．連続繊維 CFRC は，CFRP を鉄筋コンクリート系構造物の補強材として利用するもので，軽量で引張り強度や弾性係数が大きいことのほかに，塩害や凍害に対する耐久性や耐食性にすぐれている特長があり，海岸や寒冷地など過酷な場所での利用が期待されている．カーテンウォールのほかに，プリプレグ*シートを貼りつけたり，プリプレグストランドを巻きつけたりして，曲げやせん断耐力を向上させる工法が用いられている．従来行われてきた鋼板を貼りつけたり柱や壁を増設するなどの工法に比べて，比較的簡単に現場施工できるため，建築物の柱，はり（梁），橋脚，トンネルなどの補修や補強に使用されている．特に阪神淡路大震災のあとは耐震補強の必要性が再認識され，連続繊維 CFRC を用いた補修や補強工事の施工例が急速に増している．

4.2.7　カーボンクラスター類

A.　フラーレン

1985 年 H. W. Kroto と R. E. Smalley は，黒鉛をレーザー蒸発させたすすを質量分析装置で分析すると，炭素数が 60（C_{60}）に対応する化合物の強いピークが認められることを見いだし，サッカーボール状の化合物の存在を提案した（図 4.26）．1990 年に C_{60} の大量合成法が開発され，種々の分析の結果，Kroto と Smalley の提案したとおり，20 個の六角形と 12 個の五角形からなる球状正二十面体構造を有していることが確認され，フラーレンと名づけられた．C_{60} のほかに，C_{70}，C_{76}，C_{84} など一連の高次フラーレン類（ハイヤーフラーレン）の存在が確認されている．パルスレーザーやアーク放電による方法のほかに，炭化水素の燃焼による安価な大量合成法が最近開発された．フラーレンは，黒鉛と同様に sp^2 混成軌道からなる炭素同素体の 1 つである．球状構造のため立体的に間隔が広がって π 電子の相互作用が小さく，sp^3 混成に近い状況となっている．LUMO（最低非占有軌道）のエネルギーレベルが低く，そのため求核付加反応を受けやすい．トルエンや二硫化炭素などの溶媒に溶解するため，カラムクロマトグラフィーなどの手法で容易に精製できる利点がある．球殻内部は真空で，金属粉末を含む炭素棒を電極としたアーク放電によって，金属を内包するフラーレン

---

*　炭素繊維などに熱硬化性や熱可塑性の樹脂を含浸した複合材料成型用の中間基材で，テープ，シート，マットなど多様な形状がある．加熱や加圧処理することで最終成型製品となる．

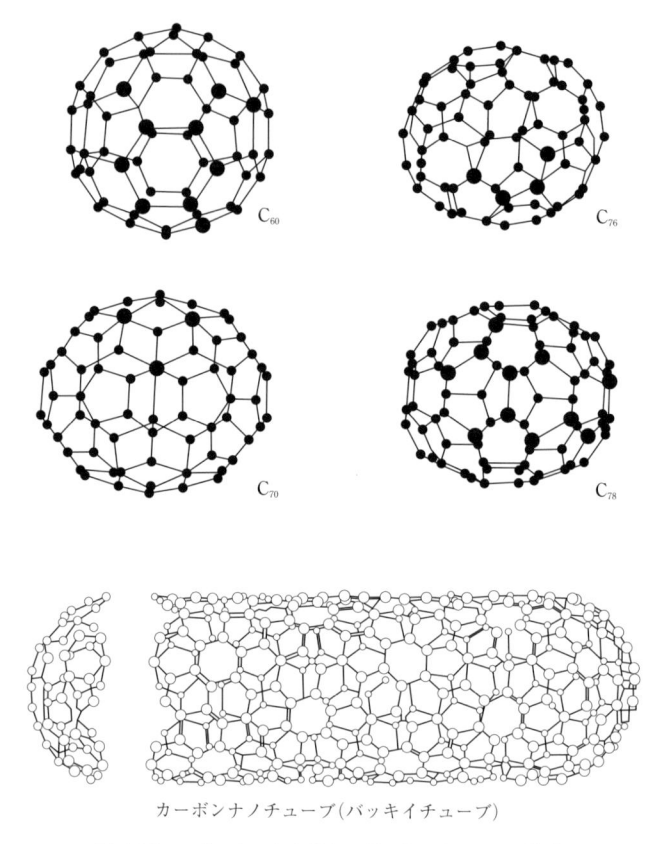

図 4.26 フラーレンおよびカーボンナノチューブの構造.

(たとえばランタンなどの希土類元素を内包した C_{82})が合成されている. C_{60} 結晶の常温常圧の安定相は面心立方構造であり, C_{60} 分子は高速で回転運動している. C_{60} 結晶にカリウムなどのアルカリ金属をドーピングした K_3C_{60} は, 低温で超伝導を示すことが報告されている. フラーレン自体の性質を利用する耐熱コーティング材, 耐摩耗性材料, 触媒, 内包フラーレンを利用するドラッグデリバリー(医薬品), 診断薬, 磁性材料, 水素化フラーレンのガス吸蔵を利用するガス貯蔵・吸収材, 燃料電池電極材, フラーレンを分解させることで生成させるダイヤモンド薄膜など, さまざまな提案がなされている. さらに C_{60} 分子の化学修飾により, 光触媒機能や DNA との相互作用に着目した機能性材料への展開が活発に研究されている.

B. カーボンナノチューブ

円筒状の炭素六角網面からなるチューブ状物質がカーボンナノチューブであり，アーク放電によって陰極先端部に生成したすす状堆積物中から飯島澄男博士によって1991年に発見された(図4.26参照)．最初にチューブが入れ子状に積層し，先端部は六員環のほかに五員環が導入されて閉じた多層カーボンナノチューブが発見された．その後，単層や二層ナノチューブも発見されている．フラーレンと同様な方法で合成されるが，そのほかに，コバルトや鉄などの遷移金属を触媒とするCVD法によっても合成され，特に単層カーボンナノチューブの合成には触媒が不可欠とされている．カーボンナノチューブは溶剤に溶けないため，他の炭素生成物や触媒との分離精製が困難であり，有効な方法の開発が望まれている．典型的なカーボンナノチューブは，径が1 nm，長さ1 μm 程度のサイズである．引張り強度は45 GPaと鋼鉄の10倍にもなるとの報告がある．多層カーボンナノチューブでは，六角網面の積層状況によって電子状態が変化し，金属から半導体的性質に変化すると考えられている．走査型プローブ顕微鏡の探針，大画面ディスプレイ用電界放射電極の開発が進められており，また単電子デバイスやガス吸蔵特性についても研究されている．

フラーレンとカーボンナノチューブ

フラーレンやカーボンナノチューブの類縁体として，多様な形体を有する炭素クラスター類が発見されている．1999年に飯島教授らによって発見されたカーボンナノホーンは，フラーレンとナノチューブの中間的な構造を有しており，一方が閉じて他方は開いた円錐状の炭素クラスターであり，単層および多層のものが存在する．触媒を用いることなく炭素ターゲットにレーザーパルスを室温で照射すると生成する．雰囲気ガスの種類や圧力を変えることにより，集合状況の異なるカーボンナノホーンを作り分けることができる．オニオン状の構造を有するフラーレン，ナノチューブ内にフラーレンを閉じ込めた複合体なども見いだされており，今後，新たな炭素クラスターの発見が期待される．また炭素以外の元素を用いても，これらのクラスター類が生成することが明らかにされている．たとえば窒化ホウ素(BN)から，1995年にナノチューブ，1998年にフラーレン，1999年にナノコーンが合成された．CVD法などを適用してさまざまな触媒を用いる方法が検討されている．

第 5 章

石油精製・石油化学

5.1 石油精製

　石油は，植物プランクトンを主とする水生動植物の死骸が海底に沈積し，これらが嫌気性細菌の作用により分解して炭化水素や脂肪を主とする腐泥を形成し，長期にわたる地熱，地圧の作用を受けて加水分解，脱炭酸などによりできたものとされている．世界各地の石油鉱床の地質年代は，平均約 1 億 5000 万年（ジュラ紀から白亜紀）を経ていることから，石油が地下で生成し今日の油層を形成するまでに，この程度の期間を要したと考えられている．

　20 世紀最大のエネルギー源となった石油は，早期に発見されながら，その十分な利用に多くの歳月を要した．バビロンの都では，ユーフラテス川の支流に産するアスファルトを運んできて，それをレンガの接着剤に使い，堀や城壁，神殿，王宮などすべての建築物を作りあげたといわれている．だが，古代人は液状の石油には，むしろ恐怖を抱いていたため，石油を灯火として利用するには，それから千年以上の年月がかかった．人類が実質的に石油を利用し始めたのは，1859 年 E. L. Drake が米国ペンシルベニア州で，はじめて機械的ボーリングにより近代油井の掘削に成功してからである．原油を蒸留すると良質の油が得られることから，灯油としての需要が急増した．

　今日，石油は自動車，航空機などの燃料，各種機械の動力源，産業および生活の熱源，各種化学製品原料など，人々の経済生活，国民生活に不可欠なエネルギー資源や原材料となっている．日本では 2000 年度実績において，石油は一次エネルギー供給の 52％を占め，また長期エネルギー需給見通しにおいても，2010 年度の石油の供給比率は 45％程度となっており，21 世紀においても引き続き石油がエネルギーの主役となっている．一方，石油産業を取り巻く環境は，90 年代以降，石油産業そのものの規制緩和が本格化するとともに，電力・ガスなど他のエネルギー産業の自由化も進み，エネルギー間の相互乗り入れ環境が整備されつつあること，反面，硫黄分低減な

ど環境規制が年々強化されていることなど，大きく変化しつつある．

5.1.1 石油の採掘と埋蔵量

石油は背斜(地層が波を打っている所で，山のように隆起している部分)構造をもつ地層中に，ガス層と油層に分かれて存在し，その下には塩水の層があるのが一般的である(図 5.1)．油田は地下 1000 m から 4000 m くらいの所に多く見つかっているが，もっと深いところに存在する場合もある．掘削は，鋼製パイプ(掘管という)をドリルの回転軸のように回転させて，マッドとよぶ特殊な泥水を流し込みながら行う．マッドは掘管先端から出て，熱をもった掘管の先端を冷やすとともに，掘り屑を取り込んで，掘管の外側を通って地上に戻る(この掘り屑が地質情報の解析に使われる)．油層は大きな地圧を受けているので，掘削によって油層に掘管が到達すると，ガス，次いで石油が自噴する．このガスはメタンやエタンを主成分とするもので，油田ガスまたは石油ガスとよばれている．最近は IT 技術の進歩などによって，石油の探査および採掘技術に進展がみられ，深さ 3000 m くらいの海底油田も見つけることができるようになったし，掘削も垂直方向だけでなく，ある深さから，横向きあるいは斜め方向へ掘ることもできる．

油田中の全量が採掘可能ではないので，石油の埋蔵量を表す場合，現在の技術的・経済的条件で，今後採取できると推定される量を確認埋蔵量という．2002 年末現在の世界の原油確認埋蔵量は 1940 億 kl である．年末の確認埋蔵量(R)を，その年の生産量(P)で割ったものを可採年数(R/P)という．これは，現状での生産をあと何年続けられるかという 1 つの指標で，「石油の寿命」を意味するものではない．生産量が需要の減退などで減るか，新規油田の発見や回収率の向上などで埋蔵量が増えれば，可

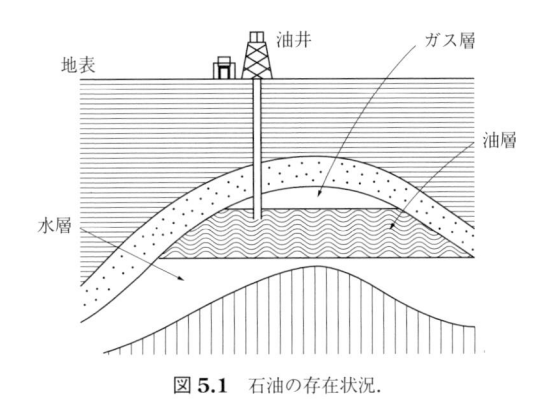

図 5.1 石油の存在状況．

採年数は増える．

世界の可採年数は1920年から1940年代にかけて15～20年であったが，1950年代に入ると中東で大油田の発見が続き，1958～1959年には40年に達した．その後生産の増加によりやや減少したが，1960年以降常に30年前後を維持した．2002年末における可採年数は50年となっている．

5.1.2 石油の成分

石油の成分のほとんどが，炭素と水素からなる化合物すなわち炭化水素である．さまざまな炭化水素からなっているが，高沸点成分には，まだ構造の明らかでない化合物も多く含まれている．炭化水素以外に，少量の硫黄化合物，窒素化合物，酸素化合物，金属を含む化合物が存在する．原油中の炭化水素は，1) パラフィン系炭化水素，2) ナフテン(シクロパラフィン)系炭化水素，3) 芳香族系炭化水素からなる．各炭化水素の組成は留分(沸点範囲)により異なり，概念的には図5.2のように表される．

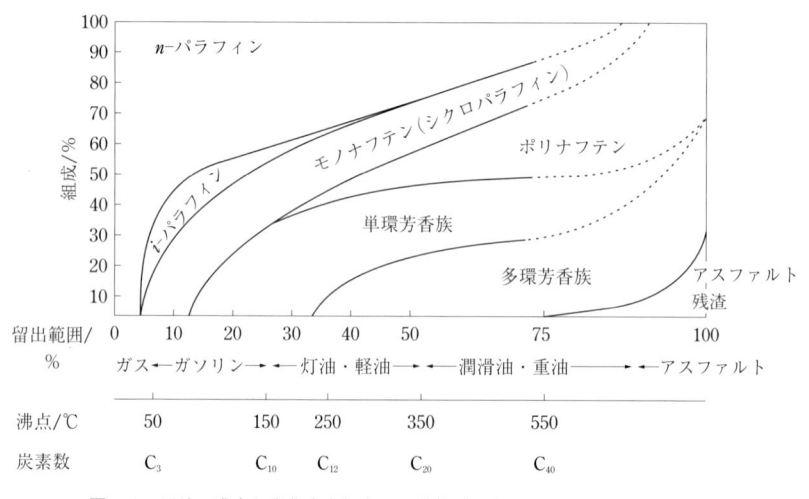

図 5.2 原油の沸点と炭化水素組成の関係(概念図).
[世良 力, 資源・エネルギー工学要論, p.60, 東京化学同人(1999)]

原油の性状は産地によって大きく異なる．表5.1に，原油のおもな性状と常圧蒸留における各留分の収率を示す．日本では原油の90％近くを中東から輸入しているが，中東原油は硫黄分が多く，原油の中の約50％が常圧残油(重油)である．一方，スマトラライトおよび大慶原油は，ワックス分が多いため流動点が高い．また，常圧残油収率は高いが，分解しやすく低硫黄である．石油の場合，普通の比重では小数点以下

表 5.1 原油の一般性状

油種	大慶	スマトラライト	アラビアンライト	アラビアンヘビー	マーバン
国	中国	インドネシア	サウジアラビア		UAE
原油 比重(API度)	33.1	34.9	33.5	27.7	39.2
流動点(℃)	+32.5	+35	−15	−20以下	−30
硫黄分(wt%)	0.11	0.10	1.72	2.7	0.80
収率 ガソリン(vol%)	10.1	15.0	25.0	20.0	24.3
灯油(vol%)	7.0	10.0	13.5	10.0	14.3
軽油(vol%)	8.0	13.0	13.5	11.0	17.6
常圧残油(vol%)	74.9	62.0	48.0	59.0	43.8

何桁も使わないとその差を示せないこともあり，比重の換算値であるAPI度が国際的に広く使われている．

$$\text{API度} = (141.5/\text{比重}) - 131.5 \qquad (5.1)$$

5.1.3 石油製品需要動向

日本は，米国に次いで世界第2位の原油輸入国であり，2000年度の原油輸入量は2.5億klとなっている．原油の輸入先を地域別にみると，中東が全輸入量の87％を占め，続いて東南アジア(8％)，中国(2％)，オーストラリア，中南米(ともに1％)の順となっている．中東依存度は1970年代前半には80％を超えていたが，その後石油危機の経験を踏まえて輸入先の多様化を進めた結果，1987年には68％まで低下した．しかし，1990年代に入り，中国やインドネシア，メキシコなど非中東産油国からの輸入が伸び悩んだことから，中東依存度が再び高くなってきた．

わが国の石油製品の需要構成(2000年度)は，輸送用(自動車，船舶，航空機)40％，化学原料用18％，家庭・業務用16％，鉱工業用15％，電力用7％，その他4％となっている．石油製品の需要動向を原油の留分別組成と比較して，図5.3に示す．1980年から2000年における，燃料油合計の需要に占めるガソリン・ナフサの構成比が29.1％から43.6％と増加する一方，BC重油は37.9％から12.9％と後退し，需要の「軽質化」傾向が進んでいる．

5.1.4 石油精製プロセス

原油の精製処理によって各種燃料油，石油化学原料，潤滑油などの石油製品を作る操作を，石油精製という．石油精製は1847年ごろより，灯火用としてそれまでの動

5　石油精製・石油化学

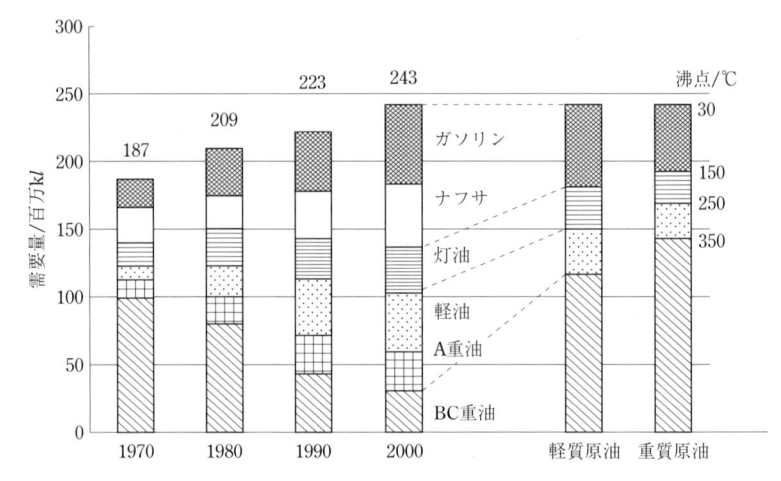

図 5.3　石油製品内需動向と原油の留分別組成．

植物油に代わり使われ始めた灯油を取り出すことから始まった．主要な精製技術は欧米，特に米国において開発されたものが多いが，これらを積極的に取り入れてきたため，現在の日本の石油製品は，品質，種類において世界の最高レベルにある．また，製油所においても，装置の大型化や諸装置の統合とコンピュータ制御による自動化，効率化，省エネルギーなどとともに，各種の安全対策および環境対策がはかられている．わが国における石油精製プロセスの一例を図5.4に示す．

A．常圧蒸留・減圧蒸留

製油所に搬入された原油は，水や塩分を除いたうえで精製工程に送られる．精製工程の第一段階は常圧蒸留で，原油に含まれている多種類の炭化水素を，それぞれのもつ沸点の差を利用して，各製品留分に分ける．具体的には，原油をあらかじめ加熱炉で300～350℃に加熱し，油蒸気にしたうえで精留塔（通称トッパーとよばれる）下部へ吹き込む．塔内には数十段の棚段（トレイ）があり，それには多数の穴が開いている．油蒸気はこれらの穴を通って駆け上る．上に行くに従って冷えてくるので，沸点の高い炭化水素から順次液体に戻り，それぞれの棚段に留まって回収される．常圧蒸留では，棚段の数だけ細分化された留分を，必要に応じて5～6種類にまとめて取り出す．このように蒸留で分けられたものを「直留油」とよび，次項Bで述べる「分解」や「改質」など二次精製法で他の留分から化学的転化により作られるもの（分解油・改質油など）と区別している．

沸点が350℃以上のものは，主に重油留分で，残渣油として塔底から回収される．

5.1 石油精製

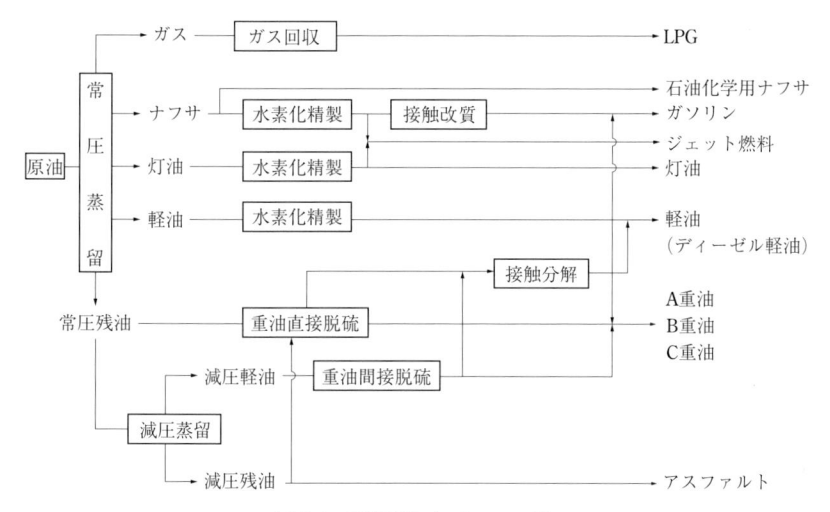

図 5.4 石油精製プロセスの一例.

常圧蒸留で蒸留できない高沸点の残油は，そのまま温度を上げると熱分解を起こすので，減圧下(約 30 〜 80 Torr)で蒸留し，沸点を下げて留出させる．これにより軽油が一部回収され，各種潤滑油留分が得られる．

B. ガソリンの製造

原油を単に蒸留しただけの直留ガソリンでは自動車エンジンの熱効率が悪いため，これをオクタン価の高い良質ガソリンに化学的に転換させる改質操作が行われる．高オクタン価ガソリンは，触媒を用いて水素気流中で直留ガソリンを改質する方法(接触改質法)，触媒を用いてガソリンより高沸点の留分(主として減圧軽油)を分解する方法(接触分解法)，などによって得られたガソリン基材にブタンや添加剤を加えて，揮発性やオクタン価などの特性値が適正な範囲に入るように調合して製造される．

a. 接触改質によるガソリンの製造

接触改質とは，石油中のナフサ(ガソリン)留分を高オクタン価ガソリンに転化する触媒プロセスである．ナフサ中でオクタン価の低い炭化水素はナフテンやノルマルパラフィンであり，オクタン価の高い炭化水素は芳香族やイソパラフィンである．したがって，接触改質における重要な反応は，脱水素などによる芳香族化と骨格異性化である．接触改質は，Pt-アルミナ系の二元機能触媒を用いて，約 500 ℃の反応温度で水素加圧の条件にて行われる．ここで，脱水素反応による炭素析出を抑制するために，高圧の水素が必要とされる．最近の接触改質では，炭素析出の抑制に有効な触媒として，Pt のほかに第 2 の金属を添加したいわゆるバイメタリック触媒が使用され，装

> **━━ オクタン価とセタン価 ━━**
>
> ガソリンエンジンは，燃料を火花で点火して燃焼させる．ガソリンが勝手に自然発火すると，ノッキングといわれる圧力上昇による不快音が発生する．ノッキングがひどいとエンジンが損傷する．ガソリンの自然発火しにくさはオクタン価で表され，自然発火しにくいイソオクタンのオクタン価を 100 とし，自然発火しやすい n-ヘプタンのオクタン価を 0 と規定している．同一系列の飽和炭化水素では，分子量の低いものほどオクタン価が高い．また枝分かれの多い炭化水素は直鎖炭化水素よりもオクタン価が高く，芳香族炭化水素は一般にオクタン価が高い．
>
> 一方，ディーゼルエンジンは，燃料をエンジン内に噴射し，空気と混合させて圧縮により高温，高圧にして自然発火させる．自然発火しやすさがセタン価で表され，n-セタンのセタン価を 100 とし，枝分かれの多いヘプタメチルノナンのセタン価を 15 と規定している．このように，オクタン価とセタン価はちょうど反対の関係にある．

置も連続再生式となっている．接触改質のおもな反応過程をヘキサンを例にとって示すと，次のようになる．

1）脱水素によるオレフィンの生成

$$CH_3-CH_2-CH_2-CH_2-CH_2-CH_3 \longrightarrow CH_3-CH_2-CH_2-CH_2-CH=CH_2 \quad (5.2)$$
　　　　　ヘキサン　　　　　　　　　　　　1-ヘキセン

2）イソパラフィンへの異性化

$$CH_3-CH_2-CH_2-CH_2-CH_2-CH_3 \longrightarrow CH_3-CH_2-CH_2-CH(CH_3)-CH_3 \quad (5.3)$$
　　　　　ヘキサン　　　　　　　　　　　　2-メチルペンタン

3）環化脱水素による芳香族炭化水素の生成

$$CH_3-CH_2-CH_2-CH_2-CH_2-CH_3 \longrightarrow C_6H_6 \quad (5.4)$$
　　　　　ヘキサン　　　　　　　　　ベンゼン

環化脱水素による芳香族生成反応は大きな吸熱反応で，体積膨張を伴うので，高温低圧ほど高い転化率が得られる．また，この反応により多量の水素が副生する．

b. 接触分解によるガソリンの製造

接触分解は石油中の大きな分子を分解して，おもにガソリン留分の小さな分子に転化する反応で，石油精製における重要なプロセスである．固体酸を触媒とする接触分

解の主反応は炭素-炭素結合の開裂であり，吸熱反応であるため，熱力学的には高温が有利である．通常 500 ～ 550 ℃程度の温度で行われるので，分解のほかにも異性化，水素移行，炭素析出なども起こる．固体酸触媒は，1930 年代には酸処理された粘土が使われていたが，その後合成シリカアルミナが，1960 年代にはゼオライトが使用されるようになり，現在に至っている．

接触分解では，反応中に触媒表面に析出した炭素を燃焼除去して触媒を再生すると同時に，反応に必要な熱を得ている．反応器型式も触媒の変遷とともに変化してきた．はじめは固定床反応器が使用されたが，その後流動床反応器(図 5.5)に置き換わり，今日では流動接触分解(fluid catalytic cracking，FCC)が一般的になっている．

ゼオライト触媒は，従来のシリカアルミナ触媒に比べて高活性なため大きな流動床を必要とせず，ライザーとよばれる反応管で反応が完結するようになったので，従来の反応塔は分解生成物と触媒の分離を行うだけの役目となった．最近は，さらに触媒性能が向上し，反応時間がミリ秒まで短縮された反応器も登場している．このように，触媒と反応器が相互に改善された結果，ガソリン収率の向上，オクタン価の向上，コーク生成の低減，処理原料油の重質化，CO および SO_x の生成抑制など，多大な技術的進歩が達成されている．

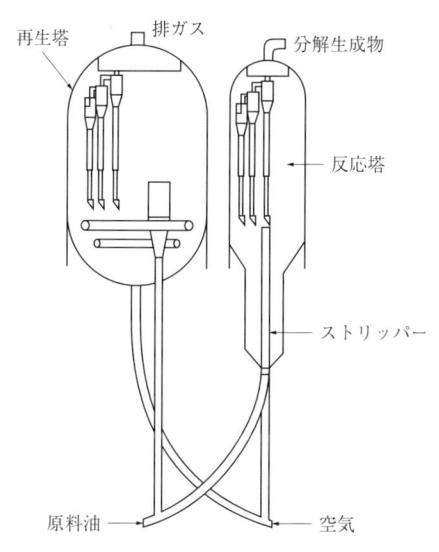

図 5.5 流動接触分解装置(FCC)．

C. 燃料油の水素化精製

 常圧蒸留により得られる各石油留分や，重質油の分解などにより得られる留分には，不純物として硫黄，窒素などの化合物が存在し，またオレフィンやジエンなども含まれるので，処理装置の腐食，触媒の劣化など，処理に際してトラブルの原因となる．また製品品質の低下，自動車燃料として使用した場合の排気ガスなどによる大気汚染の原因にもなる．水素化精製は，これらの不純物を水素加圧下で除去する方法である．

 硫黄や窒素の含量は沸点範囲が高くなるほど高くなり，最も低沸点留分であるナフサ留分では単体硫黄に換算して 0.01～0.05％に対し，沸点の最も高い減圧残油留分では 3～6％にも上る．重油は，そのままでは燃焼に際して多量の二酸化硫黄ガスを発生するので，環境保全のために硫黄分の少ない重油を作ることが強く望まれる．常圧残油中の硫黄分や金属分などの不純物の多くは，残油中の不溶分であるアスファルテンに含まれているので，除去をよりむずかしくしている．常圧残油をそのまま水素化脱硫する重油直接脱硫法と，常圧残油を減圧蒸留してアスファルテンや重金属を減圧残油としてあらかじめ除いておいて，減圧軽油を水素化脱硫する重油間接脱硫法がある．これらの方式で，脱硫だけでなく水素化分解も起こさせる場合もある．

 水素化精製では，アルミナを担体とした硫化モリブデン触媒が多く用いられ，助触媒として硫化コバルトや硫化ニッケルが添加されて，活性の向上がはかられている．表5.2 に各留分の典型的な反応条件を示すが，多環チオフェン類など難脱硫性化合物が多く含まれる軽油留分や残油留分を高度に脱硫するためには，過酷な反応条件が要求される．また，接触分解によって製造されるガソリン基材にはオクタン価の高いオレフィンが含まれているが，通常の水素化脱硫を行うとオレフィンが水素化されてオ

表 5.2 水素化精製の反応条件

原料油	反応温度 (℃)	水素圧 (MPa)	LHSV[†] (h^{-1})	水素消費量 ($Nm^3 m^{-3}$)
ナフサ留分	320	1.0 ～ 2.0	3 ～ 8	2 ～ 10
灯油留分	330	2.0 ～ 3.0	2 ～ 5	5 ～ 15
軽油留分	340	2.5 ～ 4.0	1.5 ～ 4	20 ～ 40
減圧軽油留分	360	5.0 ～ 9.0	1 ～ 2	50 ～ 80
常圧残油留分	370 ～ 410	8.0 ～ 13.0	0.2 ～ 0.5	100 ～ 175
減圧軽油留分/水素化分解	380 ～ 410	9.0 ～ 14.0	1 ～ 2	150 ～ 300
減圧残油留分/水素化分解	400 ～ 440	10.0 ～ 15.0	0.2 ～ 0.5	150 ～ 300

† LHSV(liquid hourly space velocity)とは，単位時間に導入される原料油の容量を反応器容積で割ったもので，接触時間の逆数である

[菊地英一ほか，新しい触媒化学 第2版，p.39，三共出版(2001)]

> **── 低硫黄軽油の供給 ──**
>
> ディーゼル車から排出される窒素酸化物(NO_x)や,すす・粉じんなどの粒子状物質(PM)による大気汚染の悪化が社会的な問題になっている.この問題に対処するため,1989年にディーゼルトラック・バスから排出されるNO_xを,短・長期的に削減していく排ガス規制の強化が打ち出された.ディーゼル車から排出される微粒子の特徴は,PMの中でも微小なもの(94%は2.5 μm以下)が多く,肺の奥まで容易に到達し,健康への悪影響を与えるといわれている.エンジンの後の排気管に装着して,そのフィルター部分で,排出ガス中のPMを燃焼除去する装置として,DPF(diesel particulate filter)がPMの排出抑制に有効であるとされている.しかし,軽油中の硫黄分500 ppmではPM低減効果が低下するなど悪影響があるため,2004年末までに軽油の硫黄分を50 ppm以下とすることが決まった.
>
> 軽油の硫黄分をこのような低レベルにまで脱硫することは技術的にきわめて困難であるが,新しい触媒の開発に加えて,触媒の能力を効率的に発揮させるための反応器まわりの種々の改良がなされている.

クタン価が低下してしまうため,硫黄化合物のみを除去する選択脱硫方法が望まれており,吸着剤の開発などが行われている.

D. 潤滑油の製造

潤滑油は,擦れ合う2つの物質の間に入って動きを滑らかにするものであるが,使用される対象や要求される働きなど千差万別であるので,エンジンオイルをはじめ,工業用潤滑油の種類は何百種類にもなる.共通して重要なのが粘度で,高すぎれば余分な負担がかかり,発熱して油の寿命を縮めるおそれがあり,低すぎれば金属面の負荷を支えきれず,機械を傷め焼き付きを起こすおそれがある.潤滑油には潤滑性(低摩耗係数,極圧性など),耐久性(酸化安定性,耐熱性など)など多くの性能が要求される.安定な基油と各種の,複数の添加剤の組合せによって製造される.

5.2 水素の製造

水素は最も重要な基礎原料であり,世界で年間約5000億 Nm^3(0℃,1気圧でのm^3)が製造されている.水素の用途の大きなものは,石油精製用(約40%)とアンモニア合成用(約35%)であり,その他芳香族化合物や油脂などの水素化に用いられている.また,メタノール合成やヒドロホルミル化反応には,合成ガス(H_2とCOの混合ガス)として利用されている.近年,燃料電池自動車の燃料としても注目されている(3.5.4

参照).

水素の製造法は，1) 天然ガス，ナフサの水蒸気改質法と部分酸化法，2) 石炭ガス化法，3) 水の電気分解などであるが，現在 1) の方法が世界の主流となっている．

1) 天然ガスおよびナフサの水蒸気改質（スチームリフォーミング）：水蒸気改質法は，(5.5)式で示すように大きな吸熱反応であるので，高温(800 ～ 850 ℃)での反応が必要である．このため，原料の一部を燃焼させると同時に，触媒上での炭素の析出を防ぐため大過剰の水蒸気と反応させている．一方，高温を維持するため水蒸気とともに少量の酸素を供給し，原料を部分燃焼させながら行う方法もある．この方法を部分酸化法という．触媒としてはアルミナ担持ニッケル系が用いられるが，触媒上での炭素析出を防ぐためカリウムが加えられている．

$$CH_4 + H_2O \longrightarrow 3H_2 + CO \quad -49 \text{ kcal mol}^{-1} \quad (5.5)$$

ここで得られた水素リッチな合成ガスから純粋な水素を得るためには，さらに数段の生成工程を経なければならない．まず，原料に由来する硫黄分を脱硫したのち，CO を水性ガスシフト反応で H_2 と CO_2 に転換し，加圧洗浄して CO_2 を除く．

$$CO + H_2O \longrightarrow H_2 + CO_2 \quad +10 \text{ kcal mol}^{-1} \quad (5.6)$$

一方，部分酸化法は原料の制約がなく，重油や石炭を酸素と無触媒で反応させる．出口温度は 1300 ～ 1400 ℃の高温となる．

$$C_mH_n + 1/2\, mO_2 \longrightarrow mCO + 1/2\, nH_2 \quad (5.7)$$

この方法では生成ガス中の CO 含量が多く，また生成した水素の一部が燃焼する．CO はシフト反応により水素に変換されるが，さらに残存する微量の CO は精製過程でメタネーションすることにより CH_4 と H_2O に変換して除去している．水蒸気改質法による水素製造工程を図 5.6 に示す．

天然ガスを原料として利用する場合，反応ガス中には燃焼により生成した CO_2 が

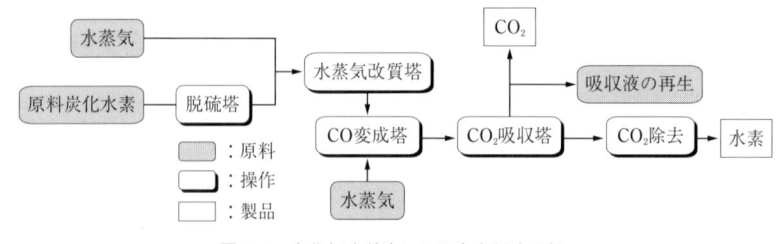

図 5.6 水蒸気改質法による水素製造工程．

大量に含まれており，水素 1 m³ を製造するのに約 0.9 kg の CO_2 が生成している．水素それ自身はクリーンエネルギーであるが，水素を製造するのに多くのエネルギーを消費し，CO_2 も発生していることに留意する必要がある．

2) 石炭ガス化法：石炭ガス化法による水素の製造では，CO の生成を伴う合成ガスとして利用される(4.1.5 参照)．

3) 水の電気分解：水の電気分解によって水素を製造するのが理想的ではあるが，経済的な理由により行われていない．

5.3 石油化学

5.3.1 基幹石油化学原料の製造

エチレンとプロピレンは，石油化学製品製造のための最も重要な基幹原料である．種々の原料から生産されているが，おもにエタン，プロパン，ブタンなどのガス系原料と，ナフサや灯・軽油などを用いる液体系原料に大別される．現在，世界のエチレン生産量は約 9000 万トン(2000 年)であるが，その約 40 ％がガス系，60 ％が液体系原料から生産されている．原料の種類は地域によって異なり，産油地域ではガス系原料の比率が高く，北米では天然ガス中に含まれるエタンを主原料としている．日本においてはほぼ全量がナフサから生産されている．一方，プロピレンの生産量は世界で約 5000 万トン(2000 年)であり，その供給源はエチレン生産時に副生するものが 70 ％弱を占め，残りは石油精製の際に副生するプロピレンを回収している．

オレフィン製造プロセスは，ナフサ，エタン，LPG などの原料を管式熱分解炉にスチームとともに供給し，1100 ℃程度で加熱分解すると，水素，エタン，エチレン，プロピレン，C_4 留分(ブタン，ブテン，ブタジエンなどの C_4 炭化水素)，BTX(ベンゼン，トルエン，キシレンの頭文字をとっている)，ガソリン留分などの分解燃料油などが生成する．生成分解ガスは 200 ℃程度に急冷して分留塔に送り，分解燃料油を分離し，その後分解ガスを圧縮冷却して液化，深冷分離，蒸留などを経て各製品に分離する．表 5.3 には，各種原料を用いたときの代表的なエチレンプラントから得られる分解ガスの成分とその収率を示す．

C_4 留分中ではブタジエンが重要であり，ポリブタジエン，スチレン-ブタジエンゴム(SBR)，アクリロニトリル-スチレン-ブタジエン樹脂(ABS)などの原料として用いられる．日本においては年間 100 万トン(2000 年)程度生産されている．ブタジエンは，ナフサのクラッキングによって副生する C_4 留分から分離精製する．C_4 留分中には沸点の近いものがあるので蒸留分離ができない．このため，N-メチルピロリドン

表5.3 エチレンプラントから得られる分解ガス

原料	収率(wt%)			
	エタン	プロパン	n-ブタン	ナフサ
H_2	4.07	1.48	1.2	0.86
CH_4	2.92	25	19.57	14.6
C_2H_2	0.35	0.54	0.79	0.68
C_2H_4	54.07	37.41	39.8	30
C_2H_6	35	4.11	3.95	3.9
C_3H_4	0.06	0.47	1.07	0.87
C_3H_6	0.8	12.46	15.53	16.7
C_3H_8	0.16	6.34	0.2	0.35
C_4H_6	1.11	4.04	4	4.7
C_4H_8	0.18	0.87	1.84	4.95
C_4H_{10}	0.2	0.08	5	0.4
C_5留分	0.26	1.65	1.39	3.65
$C_6 \sim C_8$非芳香族	0.38	0.27	1.11	2.2
ベンゼン	0.27	2.68	1.94	5.3
トルエン	0.08	0.59	0.46	4.4
C_8芳香族	—	0.57	0.38	1.73
$C_9 \sim 200\ ℃$	—	0.91	0.87	1.55
分解燃料油	0.09	0.53	0.9	3.11
計	100	100	100	100

[石油学会編, 石油化学プロセス, p.29, 講談社(2001)]

(NMP)やジメチルホルムアミド(DMF)などを抽出溶剤に用い, 他の炭化水素と抽出溶剤との親和力の差を利用する抽出蒸留により分離精製する.

一方, BTXは従来石炭タールから供給され, 染料, 火薬, 医薬品などの製造に用いられてきた. しかし石油化学工業の進展とともに, BTXから誘導されるスチレン,

表5.4 代表的な石油基礎原料の世界と日本の生産量(2001年)(単位：1,000 t)

石油基礎原料	日本	米国	独	韓国	中国
エチレン	7,361	22,513	5,006	5,398	4,807
プロピレン	5,342	13,173	2,103	3,273	4,776
ブタジエン	976	1,721	1,012	777	—
ベンゼン	4,261	7,272	2,600	2,650	1,988
トルエン	1,423	—	632	—	—
キシレン	4,798	—	579	—	1,452
スチレン	3,004	4,214	—	—	799

[*Chemical & Engineering News*, June, 24 p.61, 78, 79, 81, 82(2002)]

ナ フ サ

もともと原油の直留で得られるガソリン留分の総称として使われていたが，現在は揮発性石油炭化水素類全般をナフサ(naphtha)と総称している．改質ガソリンの原料や石油化学原料の製造に使われる．日本では，ナフサの分解が石油化学の基礎原料となるエチレンやプロピレンの製造のために大規模に行われている．ナフサを水蒸気と高温(800℃前後)で分解すると，エチレンとプロピレンのほか，ブタジエン，BTXなど種々の炭化水素が生成してくる．ナフサの分解により生成する炭化水素組成は反応条件により変わるので，目的に応じた種々の反応装置が開発されている．

フェノール，ε-カプロラクタム，テレフタル酸など合成樹脂原料が大量に使用されるようになって，石炭由来の粗軽油に加えてエチレン製造時の分解油や石油精製時のリフォーメートから供給されるようになった．代表的な方法は，重質ナフサを水素化精製して触媒毒となる硫黄と窒素分を除去し，アルミナ担体にPt, Re, Ir, Snなどを分散させた触媒を用い接触改質(リフォーミング)することにより，芳香族化合物に変換する．トルエンと芳香族C_9留分は，需要の多いp-キシレンに不均化されている．表5.4に，代表的な石油基礎原料の世界と日本の生産量を示す．

5.3.2 アルカンの利用

プロパンやブタンなどの低級アルカンは燃料としての用途が主であり，誘導体の形で直接合成原料として使用されることは多くない．n-ブタンの酸化による無水マレイン酸および酢酸の製造は重要である．C_{10}～C_{20}程度のn-パラフィンは軽油や灯油に20％ほど含まれており，日本ではアルキルベンゼン，可塑剤，洗浄剤などの合成原料として年間20万トン程度使用されている．また，シクロヘキサンのシクロヘキサノールとシクロヘキサノンへの自動酸化反応は，ナイロンの原料となるε-カプロラクタムやアジピン酸の製造のため広く行われている．

A. ブタンの酸化

無水マレイン酸(MAN)は，不飽和ポリエステル，食品添加物，医薬，イミド類などの従来の用途に加えて，近年1,4-ブタンジオール，テトラヒドロフラン(THF)，γ-ブチロラクトンなどの誘導体品の需要が増加しており，日本では，年間14万トン程度製造されている．MANは，これまでのベンゼン酸化からブタン酸化に移行しており，現在約70％がブタン酸化により製造されている．

$$C_4H_{10} + 3.5O_2 \longrightarrow \text{MAN} + 4H_2O \tag{5.8}$$

反応は，Chevron 社の開発したピロリン酸ジバナジル($(VO)_2P_2O_7$)を主成分とする触媒が用いられ，固定床または流動床，350～420 ℃で行われている．n-ブタンの転化率 80～90 % で MAN の収率は 55～60 mol % である．ベンゼン酸化も，ブタン酸化と同様な方法で行われている．

$$\text{C}_6\text{H}_6 + 4.5O_2 \longrightarrow \text{MAN} + 2CO_2 + 2H_2O \tag{5.9}$$

B. シクロヘキサンの酸化

シクロヘキサンは，液相空気酸化でシクロヘキサノンとシクロヘキサノールの混合物(KA オイルとよぶ，K はケトン，A はアルコールの意味)に変換されている．反応は微量の Co 塩の存在下 175～200 ℃ で行われ，KA オイルへの選択性を 80 % 程度に維持するため，シクロヘキサンの転化率が 7 % 以下に抑えられている．生成物のシクロヘキサノールとシクロヘキサノンの比は 2～2.6 対 1 である．旭化成(株)は，ベンゼンを Ru 触媒で部分水素化してシクロヘキセンにし，これを水和することによりシクロヘキサノールを製造する方法を開発している．シクロヘキサノールとシクロヘキサノンの代表的な製造法を(5.10)式に示す．ナイロン 6 の原料となる ε-カプロラクタムは，シクロヘキサノンから誘導されている．

C. ε-カプロラクタムとアジピン酸の合成

ε-カプロラクタムを得るためにはシクロヘキサノンが必要であるので，KA オイル中のシクロヘキサノールを脱水素してシクロヘキサノンにする．シクロヘキサノンをヒドロキシアミン硫酸塩でシクロヘキサノンオキシムに誘導し，これを硫酸でベックマン転位して ε-カプロラクタムを得ている．東レ(株)では，NOCl を用いるシクロヘキサンの光ニトロソ化法を採用している．ラクタム製造法を(5.11)式に示す．

最近住友化学(株)が，シクロヘキサノンを NH_3 と H_2O_2 を TS-1 触媒上で反応させてオキシムに誘導し，これを固体酸触媒(高シリカ含有シリカアルミナ)を用いて，気

$$\text{C}_6\text{H}_6 \xrightarrow{\text{H}_2} \text{シクロヘキサン} \xrightarrow{\text{O}_2/\text{Co塩}} \text{シクロヘキシルヒドロペルオキシド} \xrightarrow{\text{Co塩}} \text{シクロヘキサノール} + \text{シクロヘキサノン}$$

$$\text{C}_6\text{H}_6 \xrightarrow[\text{Ru触媒}]{\text{H}_2} \text{シクロヘキセン} \xrightarrow[\text{ヘテロポリ酸触媒}]{\text{H}_2\text{O}} \text{シクロヘキサノール} \xrightarrow{-\text{H}_2} \text{シクロヘキサノン}$$

$$\text{PhOH} \xrightarrow{\text{H}_2} \text{シクロヘキサノール} \xrightarrow{-\text{H}_2} \text{シクロヘキサノン} \tag{5.10}$$

$$\left.\begin{array}{l}\text{シクロヘキサノン} + \text{NH}_2\text{OH} \\ \text{シクロヘキサン} + \text{NOCl} \xrightarrow{h\nu}\end{array}\right\} \text{シクロヘキサノンオキシム} \xrightarrow{\text{H}_2\text{SO}_4} \text{カプロラクタム} \tag{5.11}$$

相ベックマン転位でラクタムに導いている．この方法は，副生硫安を全く生成しない新方法として注目されている．

　KA オイルは，混合物のまま硝酸酸化されてアジピン酸に変換される(5.12)．アジピン酸はナイロン 6,6 の原料となる．しかし，硝酸酸化の際に地球温暖化効果をもつ大量の N_2O が生成するため，硝酸酸化によらない新しい方法が模索されている．

$$\text{シクロヘキサノール} + \text{シクロヘキサノン} \xrightarrow{\text{HNO}_3/\text{V触媒}} \text{HOOC(CH}_2)_4\text{COOH} \tag{5.12}$$

5.3.3　エチレンの利用

A.　エタノール

エタノールは 90 % 以上が発酵法で製造されているが，合成エタノールはエチレンの水和により製造される．

$$CH_2 = CH_2 + H_2O \xrightarrow{\text{リン酸触媒}} CH_3CH_2OH \qquad (5.13)$$

エタノールの世界での生産量は 3400 万 kl/年であり，おもな用途は燃料用 66 %，工業用 21 %，飲料用 13 % である．

B.　エチレンオキシド

エチレンオキシド(EO)の製造量の 60 % が，(モノ)エチレングリコール(EG(MEG))としての用途である．また EG は，二量体のジエチレングリコール(DEG)や三量体のトリエチレングリコール(TEG)としても利用される．EO は銀担持した α-アルミナ触媒を用いてエチレンを 200～300 ℃で空気酸化すると，85 % 前後の選択性で得られる．日本ではこの方法により年間 90 万トン(2000 年)生産されている．

$$2CH_2 = CH_2 + O_2 \longrightarrow 2H_2C\underset{\underset{EO}{O}}{-}CH_2 \qquad (5.14)$$

EO は，無触媒で水と 150～200 ℃ で処理すると水和され，90 % 程度の選択性で EG になる．残りは DEG(約 10 %)と 1 % 程度の TEG である．EO を EG と反応すると DEG が，また DEG と反応すると TEG が得られる．

$$H_2C\underset{\underset{EO}{O}}{-}CH_2 \xrightarrow{H_2O} \underset{EG}{HOCH_2\text{-}CH_2OH} \xrightarrow{EO} \underset{DEG}{HOCH_2CH_2OCH_2CH_2OH}$$
$$\xrightarrow{EO} \underset{TEG}{HOCH_2CH_2OCH_2CH_2OCH_2CH_2OH} \qquad (5.15)$$

最近三菱化学(株)が，EO を CO_2 と第四級ホスホニウム塩を触媒とする反応でエチレンカーボネート(EC)とし，これを加水分解することによる MEG 製造法を開発した．この方法による MEG の選択性は 99 % 以上であり，エネルギー消費においても有利な方法である．

$$\text{H}_2\text{C}\underset{\text{O}}{-}\text{CH}_2 + \text{CO}_2 \xrightarrow{\text{R}_4\text{P}^+\text{X}^- \text{触媒}} \begin{array}{c}\text{CH}_2\text{O}\\ \text{CH}_2\text{O}\end{array}\!\!\!\!\!\!\!\!\text{C}=\text{O} \tag{5.16}$$

$$\text{EO} \qquad\qquad\qquad\qquad \text{EC}$$

$$\begin{array}{c}\text{CH}_2\text{O}\\ \text{CH}_2\text{O}\end{array}\!\!\!\!\!\!\!\!\text{C}=\text{O} + \text{H}_2\text{O} \longrightarrow \text{HOCH}_2\text{-CH}_2\text{OH} + \text{CO}_2$$

$$\text{EC} \qquad\qquad\qquad\qquad \text{MEG}$$

　EG の用途の 7 割がポリエステル樹脂や繊維用であり，界面活性剤や不凍液などの用途がこれに次ぐ．EO をアンモニアと反応させるとモノエタノールアミン（MEA）が生成し，MEA をさらにアンモニアと水素の存在下 Ni 系触媒を用いて 200 ℃前後で反応させると，エチレンジアミンが得られる．これらのアミン類の用途は，医農薬中間体，キレート剤，エポキシ樹脂硬化剤用など多岐にわたる．

$$\text{H}_2\text{C}\underset{\text{O}}{-}\text{CH}_2 + \text{NH}_3 \longrightarrow \text{HOCH}_2\text{-CH}_2\text{NH}_2 \xrightarrow[200℃]{\text{NH}_3 / \text{Ni}/\text{H}_2} \text{H}_2\text{NCH}_2\text{-CH}_2\text{NH}_2 + \text{H}_2\text{O} \tag{5.17}$$

$$\text{EO} \qquad\qquad\qquad \text{MEA} \qquad\qquad\qquad\qquad \text{EDA}$$

C. アセトアルデヒド

　アセトアルデヒドは，酢酸，無水酢酸，過酢酸，ケテン（ジケテン），酢酸エチル，ペンタエリトリトールなどの重要な有機工業薬品の出発原料として，きわめて重要な化合物である．従来，アセトアルデヒドはアセチレンの硫酸水銀触媒による水和法で生産されていたが，Wacker 社は 1956 年に，PdCl_2 と CuCl_2 触媒からなる塩酸水溶液にエチレンを酸素とともに反応させる，アセトアルデヒド合成法を開発した．その後 Hoechst 社と Wacker 社によって工業化された．

$$\begin{aligned}\text{CH}_2=\text{CH}_2 + \text{PdCl}_2 + \text{H}_2\text{O} &\longrightarrow \text{CH}_3\text{CHO} + \text{Pd} + 2\text{HCl} \\ \text{Pd} + 2\text{CuCl}_2 &\longrightarrow \text{PdCl}_2 + 2\text{CuCl} \\ 2\text{CuCl} + 1/2\text{O}_2 + 2\text{HCl} &\longrightarrow 2\text{CuCl}_2 + \text{H}_2\text{O}\end{aligned} \tag{5.18}$$

　酢酸はアセトアルデヒドから誘導される最も重要な製品であったが，1970 年代に，メタノールと CO から Rh 触媒を用いてカルボニル化する酢酸合成法が，Monsanto 社により工業化されるようになって，酢酸を目的とする Wacker 法でのアセトアルデヒド合成はなくなりつつある．アセトアルデヒドからは多くの誘導体が製造されてお

り，生産量は41万トン(2000年)に達する．

D. 酢酸ビニル

酢酸ビニルは日本で発明されたビニロン繊維の用途としておもに利用されてきたが，現在では繊維産業の海外移転に伴い，わが国ではポリビニルアルコール(ポバール)としての用途が中心になっている．これ以外の用途としては，食品包装材として用いられているエチレンと酢酸ビニルとの共重合体(EVAとよばれる)や，エチレンとビニルアルコール共重合体(EVOH)の需要が伸長している．反応は以下のように，エチレンと酢酸を酸素と気相中で，シリカあるいはアルミナを担体とするPd触媒を用いて行う．

$$CH_2=CH_2 + CH_3COOH + 1/2\ O_2 \xrightarrow{Pd} CH_2=CHOCCH_3 + H_2O \quad (5.19)$$

(酢酸ビニルの C=O を含む構造)

E. 塩化ビニルと塩化ビニリデン

塩化ビニルは最も重要なポリマー原料の1つであり，日本では年間300万トン程度製造され，そのポリマーはフィルム，建材，パイプなどに幅広く利用されている．一方，塩化ビニリデンはサランラップの商品名で知られるように，食品包装材としての用途が主である．塩化ビニルは，エチレンを塩素と酸素と反応させるオキシ塩素化法によって製造されている．塩化銅触媒を用い200〜300℃で1,2-ジクロロエタンにしたのち，550℃前後で加熱分解することにより合成されている．ここで生成したHClは，再びオキシ塩素化反応に利用される．この方法は従来の塩素化-脱塩酸を経る方法に比べ，副生塩酸の出ない環境負荷の少ない方法になっている．

$$\begin{aligned} CH_2=CH_2 + 2HCl + 1/2O_2 &\longrightarrow CH_2Cl-CH_2Cl + H_2O \\ CH_2Cl-CH_2Cl &\longrightarrow CH_2=CHCl + HCl \end{aligned} \quad (5.20)$$

塩化ビニリデンは，塩化ビニルの塩素化により得られる1,1,2-トリクロロエタンを，NaOHまたはCa(OH)$_2$を用いて脱塩酸して得ている．

$$\begin{aligned} CH_2=CHCl + Cl_2 &\longrightarrow CH_2Cl-CHCl_2 \\ CH_2Cl-CHCl_2 + NaOH &\longrightarrow CH_2=CCl_2 + NaCl + H_2O \end{aligned} \quad (5.21)$$

エチレンから誘導されるおもな化学製品を図5.7に示す．

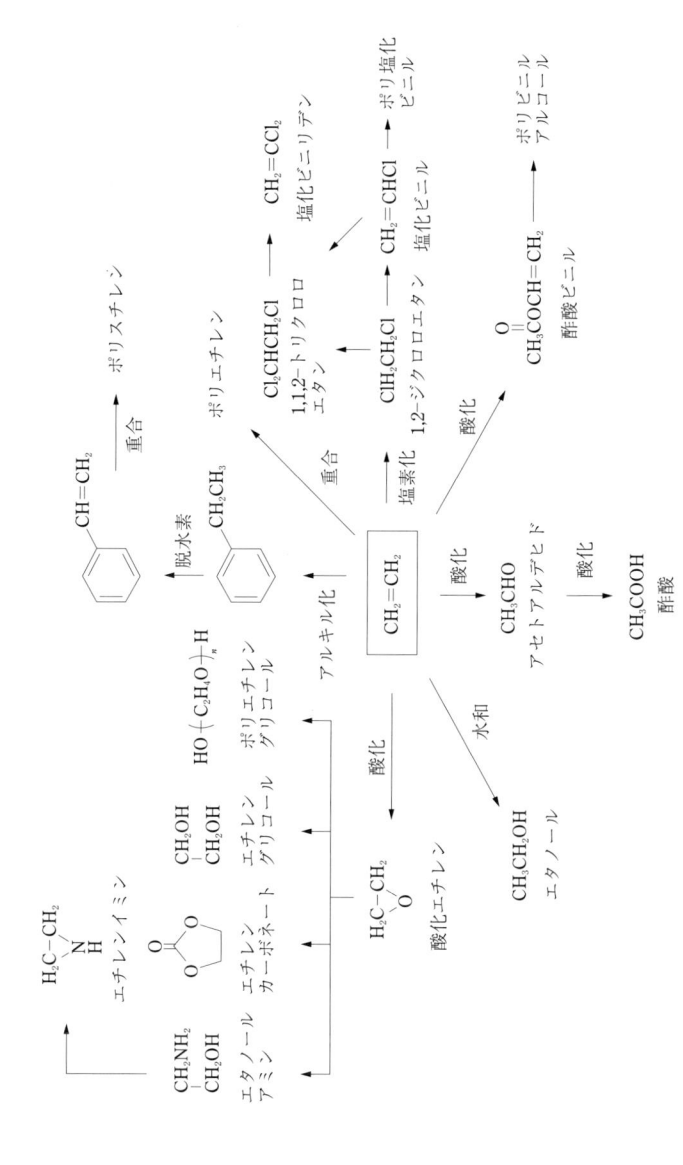

図 5.7 エチレンから誘導されるおもな化学製品.

5.3.4 プロピレンの利用

プロピレンからは多くの有用な石油化学製品が生産されている.

A. イソプロピルアルコール(2-プロパノール)

プロピレンの水和によるイソプロピルアルコールの製造は,石油留分を原料とした最初の石油化学製品であり,1920年に米国のStandard Oil社で工業化された.このときのプロセスは2段階法で,プロピレンを硫酸でエステル化し,その後加水分解するものである.

$$CH_2=CH-CH_3 + H_2SO_4 \longrightarrow (CH_3)_2CH-OSO_3H \xrightarrow{H_2O} (CH_3)_2CHOH + H_2SO_4 \quad (5.22)$$

日本では,おもに,ケイタングステン酸触媒を含む水溶液中で直接プロピレンを水と反応させる直接水和法が採用されている.

$$CH_2=CH-CH_3 + H_2O \xrightarrow{H_3SiW_{12}O_{40}水溶液触媒} (CH_3)_2CHOH \quad (5.23)$$

イソプロピルアルコールは種々の合成原料に利用されるが,最近半導体の洗浄剤としての用途が伸びている.

B. プロピレンオキシド

プロピレンオキシド(PO)は,水和して得られるプロピレングリコール,およびその重合体であるポリプロピレングリコールの原料として製造され,POの用途の7割を占めている.プロピレンを酸素で直接酸化してPOにする方法は,工業的にはまだ達成されていない.これは酸素によるプロピレンのアリル位の水素引抜きが優先し,アクロレインが生成してくるためである.このためPOは,クロロヒドリン法およびヒドロペルオキシドを酸化剤として用いる方法によって生産されている.

クロロヒドリン法は,プロピレンを次亜塩素酸と反応させクロロヒドリンとし,これを水酸化カルシウムで脱塩酸することによりPOにする.ヒドロペルオキシドを用いる典型的な方法は,エチルベンゼンヒドロペルオキシド(EBHP)を用いるもので,Halcon法とよばれている.反応後生成した1-フェニルエタノールは脱水してスチレンにする.最近日本オキシラン(株)では,スチレンを水素化しエチルベンゼンに戻す方法を工業化している.EBHPの代わりにt-ブチルヒドロペルオキシドを用いる方法もあり,この場合はPOとt-ブタノールを併産するプロセスになる.

$$Cl_2 + H_2O \longrightarrow HOCl + HCl$$

$$CH_2=CHCH_3 + HOCl \longrightarrow \underset{CH_3CHCH_2Cl}{\overset{OH}{|}} + \underset{CH_3CHCH_2OH}{\overset{Cl}{|}} \tag{5.24}$$

$$\xrightarrow{Ca(OH)_2} \underset{PO}{H_2C\overset{\displaystyle{-}}{\underset{O}{\diagdown\,\diagup}}CHCH_3} + CaCl_2 + H_2O$$

$$\text{PhCH}_2\text{CH}_3 + O_2 \longrightarrow \underset{EBHP}{\text{Ph}\overset{OOH}{\underset{|}{C}}HCH_3}$$

$$CH_2=CHCH_3 + \underset{EBHP}{\text{Ph}\overset{OOH}{\underset{|}{C}}HCH_3} \longrightarrow \underset{PO}{H_2C\overset{}{\underset{O}{\diagdown\,\diagup}}CHCH_3} + \text{Ph}\overset{OH}{\underset{|}{C}}HCH_3 \tag{5.25}$$

$$\text{Ph}\overset{OH}{\underset{|}{C}}HCH_3 \longrightarrow \text{Ph}CH=CH_2 + H_2O$$

C. アクリロニトリル

　アクリロニトリル(AN)は，アクリル繊維や合成樹脂原料としての用途が全体の8割を占めており，日本では，年間80万トン程度(2000年)生産されている．この内訳はアクリル繊維用が55 %，ABS(アクリロニトリル-ブタジエン-スチレン)樹脂とAS(アクリロニトリル-スチレン)樹脂用が25 %である．ANの製造法は，アセチレンにシアン化水素(青酸)を付加させる方法が1960年代まで行われていたが，現在はプロピレンとアンモニアと空気を原料とし気相で反応させるアンモ酸化法が行われている．プロピレンのアンモ酸化法は，1957年 Standard Oil of Ohio 社によって開発されたことから，Sohio プロセスとよばれている．反応には Mo‐Bi‐Fe 系や Fe‐Sb‐Te 系触媒が用いられ，450〜500 ℃で行われる．プロピレンの転化率はほぼ100 %で，ANの選択率は80 %前後である．

$$CH_2=CHCH_3 + NH_3 + 3/2\, O_2 \longrightarrow \underset{AN}{CH_2=CHCN} + 3H_2O \tag{5.26}$$

D. アクリルアミド

アクリルアミドは石油回収用ポリマーや凝集剤として利用され，アクリロニトリルの水和により製造されている．反応には，銅触媒を用いる方法と酵素法がある．アクリルアミドの酵素法による製造は，三菱レーヨン(旧日東化学工業)(株)により1985年に工業化された．汎用化学製品の製造にバイオテクノロジーを用いた世界で最初の成功例である．反応は穏和な条件で行われ，反応の選択性も高く，化学合成にない特徴があるとともに，環境負荷の少ない方法として注目されている．図5.8に銅触媒法と酵素法のプロセスを示すが，酵素法では濃縮や脱塩・脱色過程がなく，簡便なプロセスになっている．

銅触媒法の製造プロセス

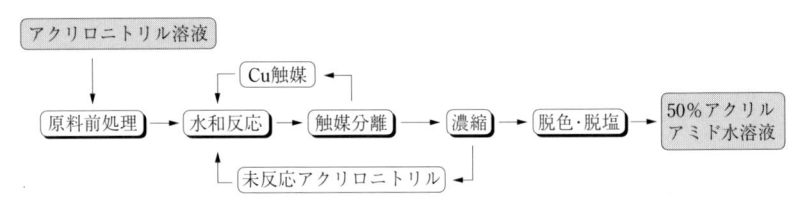

アクリロニトリル溶液 → 原料前処理 → 水和反応 → 触媒分離 → 濃縮 → 脱色・脱塩 → 50%アクリルアミド水溶液
（Cu触媒、未反応アクリロニトリル）

酵素法の製造プロセス

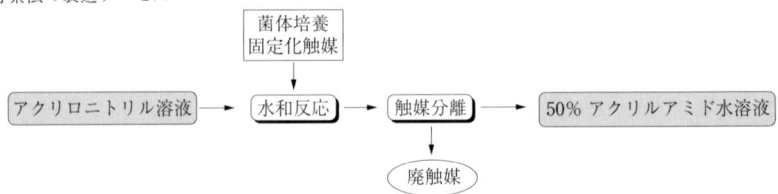

アクリロニトリル溶液 → 水和反応 → 触媒分離 → 50%アクリルアミド水溶液
（菌体培養 固定化触媒、廃触媒）

図 **5.8** 銅触媒法と酵素法の製造プロセス．

E. 塩化アリル

プロピレンを塩素と300℃以上で反応させると，塩素は二重結合への付加よりラジカル的なアリル位への置換反応が優先するようになり，塩化アリルが得られる．500℃で反応すると塩素はほぼ定量的にプロピレンと反応し，塩化アリルになる．

$$CH_2=CHCH_3 + Cl_2 \longrightarrow CH_2=CHCH_2Cl + HCl \tag{5.27}$$

塩化アリルは次の2つの方法によってグリセリンに導かれる．

$$CH_2=CHCH_2Cl + HOCl \longrightarrow \underset{\underset{OH}{|}}{ClCH_2CHCH_2Cl}$$

$$\xrightarrow{Ca(OH)_2} \underset{O}{\underset{\diagdown\diagup}{H_2C-CHCH_2Cl}} \xrightarrow{H_2O} \underset{OH\ OH\ OH}{\underset{|\ \ \ |\ \ \ |}{CH_2-CH-CH_2}} \quad (5.28)$$

エピクロロヒドリン　　　　　　グリセリン

$$CH_2=CHCH_2Cl + H_2O \longrightarrow CH_2=CHCH_2OH$$

$$\longrightarrow \underset{O}{\underset{\diagdown\diagup}{H_2C-CHCH_2OH}} \xrightarrow{水素化} \underset{OH\ OH\ OH}{\underset{|\ \ \ |\ \ \ |}{CH_2-CH-CH_2}} \quad (5.29)$$

グリセリン

F. オキソ反応によるブタノールの合成

n-ブタノールは，酢酸ブチル，アクリル酸ブチル，メタクリル酸ブチルのようなエステルのアルコール部分として重要で，溶剤や樹脂原料として用いられている．n-ブタノールは以下に示すプロピレンのオキソ反応(ヒドロホルミル化反応ともいう)により，日本では年間 40 万トン程度(1999 年)製造されている．

$$CH_2=CHCH_3 + CO + H_2 \xrightarrow{Rhまたは Co 触媒} n\text{-}C_3H_7CHO + (CH_3)_2CHCHO$$
$$\xrightarrow{水素化} n\text{-}C_4H_9OH + i\text{-}C_4H_9OH \quad (5.30)$$

触媒には Co や Rh のカルボニル錯体が用いられる．Rh 触媒は Co 触媒より活性が高く，生成するアルデヒドの n-ブチルアルデヒド/イソブチルアルデヒド比もきわめて高い．アルデヒドは Ni 触媒を用いて水素化しブタノールに変換する．

ここで得られた n-ブチルアルデヒドは，アルドール反応後水素化することによって 2-エチルヘキシルアルコールに導かれる．2-エチルヘキシルアルコールは，溶剤，可塑剤，洗剤，塗料用原料として広く用いられている重要な化合物である．

G. アクリル酸

アクリル酸の生産量は，紙おむつなどに用いられる高吸水性樹脂の急激な伸長によって，ここ数年 5 ％前後の成長率で増加している．アクリル酸エステル類，特にアクリル酸ブチルやアクリル酸 2-エチルヘキシルは，水溶性塗料や粘着剤原料として利用され，今後も高い伸びが期待される．現在，アクリル酸はプロピレンの酸素酸化により製造されている．反応は 2 段で行われ，前段では Sohio 法に用いられた Bi-Mo 系をベースにした多成分複合酸化物触媒が，後段では Mo-V 系触媒が用いられている．反応温度は前段が 280 ～ 350 ℃，後段が 250 ～ 300 ℃である．プロピレンの転化率は 95 ％以上であり，アクロレインの転化率はほぼ 100 ％で，両段を通したア

クリル酸の収率は 90 % 以上に達する．

$$CH_2=CHCH_3 + O_2 \xrightarrow[280\sim350℃]{\text{Bi-Mo系触媒}} CH_2=CHCHO + H_2O \qquad (5.31)$$

$$CH_2=CHCHO + 1/2O_2 \xrightarrow[250\sim300℃]{\text{Mo-V系触媒}} CH_2=CHCOOH \qquad (5.32)$$

プロピレンから誘導されるおもな化学製品を，図 5.9 に示す．

5.3.5 その他のオレフィンの利用

C_4 以上のアルケンの利用はそれほど多くないが，イソブテンのメタクリル酸への酸化は重要な反応である．

A. ブタノールとメチルエチルケトン

n-ブタノールやイソブタノールは，前項で述べたプロピレンのオキソ反応によって合成されている．2-ブタノール(s-ブタノール)は 1- および 2-ブテンの水和反応から，t-ブタノールはイソブテンの水和反応から合成されている．水和反応には硫酸やヘテロポリ酸が触媒として用いられている．ブタノールは溶剤や種々のエステル類の合成に利用されている．

$$\begin{array}{c} CH_2=CHCH_2CH_3 \\ \text{および} \\ CH_3CH=CHCH_3 \end{array} + H_2O \xrightarrow{\text{酸触媒}} CH_3\underset{|}{\overset{OH}{C}}HCH_2CH_3 \qquad (5.33)$$

$$CH_2=\underset{|}{\overset{CH_3}{C}}CH_3 + H_2O \xrightarrow{\text{酸触媒}} (CH_3)_3COH \qquad (5.34)$$

また，2-ブタノールの脱水素によって得られるメチルエチルケトン(MEK)は，塗料，印刷インキなどのすぐれた溶剤となる．

$$CH_3\underset{|}{\overset{OH}{C}}HCH_2CH_3 \longrightarrow CH_3\overset{O}{\overset{\|}{C}}CH_2CH_3 \qquad (5.35)$$
$$\text{MEK}$$

B. イソブテンのメタクリル酸への酸化

メタクリル酸のメチルエステル体であるメタクリル酸メチル(MMA)のホモポリマーは，透明性が高く，建材，自動車部品，水槽，風防ガラスなどに利用されている．また共重合用モノマーとしても広く用いられており，塗料，接着剤のほかに，最近，光ディスクや光ファイバーなどの光学材料としての用途も開発されている．日本では

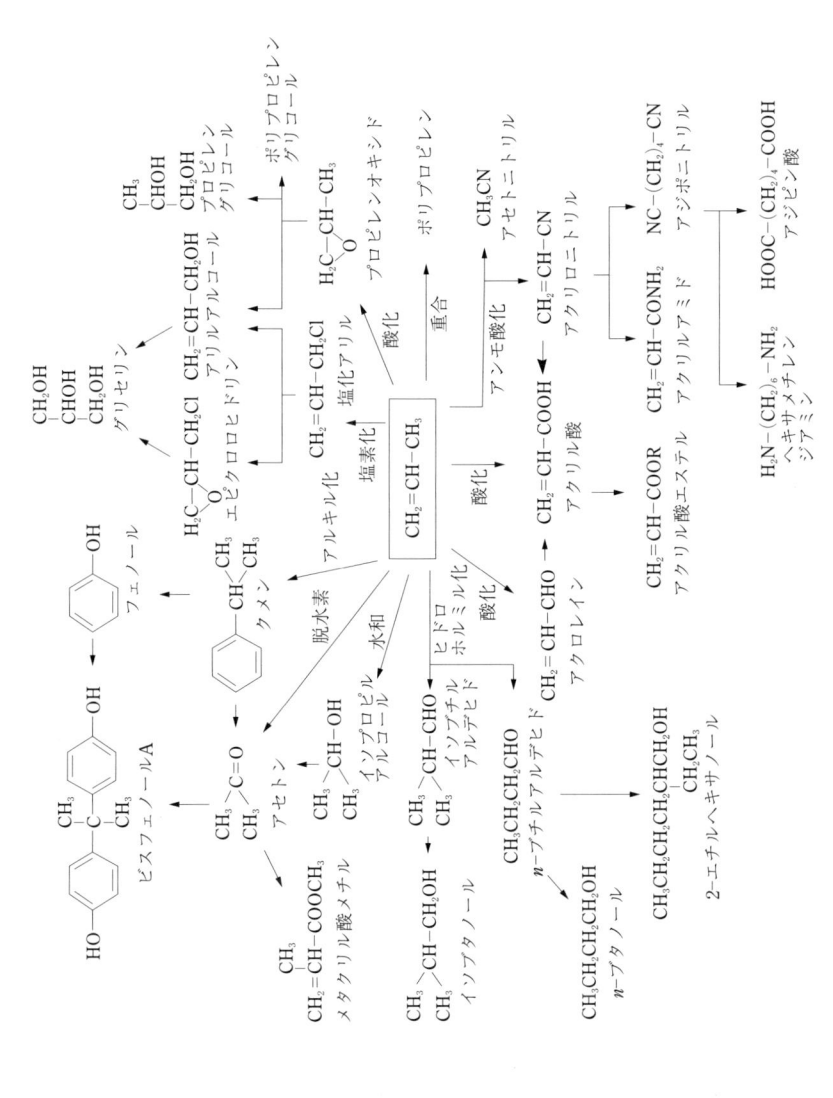

図 5.9 プロピレンから誘導されるおもな化学製品.

年間50万トン程度製造されている．多くの合成法が開発されているが，現在おもに次の2方法によって合成されている．1つは欧州を中心として行われているアセトンシアンヒドリン法であり，もう1つはわが国で行われているイソブテン酸化法である．

$$CH_3CCH_3 + HCN \longrightarrow \underset{CH_3}{\overset{HO}{>}}C\underset{CH_3}{\overset{CN}{<}} \xrightarrow{H_2SO_4/H_2O} CH_2=CCNH_2 \cdot H_2SO_4$$
$$\xrightarrow{CH_3OH} CH_2=C(CH_3)COOCH_3 + NH_4HSO_4$$
$$\text{MMA} \tag{5.36}$$

$$CH_2=C(CH_3)-CH_3 \xrightarrow{O_2} CH_2=C(CH_3)-CHO \xrightarrow{O_2} CH_2=C(CH_3)-COOH \xrightarrow{CH_3OH} CH_2=C(CH_3)-COOCH_3$$
$$\text{MMA} \tag{5.37}$$

シアンヒドリン法は，アセトンにHCNを塩基触媒で付加させ，次に硫酸と反応させてメタクリル酸アミド硫酸塩とし，最後にメタノールと反応させてMMAにする．MMAの収率はアセトン基準で約80％である．一方，イソブテンの酸素酸化反応はアクリル酸合成の場合と同様で2段法で行われ，前段ではMo–Ni–Fe系触媒を用いアルデヒドにし，後段ではMo，V，Pからなるヘテロポリ酸触媒を用いて酸化しメタクリル酸にする．その後，メタノールでエステル化しMMAとする．

5.3.6 ジエンの利用

合成原料として重要なジエン類は，ブタジエン，イソプレンおよびクロロプレンであり，主として合成ゴムや合成樹脂の原料として用いられる．ブタジエンからはいくつかの重要な有機合成原料が誘導されている．

A. 1,4-ブタンジオールとテトラヒドロフラン

ブタジエンを原料とする1,4-ブタンジオールの製造が，1982年に三菱化学(株)によってはじめて工業化された．合成法は，ブタジエンを酢酸と酸素でPd触媒を用いて1,4-ジアセトキシ-2-ブテンとし，水素化したのち，加水分解して1,4-ブタンジオールにする．1,4-ブタンジオールは，ポリブチレンテレフタレート樹脂としての用途のほかに，テトラヒドロフラン(THF)の前駆体として重要な化合物である．THFはすぐれた溶剤であるが，その開環重合体であるポリテトラメチレンエーテルグリコール(PTMG)は，スパンデックス繊維や合成皮革の原料としての需要が伸長している．重合触媒にはフルオロ硫酸やヘテロポリ酸が使われる．さらにTHFからは，γ-ブ

チロラクトンを経て *N*-メチルピロリドンや *N*-ビニルピロリドンが合成されている.

$$CH_2=CH-CH=CH_2 + CH_3OH(AcOH) \xrightarrow{Pd触媒} AcOCH_2CH=CHCH_2OAc \xrightarrow{H_2}$$

$$AcOCH_2CH_2CH_2CH_2OAc \xrightarrow{H_2O} HOCH_2CH_2CH_2CH_2OH + AcOH$$

$$HOCH_2CH_2CH_2CH_2OH \xrightarrow{H_3PO_4} \text{THF} + H_2O$$

開環重合 → $HO\text{-}[CH_2CH_2CH_2CH_2O]_n\text{-}H$
PTMG
(5.38)

(5.39) γ-ブチロラクトンから CH₃NH₂ で *N*-メチルピロリドン + H₂O；NH₃/-H₂O でピロリドン，HC≡CH で *N*-ビニルピロリドン

B. クロロプレン

クロロプレンはほぼ全量合成ゴム用モノマーとして利用される．クロロプレンは，ブタジエンを塩素化して生成した 3,4-ジクロロ-1-ブテンを脱塩酸することにより，収率よく製造されている．塩素化で副生してくる 1,4-ジクロロ-2-ブテンは，CuCl 触媒によって 3,4-ジクロロ-1-ブテンに異性化される．

$$CH_2=CH-CH=CH_2 \xrightarrow[300℃]{Cl_2} \underset{1,4\text{-}付加体}{CH_2ClCH=CHCH_2Cl} + \underset{1,2\text{-}付加体}{CH_2ClCHClCH=CH_2} \xrightarrow{異性化(CuCl触媒)}$$
(5.40)

$$CH_2ClCHClCH=CH_2 \xrightarrow[-HCl]{NaOH} \underset{クロロプレン}{CH_2=\underset{Cl}{C}-CH=CH_2}$$
(5.41)

C. イソプレン

イソプレンの Zigler 触媒による重合で得られる *cis*-1,4-ポリイソプレンは，天然

ゴムと同じ構造をしている．日本ではイソプレンは，主としてナフサ分解時のC_5留分から抽出蒸留により，年間11万トン程度製造されている．

5.3.7 芳香族化合物の利用

BTXに代表される芳香族化合物は，染料，医農薬，洗剤などの有機合成原料としての広範な用途のほかに，日常の生活に欠かせない合成樹脂，合成繊維，合成ゴムなどに導かれている．

A. スチレン

スチレンは，その大部分が合成樹脂や合成ゴムのモノマーとして利用され，日本では年間300万トン(2001年)も製造されている．合成法は，ベンゼンをエチレンでアルキル化してエチルベンゼンにし，これを脱水素してスチレンを得ている．

$$\text{C}_6\text{H}_6 + \text{CH}_2=\text{CH}_2 \xrightarrow{\text{AlCl}_3 \text{触媒}} \text{C}_6\text{H}_5\text{CH}_2\text{CH}_3 \xrightarrow{-\text{H}_2} \text{C}_6\text{H}_5\text{CH}=\text{CH}_2 \tag{5.42}$$

B. クメン法によるフェノール合成

フェノールの製造は，古典的なベンゼンスルホン酸ナトリウムのアルカリ溶融法から，クメン法に置き換わっている．

$$\text{C}_6\text{H}_6 \xrightarrow{\text{H}_2\text{SO}_4} \text{C}_6\text{H}_5\text{SO}_3\text{H} \xrightarrow{\text{NaOH}} \text{C}_6\text{H}_5\text{SO}_3\text{Na} \xrightarrow[\text{加熱}]{-\text{SO}_3} \text{C}_6\text{H}_5\text{ONa} \xrightarrow{-\text{H}_2\text{O}} \text{C}_6\text{H}_5\text{OH} \tag{5.43}$$

クメン法は，まずベンゼンをプロピレンとリン酸または$AlCl_3$触媒を用いて，クメンを収率約95％で合成する．次に，クメンを液相空気酸化により20％程度のクメンヒドロペルオキシドに変換したのち，70～80％程度に濃縮し，これを硫酸で分解してフェノールとアセトンを併産する．

C. テレフタル酸

テレフタル酸(TPA)はポリエチレンテレフタレート(PET)の原料として，当初はおもに繊維として利用されてきたが，近年磁気テープ用フィルム，ボトル用樹脂としてその需要が急速に伸びている．生産量は日本で約190万トン，世界で約1800万トンであるが，その製造量はアジアを中心に年に8％程度増加している．TPAはp-キシレンの液相空気酸化法により製造されている．現在用いられている方法は，p-キシレンを液相で触媒量のCoおよびMn塩と臭素の存在下，空気加圧(1～3 MPa)のもと200℃付近で行われている．この方法はAmoco法とよばれる．酸化反応は逐次的

$$\text{C}_6\text{H}_6 + \text{CH}_2=\text{CHCH}_3 \xrightarrow[65\sim100℃]{\text{加圧下}\atop \text{AlCl}_3\text{触媒}} \text{C}_6\text{H}_5\text{CH(CH}_3\text{)}_2\ (\text{クメン})$$

$$\text{クメン} + \text{O}_2 \xrightarrow[100℃]{\text{数気圧}} \text{クメンヒドロペルオキシド} \qquad (5.44)$$

$$\text{クメンヒドロペルオキシド} \xrightarrow[45\sim75℃]{\text{H}_2\text{SO}_4} \text{フェノール} + \text{CH}_3\text{COCH}_3$$

に進行する．臭素原子がキシレンのメチル基から水素原子を引き抜いて p-メチルベンジルラジカルが生成し，これに酸素が付加してヒドロペルオキシドを生成し，その後レドックス分解を受け p-トリル酸になる．p-トリル酸は同様な反応過程を経て TPA に酸化される．

$$p\text{-キシレン} \xrightarrow[250℃]{\text{Co/Mn/Br触媒}\atop \text{O}_2} p\text{-トリル酸} \longrightarrow \text{TPA} \qquad (5.45)$$

D. 無水フタル酸

　無水フタル酸は，不飽和ポリエステル樹脂，塗料，可塑剤，染料の原料として重要な化合物である．o-キシレンおよびナフタレンの気相酸化により製造されている．反応温度は 360 ℃ 前後で，V_2O_5 と TiO_2 を主成分とする触媒が用いられている．

$$o\text{-キシレン} + 3\text{O}_2 \xrightarrow{\text{V/Ti触媒}} \text{無水フタル酸} + 3\text{H}_2\text{O} \qquad (5.46)$$

$$\text{ナフタレン} + 4.5 O_2 \xrightarrow{\text{V/Ti 触媒}} \text{無水フタル酸} + 2CO_2 + 3H_2O \qquad (5.47)$$

5.3.8 アルデヒドおよびケトンからの誘導体

A. アセトアルデヒドからの誘導体

アセトアルデヒドから多くの有用な合成原料が製造されている．図 5.10 にアセトアルデヒドから誘導される代表的な化合物を示す．これらの誘導体の中で，ペンタエリトリトールはポリエステル樹脂の多価アルコール成分として使われている．酢酸エチルの合成法には，酢酸とエタノールのエステル化反応とアセトアルデヒドの

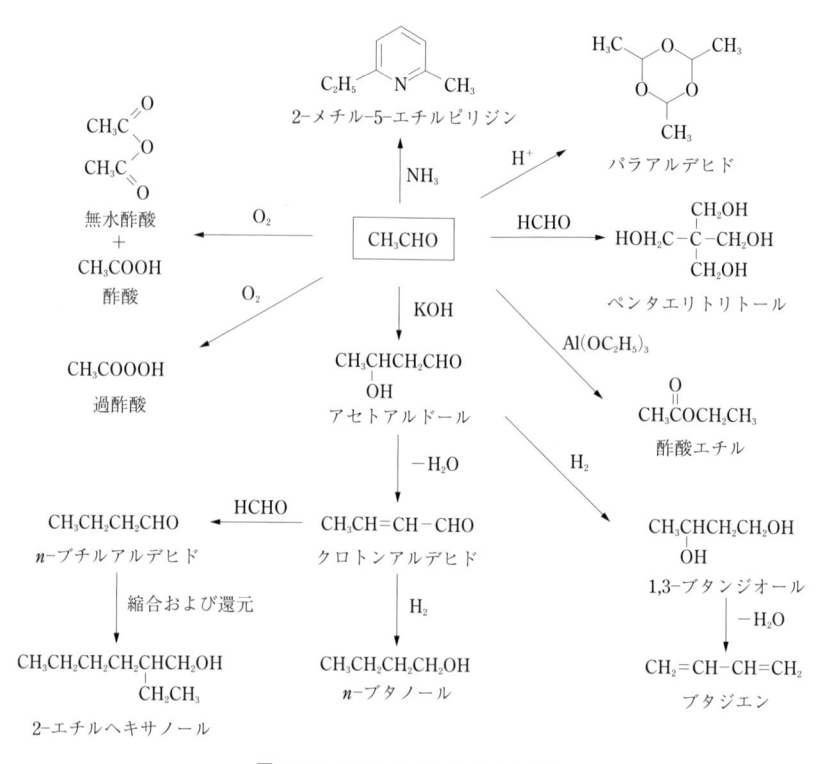

図 5.10 アセトアルデヒドの誘導体.

Tishchenko 反応があるが，日本では後者が採用されている．またクロトンアルデヒドは，アセトアルデヒドのアルドール縮合によって合成されている．

B. ビスフェノール A

ビスフェノール A は，ポリカーボネート樹脂やエポキシ樹脂の原料として使用されており，日本での使用量は年間約 39 万トン前後である．ビスフェノール A は，アセトンとフェノールを塩酸やカチオン性交換樹脂などの酸触媒の存在下で反応させて作られる．

$$\text{CH}_3\text{CCH}_3 + \text{C}_6\text{H}_5\text{OH} \xrightarrow{\text{酸触媒}} \text{HO-C}_6\text{H}_4\text{-C(CH}_3\text{)}_2\text{-C}_6\text{H}_4\text{-OH} \quad (5.48)$$

ビスフェノールA

＝ TS−1 触媒 ＝

TS−1 触媒は典型的な組成として $Ti_{0.02}Si_{0.98}$ をもつチタノシリケートであり，構造は ZSM−5 と同じ骨格を有している．現在，過酸化水素を用いた各種有機化合物の液相酸化反応のすぐれた触媒として用いられている．たとえばフェノールからのヒドロキノンの製造は，ENI 社により工業化されている．また，シクロヘキサノンを過酸化水素とアンモニアと反応させてオキシムが製造されている．この方法は，従来のヒドロキシルアミンを用いる合成法とは異なり，硫酸アンモニウムを副生しない利点がある．不均一触媒を用いる液相酸化反応においては，金属種の液相への溶出が問題となるが，TS−1 では液相への Ti の溶出がない．

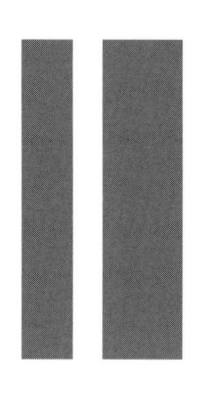

第6章
高分子化学

　フライブルク大学(独)のH. Staudingerが，自然界に巨大な分子(高分子，ポリマー)が存在することを発表すると，当時(1920年代)化学界をリードした有力な化学者達から強い反論を受けた．しかし，彼は勇敢に戦い，自己の主張を科学的に証明した．'30年代には，高分子化学という研究分野は一般に認められるところとなり，彼は1953年にノーベル化学賞を受賞した．その後高分子科学に関する研究で，多くの研究者がノーベル賞を受けることになったが，日本では白川英樹教授が導電性高分子の研究でノーベル化学賞を2000年に受賞した．

　タンパク質，多糖(セルロース，デンプンアミロース，デキストリン)，核酸(遺伝子DNA)など天然の生体高分子は，生命維持のために重要な働きをしている．生命現象は，これら生体高分子の物理化学現象ということもできる．一方，高分子化学の発展に伴い多くの有用な高分子が化学合成されてきたが，有機高分子材料は，無機セラミックスおよび金属材料とともに近代産業を担う三大材料とされている．高分子材料は，エレクトロニクスやバイオテクノロジーなどの先端技術に不可欠な材料として，めざましい発展を遂げてきた．現在，航空宇宙産業に必要な高性能材料としても開発が進んでいる．

6.1
高分子合成

　新しい高分子材料を開発するためには，その分子構造に由来する化学的性質と物理的性質を予測しながら分子設計することになる．ここでは高分子化学工業において，これまで生産されてきた高分子材料の一般的な合成法について，化学反応のタイプにより整理して解説する．

6.1.1 逐次反応重合

高分子（ポリマー）の構成単位が多く結合して巨大な分子を生成することを重合（polymerization）とよぶが，重合反応は大きく2つに分けられ，構成単位（モノマー）が逐次段階的に反応して高分子が徐々に生長していくタイプの重合を，逐次反応重合とよぶ．この重合反応は次のように分類されている．

A. 重 縮 合

これは縮合反応によりモノマーが結合してポリマーを生ずるものである．この反応により，いろいろなポリマーが工業的に合成されている．

a. ポリエステル

ポリエステルは，モノマーがエステル結合により連結されたポリマーである．代表的なものとして，ポリエチレンテレフタレート（polyethylene terephthalate，PET）がある．これはテレフタル酸とエチレングリコールの縮合による「直接重縮合」(6.1)により合成できるが，工業的には生産工程上有利な触媒を用いたエステル交換反応による方法など，さまざまな工夫がなされている．これはペット（PET）ボトルやポリエステル繊維に用いられる．

$$\text{HO-C(=O)-C}_6\text{H}_4\text{-C(=O)-OH} + \text{HO-CH}_2\text{CH}_2\text{-OH} \xrightarrow{-\text{H}_2\text{O}} \text{+C(=O)-C}_6\text{H}_4\text{-C(=O)-O-CH}_2\text{CH}_2\text{-O+}_n \quad (6.1)$$

テレフタル酸　　エチレングリコール　　PET

b. ポリアミド

ポリアミドはアミド結合により連結されたポリマーで，米国の du Pont 社が開発した繊維用のポリアミドはナイロンと名づけられた．これはヘキサメチレンジアミンとアジピン酸を縮合したもので，それぞれの成分の炭素数が6個なのでナイロン 6,6 とよばれている (6.2)．ナイロンには，ほかにもナイロン 6,10 やナイロン 6 (p.142 参照) などがある．

(6.3)式の芳香族ポリアミド（アロマティックポリアミド：アラミド）は高強度のすぐれた性能を有し，スーパーエンジニアリングプラスチックとして，防弾チョッキや航空機材料に用いられる．

$$H_2N-(CH_2)_6-NH_2 + HO-\overset{O}{\underset{}{C}}-(CH_2)_4-\overset{O}{\underset{}{C}}-OH \longrightarrow \begin{matrix} H_3\overset{+}{N}-(CH_2)_6-\overset{+}{N}H_3 \\ O-\overset{O}{\underset{}{C}}-(CH_2)_4-\overset{O}{\underset{}{C}}-O^- \end{matrix} \quad (6.2)$$

ヘキサメチレンジアミン　　アジピン酸　　　　　　　　　　ナイロン塩

$$\xrightarrow{-H_2O} \left[\overset{H}{\underset{}{N}}-(CH_2)_6-\overset{H}{\underset{}{N}}-\overset{O}{\underset{}{C}}-(CH_2)_4-\overset{O}{\underset{}{C}} \right]_n$$

ナイロン6,6

$$H_2N-\langle\!\!\bigcirc\!\!\rangle-NH_2 + Cl-\overset{O}{\underset{}{C}}-\langle\!\!\bigcirc\!\!\rangle-\overset{O}{\underset{}{C}}-Cl \xrightarrow{-HCl} \left[\overset{H}{\underset{}{N}}-\langle\!\!\bigcirc\!\!\rangle-\overset{H}{\underset{}{N}}-\overset{O}{\underset{}{C}}-\langle\!\!\bigcirc\!\!\rangle-\overset{O}{\underset{}{C}} \right]_n \quad (6.3)$$

ケブラー（商品名）

B. 重 付 加

付加反応によるポリマーの生成反応は重付加とよばれる．

a. ポリウレタン

ウレタン結合により連結されているポリウレタンは，基本的にはジイソシアネートとジオールの付加反応により生成するが，それぞれの成分を変えることにより種々のポリウレタンが合成されている(6.4)．

$$O=C=N-R^1-N=C=O + HO-R^2-OH \longrightarrow \left[\overset{O}{\underset{}{C}}-\overset{H}{\underset{}{N}}-R^1-\overset{H}{\underset{}{N}}-\overset{O}{\underset{}{C}}-O-R^2-O \right]_n$$

ジイソシアネート　　　ジオール　　　　　　　　　　ポリウレタン

$$R^1 : -(CH_2)_6-,\ -\langle\!\!\bigcirc\!\!\rangle-CH_2-\langle\!\!\bigcirc\!\!\rangle-,\ -\langle\!\!\bigcirc\!\!\rangle^{CH_3}- \quad (6.4)$$

$$R^2 : -(CH_2)_4-,\ -\left[CH_2CH_2-O-\overset{O}{\underset{}{C}}-\langle\!\!\bigcirc\!\!\rangle-\overset{O}{\underset{}{C}}\right]_n-$$

（分子量 1000 程度）

b. ポリ尿素

ポリウレタンによく似たポリマーとして，同様の付加反応により，尿素結合で連結されたポリ尿素が生成する(6.5)．

$$O=C=N-R^1-N=C=O + H_2N-R^2-NH_2 \longrightarrow \left[\overset{O}{\underset{}{C}}-\overset{H}{\underset{}{N}}-R^1-\overset{H}{\underset{}{N}}-\overset{O}{\underset{}{C}}-\overset{H}{\underset{}{N}}-R^2-\overset{H}{\underset{}{N}} \right]_n \quad (6.5)$$

C. 付加縮合

付加と縮合を繰り返すことにより，高分子鎖が橋かけされた三次元網目構造をもつポリマーが生ずる．これまで述べた線状ポリマーは加熱により軟化する(熱可塑性)の

(6.6)

メラミン樹脂(熱硬化性)

で，高温で成型加工することができ，熱可塑性樹脂という．しかし，ポリマーが生成するとき高分子鎖の間に橋かけが起こる場合には，モノマーの加熱によりポリマーが生成して硬化したものは，再度の加熱により軟化することはない．これを熱硬化性樹脂とよび，高温でも強度を保つことのできる高分子材料となる．

a. メラミン樹脂

プリント配線基板などに用いられる耐熱性のメラミン樹脂は，メラミンとホルムアルデヒドの付加縮合により生成する．反応は(6.6)式のように，ホルムアルデヒドがメラミンに付加してメチロール基が導入され，さらに酸触媒により水分子が脱離しカルボ(炭素)カチオンが生じて分子鎖の橋かけが起こり，硬化反応が進行する．

b. 尿素樹脂

尿素とホルムアルデヒドの同様な付加縮合により，三次元網目構造のポリマーを生ずる(6.7)．

$$
\begin{aligned}
&\mathrm{H_2N-\underset{\underset{O}{\|}}{C}-NH_2} + \mathrm{H-\underset{\underset{O}{\|}}{C}-H} \longrightarrow \mathrm{H_2N-\underset{\underset{O}{\|}}{C}-\underset{H}{N}-CH_2-OH} \\
&\xrightarrow{\text{尿素}} \mathrm{H_2N-\underset{\underset{O}{\|}}{C}-\underset{H}{N}-CH_2-\underset{H}{N}-\underset{\underset{O}{\|}}{C}-NH_2} \Longrightarrow \text{尿素樹脂(硬化性)}
\end{aligned}
\tag{6.7}
$$

c. フェノール樹脂

フェノールとホルムアルデヒドの付加縮合でも熱硬化性樹脂を生ずる．これはフェノール樹脂として広く用いられている．

6.1.2 連鎖反応重合

ポリマーの生成が連鎖反応による場合は，連鎖反応重合という．

A. 付加重合

ビニル基($-\mathrm{CH}=\mathrm{CH_2}$)を有するモノマーが，連鎖反応により付加を繰り返してポリマーを生成する反応を，付加重合という．連鎖反応は次の3段階よりなる．

1) 開始反応：反応系の重合を開始できる活性種 R^* がモノマー M と反応して，活性なモノマー種 M^* が生ずる．

$$\mathrm{R}^* + \mathrm{M} \longrightarrow \mathrm{R-M}^* \quad (\mathrm{M}^*)$$

2) 生長反応：この活性なモノマー種にモノマーがすばやく次々と反応して，活性なポリマー鎖 P^* に生長する．この伸びつつある生長末端は，活性なモノマー構造と

なっているので M* で表されることもあるが，短時間で十分生長してポリマー鎖になるので P* と表すこともある．

$$R-M^* \xrightarrow{M} R-(M)_{n-1}M^* \quad (M^* \text{または} P^*)$$

3）停止反応：活性な生長末端が停止反応により安定なポリマー分子鎖 P となり，生長は停止する．この停止反応はあとで示すように，重合反応のタイプによって異なる．

$$P^* \longrightarrow P$$

連鎖反応重合は以下のようなタイプがある．

a. ラジカル重合

活性な重合開始種が不安定な不対電子をもつフリーラジカル（ラジカルともいう）で，生長末端もフリーラジカルとなる重合をラジカル重合という．開始ラジカル R· は，(6.8)，(6.9)式に示すようなラジカル開始剤とよばれる化合物の分解により生ずる．

$$\text{過酸化ベンゾイル(BPO)} \xrightarrow{\text{熱}} 2\,(R\cdot) \xrightarrow{\text{熱}} (R'\cdot) + CO_2 \tag{6.8}$$

$$\text{アゾビスイソブチロニトリル(AIBN)} \xrightarrow{\text{熱または光}} 2\,(R\cdot) + N_2 \tag{6.9}$$

高分子材料として最も一般的なポリスチレンはラジカル重合によって合成されるが，開始・生長・停止反応は次のようになる．

1）開始反応：

$$R\cdot + CH_2=CH(\text{Ph}) \longrightarrow R-CH_2-\dot{C}H(\text{Ph}) \tag{6.10}$$

2）生長反応：生長反応からわかるように，モノマー M が反応してポリマー分子鎖になる生長中は，分子鎖の末端はラジカルのままである（この場合安定な二級ラジカル）．すなわち，M· に M が反応してまた M· が生ずることになり，反応が連鎖的に進行するので連鎖反応とよばれる．ラジカル重合における停止反応は，生長鎖ラジカルどうしの反応がおもなもので，そのとき 2 とおりの反応が起こる．

$$R-CH_2-\dot{C}H(C_6H_5) \xrightarrow{M} R{\rm -}(CH_2-CH(C_6H_5))_{n-1}{\rm -}CH_2-\dot{C}H(C_6H_5) \quad (6.11)$$

3) 停止反応：再結合は，ラジカルどうしが結合して共有結合により1本の高分子鎖となるが，不均化では，一方の生長末端から水素原子（H・）が他方の末端に移動して2本の高分子鎖が生ずる．

$$\begin{aligned}
&R{\rm -}(CH_2{\rm -}CH(C_6H_5))_{m-1}{\rm -}CH_2{\rm -}\dot{C}H(C_6H_5) + \dot{C}H(C_6H_5){\rm -}CH_2{\rm -}(CH(C_6H_5){\rm -}CH_2)_{n-1}{\rm -}R \\
&\xrightarrow{再結合} R{\rm -}(CH_2{\rm -}CH(C_6H_5))_m{\rm -}(CH(C_6H_5){\rm -}CH_2)_n{\rm -}R \\
&\xrightarrow{不均化} R{\rm -}(CH_2{\rm -}CH(C_6H_5))_{m-1}{\rm -}CH_2{\rm -}CH_2(C_6H_5) + CH(C_6H_5){=}CH{\rm -}(CH(C_6H_5){\rm -}CH_2)_{n-1}{\rm -}R
\end{aligned} \quad (6.12)$$

高分子材料は，加工性など必要な物理的性質を付与するために分子量を調節する．ラジカル重合では生長末端がラジカル種となり，活性が大きいので生長反応は非常に速い．したがって，1本のポリマー鎖が長くなりすぎる場合があり，これを制御する必要が生ずる．分子量の調節には，(6.13)式に示す水素原子の移動が容易なチオール基(−SH)をもつ化合物（分子量調整剤）を用いて，生長を止める．ここで連鎖反応を開始できるラジカルが硫黄原子に移動するので，この分子量調整剤は連鎖移動剤とよばれる．新しく生じた調整剤ラジカルも，重合を開始する(6.14)．

$$\sim\!\!CH_2-\dot{C}H(C_6H_5) + R-SH \xrightarrow{連鎖移動} \sim\!\!CH_2-CH_2(C_6H_5) + R-S\cdot \quad (6.13)$$

$$R-S\cdot + CH_2{=}CH(C_6H_5) \xrightarrow{開始} R-S-CH_2-\dot{C}H(C_6H_5) \quad (6.14)$$

ラジカル重合する一般的なモノマーとしては，スチレンのほかに次のようなモノマーがある．

塩化ビニル(VC)　　酢酸ビニル(VAc)　　メタクリル酸メチル(MMA)

b. アニオン重合

アニオン(陰イオン)がモノマーに付加して重合が開始され，生長末端がカルバニオン(炭素アニオン)になる場合は，アニオン重合という．アクリロニトリルのような電子を引き寄せる性質のあるシアノ基($-C\equiv N$)をもつモノマーは，二重結合がプラスに偏るのでアニオン重合に適している．重合開始にはさまざまなアニオンが検討されているが，簡単なものとしては(6.15)〜(6.17)式のようなものがある．

$$K + NH_3 \longrightarrow \overset{+\ -}{K}NH_2 + 1/2\,H_2 \tag{6.15}$$

1) 開始反応：

$$H_2N^- + CH_2=CH\underset{C\equiv N}{|} \longrightarrow H_2N-CH_2-\overset{-}{C}H\underset{C\equiv N}{|} \tag{6.16}$$

アクリロニトリル(AN)

2) 生長反応：

$$H_2N-CH_2-\overset{-}{C}H\underset{C\equiv N}{|} \xrightarrow{M} H_2N\!\!-\!\!\left(CH_2-CH\underset{C\equiv N}{|}\right)_{\!\!n-1}\!\!\!CH_2-\overset{-}{C}H\underset{C\equiv N}{|} \tag{6.17}$$

アニオン重合では，ラジカル重合のような生長末端どうしの反応による重合停止は起こらない．しかし，微量な水分子が存在すると，生長末端のカルバニオン(炭素アニオン)へ水素イオンが移動して停止が起こる(6.18)．この二級カルバニオンはニトリル基で共鳴安定化を受けている．

$$H_2N\!\!-\!\!\left(CH_2-CH\underset{C\equiv N}{|}\right)_{\!\!n-1}\!\!\!CH_2-\overset{-}{C}H\underset{C\equiv N}{|} + H-O-H$$

$$\xrightarrow{H^+移動} H_2N\!\!-\!\!\left(CH_2-CH\underset{C\equiv N}{|}\right)_{\!\!n-1}\!\!\!CH_2-CH_2\underset{C\equiv N}{|} + OH^- \tag{6.18}$$

ポリアクリロニトリル(PAN)

3) 停止反応：水分子が多いとすぐに停止が起こるので，ポリマーは生成しない．他の水素イオンを放つことのできる不純物が存在しても，同じ反応が起こる．アニオン重合においては，そのような不純物を注意深く除いておくと，生長末端はアニオンのままでいることができるので活性は失われない．これを生長末端が「生きている(living)」といい，リビング重合とよぶ．この反応混合物に新たにモノマーを加えると，さらにポリマー鎖の生長は続く．

c. カチオン重合

カチオン（陽イオン）がモノマーに付加して重合が開始され，生長末端がカルボカチオン（炭素カチオン）になる場合は，カチオン重合という．ビニルエーテルのような電子を押し出す性質を有する基をもつモノマーは，この重合に適している．アニオン重合性のモノマーとは反対に，置換基の電子供与性により二重結合がマイナスに偏り，カチオンの付加が容易になるからである．

最も一般的なカチオン重合開始剤としては，三フッ化ホウ素のような化合物と少量の水との組合せが用いられる．生じた水素イオンがモノマーに付加して重合が開始される．

$$H-O-H + BF_3 \rightleftarrows H^+[HOBF_3]^- \tag{6.19}$$

1) 開始反応：

$$H^+ + CH_2=CH(O-CH_3) \longrightarrow H-CH_2-\overset{+}{CH}(O-CH_3) \tag{6.20}$$

メチルビニルエーテル

2) 生長反応：

$$H-CH_2-\overset{+}{CH}(O-CH_3) \xrightarrow{M} H-(CH_2-CH(O-CH_3))_n-CH_2-\overset{+}{CH}(OCH_3) \tag{6.21}$$

停止は生長末端のカルボカチオンへアニオンが移動することにより起こるが，近くにいる対アニオンからの移動が可能である．この二級カルボカチオンは，隣の酸素の不対電子により共鳴安定化を受けている．

3) 停止反応：

$$H-(CH_2-CH(O-CH_3))-CH_2-\overset{+}{CH}(O-CH_3) \quad HOBF_3 \longrightarrow H-(CH_2-CH(O-CH_3))_{n-1}-CH_2-CH(O-CH_3)-OH + BF_3 \tag{6.22}$$

これらの反応式からわかるように，水分子が多く存在すると開始も多くなるが，水分子からの水酸イオンの移動による停止も多くなる．これは水により分子量を調節できることを意味する．一方，生長末端から水素イオンがモノマーへ移動することもできるので(6.23)，分子量の調節には工夫が必要となる．

$$
\begin{aligned}
&\text{H}\!-\!(\text{CH}_2\!-\!\text{CH})_{n-1}\!-\!\text{CH}_2\!-\!\overset{+}{\text{CH}} \quad + \quad \text{CH}_2\!=\!\text{CH} \\
&\qquad\quad |\qquad\qquad\qquad |\qquad\qquad\qquad\quad\; | \\
&\qquad \text{O}\!-\!\text{CH}_3 \qquad\quad \text{O}\!-\!\text{CH}_3 \qquad\;\; \text{O}\!-\!\text{CH}_3 \\
&\xrightarrow{\text{H}^+\text{移動}} \text{H}\!-\!(\text{CH}_2\!-\!\text{CH})_{n-1}\!-\!\text{CH}\!=\!\text{CH} \; + \; \text{H}\!-\!\text{CH}_2\!-\!\overset{+}{\text{CH}} \\
&\qquad\qquad\qquad\qquad |\qquad\qquad\qquad |\qquad\qquad\qquad\quad |\\
&\qquad\qquad\qquad\;\; \text{O}\!-\!\text{CH}_3 \quad\; \text{O}\!-\!\text{CH}_3 \qquad\quad \text{O}\!-\!\text{CH}_3
\end{aligned} \tag{6.23}
$$

B. 開環重合

酸素や窒素などのヘテロ原子(炭素と異なる原子)を含む環状化合物は，結合が切れて開環しやすいので，これを利用して重合することができる(環の歪みの効果)．

a. エチレンオキシドの重合

エチレンオキシドの開環重合は，カチオンまたはアニオン触媒により進行する．カチオン触媒により開始される場合は，2とおりの生長が考えられる．

1) カルボカチオン生長：

$$
\begin{aligned}
\text{H}^+[\text{HOBF}_3]^- + \underset{\substack{|\\\text{O}}}{\overset{\text{CH}_2\!-\!\text{CH}_2}{\diagup}} &\longrightarrow \underset{\substack{|\\\text{H}}}{\overset{\text{CH}_2\!-\!\text{CH}_2}{\overset{+}{\text{O}}}} [\text{HOBF}_3]^- \longrightarrow \text{HO}\!-\!\text{CH}_2\overset{+}{\text{CH}_2} \;[\text{HOBF}_3]^- \\
&\xrightarrow{\;\text{M}\;} \text{H}\!-\!(\text{O}\!-\!\text{CH}_2\text{CH}_2)_{n-1}\!-\!\text{O}\!-\!\text{CH}_2\overset{+}{\text{CH}_2} \;[\text{HOBF}_3]^- \\
&\xrightarrow{\text{OH}^-} \text{H}\!-\!(\text{O}\!-\!\text{CH}_2\text{CH}_2)_n\text{OH} + \text{BF}_3 \\
&\qquad\qquad\text{ポリエチレンオキシド(PEO)}
\end{aligned} \tag{6.24}
$$

エチレンオキシド

2) オキソニウムイオン生長：一般にオキソニウムイオン生長で重合が進行するとされており，生成するポリエチレンオキシド(PEO)は，水にもベンゼンのような有機溶媒にも溶解する両親媒性のポリマーで，応用範囲の広い高分子材料である．水酸

$$
\begin{aligned}
\text{H}^+[\text{HOBF}_3]^- + \text{O}\overset{\text{CH}_2}{\underset{\text{CH}_2}{\diagup}} &\longrightarrow \text{H}\!-\!\overset{+}{\text{O}}\overset{\text{CH}_2}{\underset{\text{CH}_2}{\diagup}} \longrightarrow \text{HO}\!-\!\text{CH}_2\text{CH}_2\!-\!\text{O}\overset{\text{CH}_2}{\underset{\text{CH}_2}{\diagup}} \\
&\quad [\text{HOBF}_3]^- \qquad\qquad\qquad [\text{HOBF}_3]^- \\
\xrightarrow{\;\text{M}\;} \text{H}\!-\!(\text{O}\!-\!\text{CH}_2\text{CH}_2)_n\!-\!\overset{+}{\text{O}}&\overset{\text{CH}_2}{\underset{\text{CH}_2}{\diagup}} [\text{HOBF}_3]^- \xrightarrow{\text{OH}^-} \text{H}\!-\!(\text{O}\!-\!\text{CH}_2\text{CH}_2)_n\text{OH} + \text{BF}_3
\end{aligned} \tag{6.25}
$$

化ナトリウムのような塩基性触媒を用いると，生長末端はオキシドアニオンとなり，逐次反応重合の特徴を示す．

b. ε-カプロラクタムの重合

水素化ナトリウムのような強塩基を用いて ε-カプロラクタムを開環重合すると，反応は連鎖的に進行してナイロン6が得られる(6.26)．

$$\underset{\varepsilon-カプロラクタム}{\begin{array}{c}CH_2-CH_2\\CH_2\quad C=O\\CH_2\quad NH\\CH_2\end{array}} \xrightarrow{Na^+H^-} \underset{ナイロン6}{\left[\begin{array}{c}H\quad O\\|\quad\|\\N-(CH_2)_5-C\end{array}\right]_n} \tag{6.26}$$

反応は，ヒドリドアニオン(H^-)によるラクタムアミド水素の引き抜きにより生ずるモノマーアニオンが，ほかのラクタムモノマーのカルボニル炭素を求核攻撃することにより開始される．生長も通常の開環重合とは異なる複雑なものとなる．しかし，少量の水が存在すると，高温(250℃)でラクタムの加水分解により生ずる ε-アミノ酸が生じ，これが逐次反応的に重縮合してナイロン6が生ずる(6.27)．

$$\begin{array}{c}CH_2-CH_2\\CH_2\quad C=O\\CH_2\quad N-H\\CH_2\end{array} \xrightarrow{+H_2O} \underset{(M_1)}{H_2N-(CH_2)_5-\overset{O}{\overset{\|}{C}}-OH}$$

$$\xrightarrow{M} \underset{(M_2)}{H_2N-(CH_2)_5-\overset{O}{\overset{\|}{C}}-\overset{H}{\overset{|}{N}}-(CH_2)_5-\overset{O}{\overset{\|}{C}}-OH} \tag{6.27}$$

$$(M_m)+(M_n)\xrightarrow{-H_2O}\underset{ナイロン6}{(M_{m+n})}$$

C. 配位重合

ポリエチレン(PE)はエチレンのラジカル重合により合成できるが，高圧下高温で重合するので分岐の多い低密度ポリマーとなる．ところが K. Ziegler が開発した金属触媒を用いると，比較的低温低圧下で，分岐の少ない物理的性質のすぐれた高密度ポリエチレン(high density polyethylene, HDPE)が得られる．

$$CH_2=CH_2 \xrightarrow{TiCl_4/Al(C_2H_5)_3} \underset{HDPE}{-(CH_2-CH_2)_n-} \tag{6.28}$$

G. Natta はこの触媒を用いてプロピレンを重合し，立体規則構造により実用に供せ

られるポリプロピロピレン(PP)を合成した．その功績により，2人は1963年にノーベル化学賞を受賞した．反応機構についてはまだ完全に解明されたとはいえないが，(6.29)式のように，解媒金属への配位により重合が進行すると推定されている．

$$
\begin{array}{c}
CH_3-CH=CH_2 \\
\quad \quad \quad \quad Cl \\
CH_3CH_2-Ti-Cl \\
\quad \quad \quad Cl \quad Cl
\end{array}
\xrightarrow{M}
\begin{array}{c}
CH_3-CH=CH_2 \\
\quad \quad \quad \quad Cl \\
CH_3-CH_2-CH-Ti-Cl \\
\quad \quad \quad CH_3 \quad Cl \quad Cl
\end{array}
\xrightarrow{M}
CH_3-CH_2\underset{CH_3}{(CH-CH_2)_{n-1}}\underset{CH_3}{CH}-CH_2-\underset{Cl \quad Cl}{\overset{Cl}{Ti}}-Cl
\quad (6.29)
$$

6.1.3 共　重　合

すぐれた性質を有する高分子を合成するために，共重合の手法がとられる．これは2種以上のモノマーを組み合わせて重合するもので，共重合体(コポリマー)には次のようなタイプがある．グラフト (graft) はつぎ木のことである．

1) 交互共重合体　　　　$-M_1-M_2-M_1-M_2-M_1-M_2-M_1-M_2-$

2) ブロック共重合体　　$[M_1-M_1-M_1-M_1]\![M_2-M_2-M_2-M_2]$

3) ランダム共重合体　　$-M_1-M_1-M_2-M_1-M_2-M_2-M_1-M_2-$

4) グラフト共重合体　　$-M_1-M_1-M_1-M_1-M_1-M_1-M_1-$
$\quad\quad\quad\quad\quad\quad\quad\quad\quad\quad\quad\quad |\quad\quad\quad\quad |$
$\quad\quad\quad\quad\quad\quad\quad\quad\quad\quad\quad\quad M_2\quad\quad\quad M_2$
$\quad\quad\quad\quad\quad\quad\quad\quad\quad\quad\quad\quad |\quad\quad\quad\quad |$
$\quad\quad\quad\quad\quad\quad\quad\quad\quad\quad\quad\quad M_2\quad\quad\quad M_2$
$\quad\quad\quad\quad\quad\quad\quad\quad\quad\quad\quad\quad |\quad\quad\quad\quad |$
$\quad\quad\quad\quad\quad\quad\quad\quad\quad\quad\quad\quad M_2\quad\quad\quad M_2$

A. アクリロニトリル-スチレンランダム共重合体

ラジカル重合によるランダム共重合体としては，アクリロニトリル(A)とスチレン(S)のコポリマーが，AS樹脂として製造されている(6.30)．ポリスチレンは80℃以上で軟化するので，ポリスチレンコップに熱湯を注ぐことはできない．しかし，AS樹脂のコップは90度以上の熱湯を注いでも軟化して変形することはなく，耐熱性ポリスチレンとして用いられる．

$$
\underset{C\equiv N}{CH_2=CH} + \underset{\phi}{CH_2=CH} \xrightarrow{R\cdot} \underset{C\equiv N}{(CH_2-CH)_x}\underset{\phi}{(CH_2-CH)_y} \quad (6.30)
$$

B. ポリブタジエン-スチレングラフト共重合体

ポリブタジエンをスチレンに溶解してスチレンを重合すると,ポリブタジエンが相分離したグラフトコポリマーが得られる(6.31).このポリブタジエンゴム相が衝撃を吸収するので,耐衝撃性ポリスチレンとして市販されている.

$$\text{+CH}_2\text{-CH=CH-CH}_2\text{+}_x + \text{CH}_2\text{=CH-C}_6\text{H}_5 \xrightarrow{R\cdot} \text{+CH}_2\text{-CH=CH-CH}_2\text{+}_{x-y}\text{+CH}_2\text{-CH-CH-CH+}_y\text{+CH}_2\text{-CH(C}_6\text{H}_5)\text{+}_n \quad (6.31)$$

C. アクリロニトリル-ブタジエン-スチレン三元共重合体

アクリロニトリル(A),ブタジエン(B),スチレン(S)を組み合わせた三元コポリマーはきわめて耐衝撃性にすぐれており,ABS樹脂として広く実用に供されている.この3種のモノマーの組合せは実に多様で,たとえば1種のモノマーからなるポリマー(ホモポリマー)の存在下でほかの2種のモノマーを共重合する(グラフト共重合-ランダム共重合)など,実用目的のために特許の制約を避けながら,企業は多くのデータを畜積してきた.

共重合は,異種のポリマーを混合するポリマーアロイ(高分子合金)における相溶性の改善や,ポリマー中の異種セグメントのミクロ相分離(異種ポリマーが固相でミクロな2相に分離すること)による物性の変化など,実用目的を離れても物理学的に興味深い.

6.1.4 高分子反応

高分子反応というとき,広い意味では高分子が関与する反応,たとえば高分子触媒による化学反応なども含まれるが,ここでは高分子材料の合成という観点から,高分子自体の化学反応による分子構造の変換について述べる.化学産業に汎用されるポリビニルアルコール(ポバール)は,ポリ酢酸ビニルの酸触媒加水分解により製造される

$$\text{+CH}_2\text{-CH(O-CO-CH}_3)\text{+}_n + H_2O \xrightarrow{H^+} \text{+CH}_2\text{-CH(OH)+} + CH_3COOH \quad (6.32)$$

(ポリ酢酸ビニル)

(6.32)．これは，モノマーとなるビニルアルコールが安定に存在せず，互変異性化平衡がアセトアルデヒド側に偏っており(6.33)，モノマーの重合による直接合成ができないためである．

$$\underset{\displaystyle |\atop \displaystyle OH}{CH_2=CH} \rightleftarrows \underset{\displaystyle \|\atop \displaystyle O}{CH_3-C}-H \qquad (6.33)$$

このように，高分子反応によりすでに合成されているポリマーに機能性基を導入して，6.3節で述べる機能性高分子材料を作ることができる．たとえば，報告されたポリスチレンの高分子反応による変換の一部を(6.34)式に示したが，多様な官能基をポリマーに導入することが可能である．そしてこれらは機能性高分子として用いることができる．

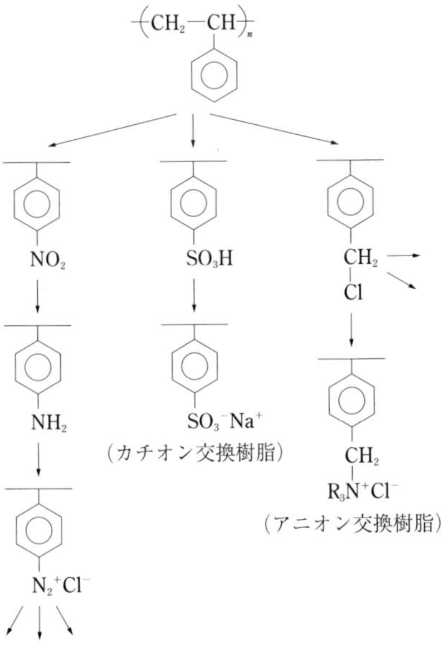

$-(CH_2-CH)_n-$
NO_2
SO_3H
CH_2
Cl
NH_2
$SO_3^-Na^+$
(カチオン交換樹脂)
CH_2
$R_3N^+Cl^-$
(アニオン交換樹脂)
$N_2^+Cl^-$

(6.34)

前述のポリビニルアルコールは，ホルムアルデヒドと反応してポリビニルホルマールを生ずる(6.35)．これは日本で開発された合成繊維材料であり，工業化されてビニロンと名づけられた．

(6.36)式のように，ホルムアルデヒドの代わりにブチルアルデヒドを用いるとポリビニルブチラールが生ずる．これはゴム状の透明フィルムとなるので，自動車の複層フロントガラスの間にはさんで，安全ガラス(事故でガラスが破損しても人を傷つけ

$$\text{PVA} + \text{H}-\overset{\text{O}}{\text{C}}-\text{H} \xrightarrow{\text{H}^+} \text{ポリビニルホルマール} \tag{6.35}$$

$$\text{PVA} + \text{H}-\overset{\text{O}}{\text{C}}-\text{CH}_2\text{CH}_3 \xrightarrow{\text{H}^+} \text{ポリビニルブチラール} \tag{6.36}$$

にくい)の中間膜として用いられている.

高分子の分子内反応により,全く違った材料に変換できるものもある.ポリアクリロニトリルを高温で処理して炭素繊維(カーボンファイバー)を作ることができる(6.37).これはきわめて耐熱性にすぐれ軽いので,高強度高弾性の材料として,ジャンボ機やスペースシャトルの構造材に用いられるなど,航空宇宙産業に不可欠のものである.この炭素繊維はポリアクリロニトリル(PAN)を原料としているので,PAN(パン)系炭素繊維とよばれるが,ほかにもコールタールピッチや石油ピッチを原料とするピッチ系の製品もある.

$$\xrightarrow{\text{熱}} \xrightarrow{\text{熱}} \text{炭素繊維} \tag{6.37}$$

6.2
高分子材料

高分子材料はプラスチック,繊維,ゴム,接着剤など多様な製品として,日常の生活に広く用いられている.一方,さまざまに工夫された高分子材料が,家電製品や自動車などの構成素材としても日常の生活に深くかかわっている.さらに,6.3節で述べるようにエレクトロニクス材料など直接目に触れないところでも用いられ,また航空機の材料としても欠くことができない.以下,材料の工業生産に着目して,重合方式により分類し解説する.

6.2.1 プラスチック

ポリ塩化ビニル，ポリスチレン，ポリメタクリル酸メチルなどの汎用プラスチックは，日用品など多くの製品に用いられているが，これらは加工性もよく，また安価で

リビングラジカル重合

　リビング重合とは，生長するポリマーの活性末端が停止反応により「死ぬ」ことなしに，「生きていて」生長を続ける重合反応である．これはアニオン重合で研究され，さらにカチオン重合でもリビング重合が可能なことが見いだされた．しかし，ラジカル重合では生長するラジカル末端どうしの反応により生長は停止するので，リビング重合は困難であった．ところが，原子移動重合(atom transfer radical polymerization, ATRP)と名づけられた重合反応が見いだされ，ラジカル重合においてもリビング重合が可能になった．

　一例を示すが，ここでは臭素原子が生長末端と銅の間を可逆的に移動することにより，生長末端ラジカルどうしの停止反応が抑制され，ポリマーのラジカル末端は生き続けて生長できることになる．リビング重合を用いると，分子量分布の狭いポリマーを分子量をコントロールしながら合成できる．さらに第1のモノマーの重合が終了後，第2のモノマーを反応させることにより，ブロック共重合体(6.1.3 参照)を合成することができる．工業的にはラジカル重合によりポリマーを合成することが多いので，リビングラジカル重合により生成ポリマーの物性を制御できることは非常に有用とみなされている．

$$R-Br + Cu^{I}Br \xrightleftharpoons{bipy} R\cdot + Cu^{II}Br_2$$

(R : C$_6$H$_5$-CH(CH$_3$)-,　bipy : 2,2'-bipyridyl)

$$CH_2=CH(C_6H_5) \longrightarrow R-CH_2-\dot{C}H(C_6H_5) + Cu^{II}Br_2 \rightleftharpoons R-CH_2-CH(Br)(C_6H_5) + Cu^{I}Br$$

$$CH_2=CH(C_6H_5) \rightleftharpoons R-(CH_2-CH(C_6H_5))_n-CH_2-\dot{C}H(C_6H_5) + Cu^{II}Br_2$$

リビングポリマー

ある．一般的な汎用プラスチックを表 6.1 に示す．これら高分子は 6.1.2 項で述べたラジカル重合によって合成されるが，工業的な合成プロセスは，製品に仕上げる目的によって異なる．次のような重合方法により高分子材料は合成されるが，ほかにも特殊な重合プロセスが実用化されている．

表 6.1 汎用プラスチックの例

構造式	名称
$-(CH_2-CH_2)_n-$	ポリエチレン（PE）
$-(CH_2-CH(CH_3))_n-$	ポリプロピレン（PP）
$-(CH_2-CH(Cl))_n-$	ポリ塩化ビニル（PVC）
$-(CH_2-CH(C\equiv N))_n-$	ポリアクリロニトリル（PAN）
$-(CH_2-CH(O-CO-CH_3))_n-$	ポリ酢酸ビニル（PVAc）
$-(CH_2-C(CH_3)(CO-O-CH_3))_n-$	ポリメタクリル酸メチル（PMMA）
$-(CH_2-CH(C_6H_5))_n-$	ポリスチレン（PSt）

A. 塊状重合

　液状モノマーをそのまま重合して固体状(塊状)ポリマーとするので，この名がつけられている．重合開始剤を用いる重合のほか，熱や光だけで重合する方法もあり，その場合は開始剤断片などの不純物を含まないので，すぐれた材料が得られる．この方法でメタクリル酸メチル（MMA）を重合して，ポリメタクリル酸メチル（PMMA）の有機ガラスを作ることができる．スチレンを重合して直接成型加工用のポリスチレンペレットを製造するときにも装置内で塊状重合を行うが，重合反応熱の除去に工夫が必要となる．

B. 溶液重合

　モノマーと生成ポリマーを，ともに溶解する溶媒中で重合する方法である．重合反

応が均一系で進行して重合反応熱の除去も容易なので，反応を制御しやすい．したがって，実験室で重合反応を詳しく解析する際にしばしば用いられる．しかし，溶媒を回収して固体ポリマーを得るのが容易ではない場合が多く，ポリマー溶液をそのまま接着剤として使用する場合などを除き，この重合方法が工業的に採用されることは少ない．

C. 乳化重合

水に洗剤のような乳化剤を溶かしておき，水に不溶の油性モノマーを加えて撹拌すると乳濁液となる．これは，洗剤のミセル(分子集合体)中にモノマーが溶け込んでいるもので，水溶性のラジカル発生剤から生じた重合開始ラジカルがミセル内に入り込み，モノマーの重合が開始される．大部分のモノマーは乳化剤により微小油滴を形成しているが(油滴粒径は可視光の波長より大きいので散乱により乳濁して見える)，ここからミセル中にモノマーが移り重合が進行する．このようにして，生成ポリマーの乳濁液(エマルジョン，ラテックス)が得られ，これはそのまま塗料あるいは接着剤として用いられる．このエマルジョンからポリマーを分離するには，硫酸アルミニウムなどの塩を加えて，塩析により粉状ポリマーを得ることができる．特殊な方法としてソープフリー乳化重合法があり，この方法を用いると，不純物としての乳化剤を含まないポリマーが得られる．

D. 懸濁重合

ポリビニルアルコールのような水溶性の懸濁安定剤を水に溶かしておき，液状モノマーを加えて撹拌すると，モノマーの微小油滴が水中に懸濁したいわゆる懸濁液となる．モノマーに油溶性の重合開始剤を加えておくと，モノマー油滴が塊状重合して $10 \sim 500 \, \mu m$ 程度のポリマー微粒子となる．この微粒形状のポリマーは，多様な機能性高分子材料に用いられる．

E. 分散重合

溶媒に溶けていたモノマーが重合し，不溶性のポリマーが生成するとき，重合の進行に伴いポリマー微粒子が析出するようにできる．この方法を用いると，粒子径が $1 \, \mu m$ 以下で径の揃ったポリマー微粒子を作ることができるので，さまざまな応用が研究されている．

ほかにもシード重合とよばれる方法もある．あらかじめ用意した径の揃ったポリマー微粒子を種(シード)としてモノマーを吸収させ，これを重合すると粒子径が増大し，径の揃った比較的大きなポリマー粒子が得られる．一方，コストは日用品などに用いられる汎用プラスチックより高くなるが，特殊な目的に用いるため性能のすぐれたプラスチックが求められている．そのためエンジニアリングプラスチック(エンプラ)とよばれる高性能プラスチックが開発された．繊維用として開発されたナイロン

6　高分子化学

6,6 も，すぐれた機械的性質を生かしてプラスチック歯車などに用いられており，ほかにもいろいろなタイプのエンプラが自動車部品や工業材料として用いられている．エンプラの例を表 6.2 に示す．

表 6.2　エンジニアリングプラスチックの例

構造式	名称
$\left[\mathrm{N(CH_2)_6}\underset{H}{N}\underset{H}{C}(CH_2)_4\underset{O}{C}\right]_n$	ナイロン 66
$\mathrm{+CH_2-O+}_n$	ポリアセタール（ポリオキシメチレン，POM）
$\mathrm{+C-\bigcirc-C-O-CH_2CH_2-O+}_n$	ポリエチレンテレフタレート（PET）
$\mathrm{+O-\bigcirc-C(CH_3)_2-\bigcirc-O-C+}_n$	ポリカーボネート（PC）

使用目的によってはさらに高性能のプラスチックが要求される．すぐれた耐熱性を有し（たとえば 150℃ 以上で連続使用可能），機械的強度もきわめてすぐれたスーパーエンジニアリングプラスチック（スーパーエンプラ）も開発されている．その例を表 6.3 に示す．

6.2.2　繊　　維

繊維は衣服の材料として用いられてきたが，一方，産業用材料としても多く用いられるようになり，ゴムタイヤに埋め込んで強化材としても用いられている．

A. 衣料用繊維

人類が衣服をまとうようになって，植物や動物由来の綿，麻，羊毛，絹などの天然繊維が用いられた．化学が進歩すると，セルロースなどの天然繊維を化学処理して再生繊維とするレーヨンやアセテートなどの製造が，化学工業の重要な分野となった．その後さらに発展し，すぐれた合成繊維が開発されるに至った．衣料用の合成繊維としてはすでに述べたナイロン，ポリエステル，アクリル（ポリアクリロニトリル）などがある．

合成繊維は加工しやすく強度面ですぐれているが，肌ざわりや吸湿性など，衣料に用いるときには天然繊維に劣る場合もある．そこでさまざまに工夫がなされ，天然繊維と合成繊維の長所をあわせもつ材料が研究されてきた．分子構造だけでなく，繊維

表 6.3 スーパーエンジニアリングプラスチックの例

構造式	名称
ポリ(m-フェニレンフタルイミド)構造	ポリ(m-フェニレンフタルイミド) (メタ系アラミド)
PEEK構造	ポリエーテルエーテルケトン(PEEK,ピークとよばれる)
PES構造	ポリエーテルスルホン(PES,ペスとよばれる)
PI構造	ポリイミド(PI)
PAI構造	ポリアミドイミド(PAI) (ポリエーテルアミドイミド)
PPO構造	ポリフェニレンオキシド(PPO)
PPS構造	ポリフェニレンスルフィド(PPS)

に加工するときのプロセスを改良して物理構造を変えることにより,天然繊維がもつ以上の性質を合成繊維に付与する試みがなされている.

a. 弾性繊維

伸び縮みする繊維で,これはハードセグメントとソフトセグメントをブロック共重合(6.1.3 参照)することにより作られ,スパンデックスと名づけられている.

b. 吸湿性繊維

一般に,合成繊維は綿や麻などに比べ吸湿性が劣るので,汗をかいたときに肌ざわりが快適ではない.そこで,ポリエステルを $0.1 \sim 0.3 \, \mu m$ 程度の微細孔を有する中

空糸にすると，吸汗性のすぐれた風合いのよい繊維となる．

c. 極細繊維

人工皮革やスエードに用いるため，径が $1\,\mu\mathrm{m}$ 以下の細い繊維が開発され，外見も美しい天然繊維に劣らない，衣料品として高品位の製品が作られている．

B. 産業用繊維

ナイロンなどのポリアミドおよびポリエステル繊維は，ゴムタイヤの補強用コードなど一般産業用としても多く用いられている．(6.29)式に示したPPはロープとして用いられ，カーペットの製造などにも用いられる．表6.1，6.2に示した高分子は，繊維化することによりそれぞれ目的に合った用途が開拓されている．表6.3のスーパーエンプラも，繊維化され特殊な目的に用いられる．メタ系アラミドのほかに(6.38)，(6.39)式のパラ系アラミドも製造されており，きわめて高強度の繊維が得られた．その軽くて強い特性が生かされて，航空機の材料や防弾チョッキなどにも用いられる．

$$\mathrm{H_3N^+}\!\!-\!\!\bigcirc\!\!-\!\!\overset{\mathrm{O}}{\underset{}{\mathrm{C}}}\!\!-\!\!\mathrm{Cl} \xrightarrow{-\mathrm{HCl}} \left(\!\!\overset{\mathrm{H}}{\underset{}{\mathrm{N}}}\!\!-\!\!\bigcirc\!\!-\!\!\overset{\mathrm{O}}{\underset{}{\mathrm{C}}}\!\!\right)_{\!\!n} \tag{6.38}$$

ポリベンゾアミド(PBA)

$$\mathrm{H_2N}\!\!-\!\!\bigcirc\!\!-\!\!\mathrm{NH_2} + \mathrm{Cl}\!\!-\!\!\overset{\mathrm{O}}{\underset{}{\mathrm{C}}}\!\!-\!\!\bigcirc\!\!-\!\!\overset{\mathrm{O}}{\underset{}{\mathrm{C}}}\!\!-\!\!\mathrm{Cl}$$
$$\xrightarrow{-\mathrm{HCl}} \left(\!\!\overset{\mathrm{H}}{\underset{}{\mathrm{N}}}\!\!-\!\!\bigcirc\!\!-\!\!\overset{\mathrm{H}}{\underset{}{\mathrm{N}}}\!\!-\!\!\overset{\mathrm{O}}{\underset{}{\mathrm{C}}}\!\!-\!\!\bigcirc\!\!-\!\!\overset{\mathrm{O}}{\underset{}{\mathrm{C}}}\!\!\right)_{\!\!n} \tag{6.39}$$

ポリ(p-フェニレンテレフタルアミド)(PPTA)

両者は同程度の性質を有するが，PPTAのほうが高分子量体を得やすく繊維に用いられている．通常の溶剤には不溶で繊維化が困難であったが，du Pont社の研究者が液晶紡糸の方法を見いだして繊維化に成功した．この方法は，濃硫酸にこのポリマーを溶かすとリオトロピック液晶(7.5節参照)となり，これを細孔ノズルから水中へ吐出することにより繊維とするものである．有機ポリマーを濃硫酸に溶かすと分解してしまうと考えるのが普通で，この発想の転換はすばらしいものである．液晶中では分子が配向しており，その配向を保ちながら繊維化するので，きわめて高強度な繊維が得られることになる．表6.3のエンプラ以外にも，ポリベンゾイミダゾールやポリベンゾオキサゾールなどの複素環をもつ耐熱性のすぐれた高強度繊維が開発されている．

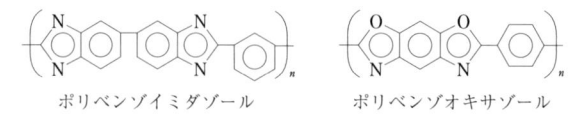

ポリベンゾイミダゾール　　ポリベンゾオキサゾール

6.2.3 ゴ　ム

高分子(ポリマー，ハイポリマー，マクロモレキュル)とよばれる巨大な分子の存在が推定されるきっかけとなったのは，天然ゴムの研究に端を発している．天然ゴムはゴムの木の樹液(ラテックス)から得られ，イソプレンの重合体であるポリ(シス-1,4-イソプレン)である．

$$-(CH_2-CH=\underset{\underset{CH_3}{|}}{C}-CH_2)_n-$$

ポリ(シス-1,4-イソプレン)

これは酵素の触媒作用による複雑な生体内反応によりできるもので，イソプレンモノマーが直接重合したものではない．ゴムが弾性材料として実用化されたのは，硫黄による高分子鎖間の橋かけ(加硫)が発見され，可逆的に弾性変形するというゴムの特質が，実用上きわめて有用であることがわかったからである．この伸び縮みする弾性は高分子に特有なもので，そのような材料は，伸縮性(elastic)のものという意味でエラストマーとよばれる．

A. 熱可塑性エラストマー

伸び縮みするエラストマーを作るには，先に述べたように高分子鎖間の橋かけが必要である．したがって，ゴム製品に仕上げるにはこの橋かけ反応を伴う成型が必要となる．この橋かけが完了すればその形を保つ弾性体となるので，さらに成型加工により変形することはできない．ところが，ブロック共重合体(6.1.3参照)を用いると，加熱成型加工できる熱可塑性エラストマーを作ることができる．例として，(6.40)式に示すスチレン(S)-ブタジエン(B)-スチレン(S)三元共重合体(SBS)をあげることが

$$\begin{aligned}
&Li^+R^- + CH_2=CH-C_6H_5 \longrightarrow R-(CH_2-CH(C_6H_5))_{x-1}-CH_2-\overset{-}{C}H(C_6H_5)\ Li^+ \\
&\xrightarrow{CH_2=CH-CH=CH_2} R-(CH_2-CH(C_6H_5))_x-(CH_2-CH=CH-CH_2)_y-CH_2-CH=\overset{-}{C}H\ Li^+ \\
&\xrightarrow{スチレン} R-(CH_2-CH(C_6H_5))_x-(CH_2-CH=CH-CH_2)_y-(CH_2-CH(C_6H_5))_z- \\
&\qquad\qquad\qquad\qquad\qquad SBS
\end{aligned} \quad (6.40)$$

できる．これはリビングアニオン重合により合成される．

図 6.1 に示すように，SBS の S ブロックが寄り集って相分離して架橋相（架橋点）となり，B ブロックはゴム相となる．SBS を加熱するとスチレン架橋相が熱運動により流動して，成型による変形が起こる．冷却により再び S 相は架橋点となるので，加熱成型加工することができ，実用上応用範囲は広い．

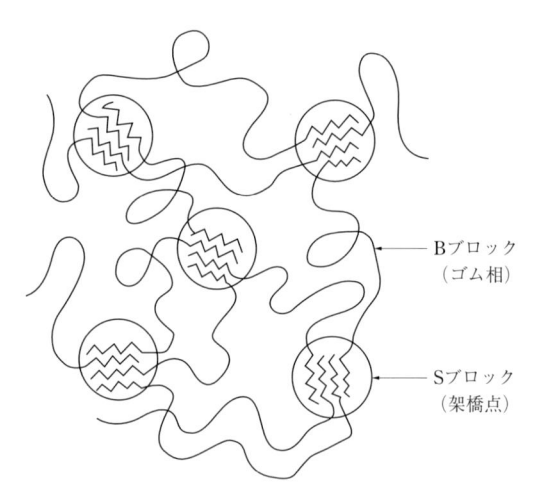

図 6.1 SBS 熱可塑性エラストマー．

熱可塑性エラストマーとしては，水素結合が架橋点を形成するポリエーテル系のウレタンゴム (6.41) があり，ほかにもポリエステル系がある．それらの熱可塑性エラストマーは，自動車のバンパーや靴底などに成型加工して用いられる．

$$\begin{array}{c}\left[\text{ポリエーテル}\right]-\text{O}-\overset{\text{O}}{\underset{}{\text{C}}}-\overset{\text{H}}{\underset{}{\text{N}}}-\underset{\overset{}{\underset{\text{H}}{\vdots}}}{\overset{\text{CH}_3}{\bigcirc}}-\overset{}{\underset{\overset{\text{O}}{\vdots}}{\text{N}}}-\overset{}{\underset{}{\text{C}}}-\text{O}-\left[\text{ポリエーテル}\right] \\ \left[\text{ポリエーテル}\right]-\text{O}-\overset{\text{O}}{\underset{}{\text{C}}}-\overset{\text{H}}{\underset{}{\text{N}}}-\underset{}{\overset{\text{CH}_3}{\bigcirc}}-\overset{}{\underset{}{\text{N}}}-\overset{}{\underset{\text{O}}{\text{C}}}-\left[\text{ポリエーテル}\right]\end{array} \quad (6.41)$$

B. 耐油性ゴム

ゴムは機械部品の一部として使われるので，オイルに接することになる．ゴムはオイルと親和性を有しており，オイルの浸透により物性が低下する．そこで，ゴムに極性基を導入すれば非極性のオイルとの親和性が減少し，オイルの浸透による物性の低下を抑制できる．これが耐油性ゴムである．

a. ニトリルゴム

アクリルニトリルとブタジエンを共重合すると，ニトリル基($-C \equiv N$)の極性によりオイルの浸透が妨げられ，耐油性ゴムとなる(6.42)．

$$CH_2=CH\ (C\equiv N) + CH_2=CH-CH=CH_2 \longrightarrow -(CH_2-CH(C\equiv N))_x-(CH_2-CH=CH-CH_2)_y- \quad \text{ニトリルゴム} \tag{6.42}$$

b. クロロプレンゴム

塩素をゴム中に導入するとその極性により耐油性となる．ブタジエンの塩素付加-脱塩化水素によりクロロプレンを合成できるが，これは容易にラジカル重合してクロロプレンゴムとなる(6.43)．

$$CH_2=CH-C(Cl)=CH_2 \longrightarrow -(CH_2-CH=C(Cl)-CH_2)- \quad \text{クロロプレン} \quad \text{クロロプレンゴム} \tag{6.43}$$

c. フッ素ゴム

塩素よりさらに極性の大きいフッ素を導入すると，耐油性のすぐれたゴムが得られる(6.44)．

$$CH_2=CH\ (C=O,\ O-CF_2CF_2CF_2CF_3) \longrightarrow -(CH_2-CH(C=O,\ O-CF_2CF_2CF_2CF_3))- \quad \text{フッ素化アクリル酸ブチル} \quad \text{ブチルゴム} \tag{6.44}$$

6.2.4 接着剤

接着剤は日常の生活用品に用いられるだけでなく，産業用としても多用されている．それらは接着様式によりさまざまな形で市販されている．

A. エマルジョン型

酢酸ビニルやクロロプレンなどを乳化重合することにより得られるエマルジョン

は，そのまま接着剤として用いることができる．また，ポリウレタンなどのエラストマーも，界面活性剤とともに水と混合して水性のエマルジョン接着剤となる．

B. 溶 液 型

ポリ酢酸ビニルの濃厚な酢酸エチル溶液は粘ちょうで，日用品の接着に用いられる．水溶性のデキストリンなどの天然高分子も，水溶液として接着に用いられる．

C. 重 合 型

エポキシオリゴマーは，アミン触媒を混合することにより重合して硬化するので，二液型の強い接着剤として用いられている．一方，シアノアクリル酸エステルはアニオン重合しやすいが，空気中の水でも重合を開始することができるので，モノマーを瞬間接着剤として用いている(6.45)．水の酸素原子のローンペア電子による求核攻撃は非常に弱いが，きわめてアニオン重合活性なシアノアクリル酸エステルの電子不足なC-C二重結合は，水の求核攻撃を受けてアニオン重合する．さらに，紫外線で重合硬化するモノマーは歯科医療に用いられる．ほかにも感圧型やホットメルト型などさまざまなタイプの接着剤が，用途に合わせて開発され，市販されている．

$$
\begin{array}{c}
\text{CH}_2=\text{C}\begin{array}{l}\text{C}\equiv\text{N}\\ \\ \text{C}=\text{O}\\ \text{O}-\text{CH}_3\end{array} \xrightarrow{\text{水}} -(\text{CH}_2-\text{C})_n\begin{array}{l}\text{C}\equiv\text{N}\\ \\ \text{C}=\text{O}\\ \text{O}-\text{CH}_3\end{array}\\
\text{シアノアクリル酸メチル}
\end{array}
\tag{6.45}
$$

6.2.5 ポリマーアロイ

異種の金属を混合してできる合金(アロイ)は，純金属では得られないすぐれた性質を示す．同様に2種以上のポリマーを混合したポリマーアロイが開発されている．ポリマーアロイは，相溶系と非相溶系に分けられる．相溶系は互いに溶け合うポリマーを混合して得られるもので，ポリマー固相は均一となり，それぞれのポリマーの長所をあわせもつよう工夫されている．非相溶系は互いに溶け合わないポリマーを混合するもので，ポリマーアロイ固相の相分離構造により新たにすぐれた物理的性質が生ずるものである．通常，海-島構造とよばれる相分離構造(図6.2)となるが，海相と島相の特性が全体の物性を決める．たとえば，堅くてしかも耐衝撃性のポリマーアロイが得られる．ほかに，半相溶系とよばれる連続する2相からなるポリマーアロイもある(図6.3)．

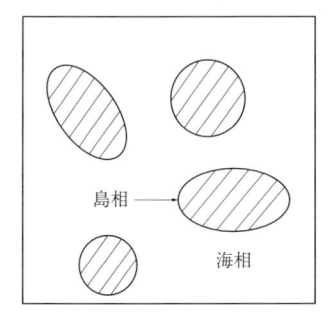

図 **6.2** 非相溶系ポリマーアロイ． 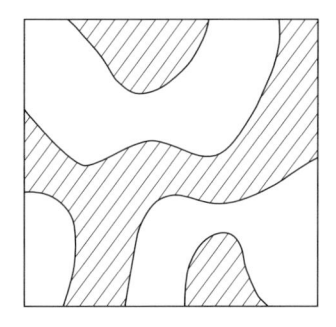　　図 **6.3** 半相溶系ポリマーアロイ．

6.2.6 複合材料

　高分子材料と他の材料を複合化して，すぐれた機械的性質をもつ複合材料を作る試みは多くなされてきた．代表的な例の1つとしてはFRPがある．これはfiber glass reinforced plastics(ガラス繊維補強したプラスチック)のことで，浴槽や排水浄化槽など大形の成型物に用いられる．あらかじめ無水マレイン酸とエチレングリコールの反応により，不飽和結合をもつポリエステルを作る．このポリマーをスチレンに溶解し，強度補強の役目をするガラス繊維を加えて混合する．この混合物に，酸化還元反応のため常温でスチレンの重合を開始することのできるレドックス(酸化還元)重合開始剤を加えるとスチレンが重合し，不飽和ポリエステルの二重結合も反応するので架橋硬化する(6.46)．この製品は非常に強い機械的性質をもつので，小型ボートや水力発電

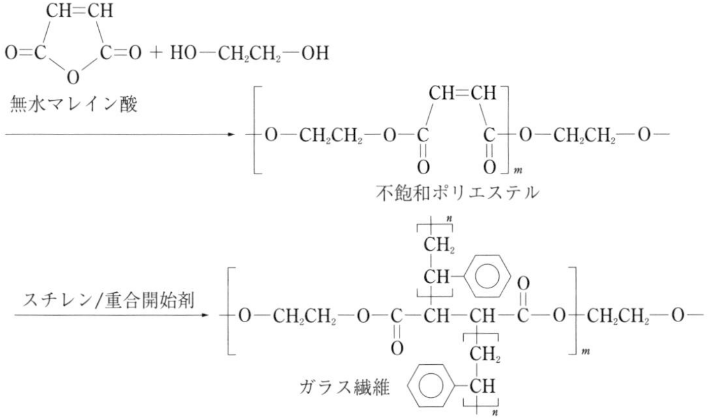

機のカバーなど大形成型品に用いられる．

繊維補強複合材料の補強繊維としては，ガラス繊維のほかにカーボンファイバーなども用いられ，高分子基材としてはメラミン樹脂（6.6式参照）やエポキシ樹脂などの熱硬化性樹脂が用いられる．

6.3
機能性高分子

高分子材料にさまざまな機能をもたせて，特殊な機能性材料として用いている．

6.3.1 電気・電子材料

エレクトロニクスに高分子材料は不可欠なものとなっている．もともと高分子材料は電気絶縁材料として電子機器に用いられてきたが，白川らによる導電性高分子の開発以来，これまでとは全く違った観点から高分子材料が注目され，電子材料としての応用が精力的に研究されている．

A. 導電性高分子

材料の導電性はイオン伝導と電子伝導に分けられる．イオン伝導は材料に含まれるイオンの移動により導電性が現れるもので，電子電導は高分子材料の場合は，ポリマー鎖の共役二重結合の π 電子により生ずる．

a. イオン伝導高分子材料

ポリエーテルの酸素原子は，金属カチオンに配位して溶媒和するので，特に脂肪族ポリエーテルは金属塩を溶解することができる．PEO（6.24式参照）は，金属塩が溶け込む代表的なポリマーであるが，PEOに溶け込んだ金属塩のカチオンとアニオンは電位差により移動するので，電気を通すことになる．ほかにもポリプロピレンオキシドやポリエチレンイミンなどが，同様に金属塩を溶解する．この電解質となる金属塩としては，極性有機溶媒に溶けやすい過塩素酸リチウム（$Li^+ClO_4^-$）などが用いられる．これは過塩素酸アニオンが溶媒和されやすいためで，PEOに溶け込む．

$$-(CH_2-CH-O)_n-(CH_2CH_2-N)_m$$
$$CH_3H$$

ポリプロピレンオキシド　　　ポリエチレンイミン

b. 電子伝導高分子材料

電子電導機構により導電性を示す高分子は導電性高分子とよばれる．白川がはじめて合成した導電性高分子は，(6.47)式に示すポリアセチレンで，共役 π 結合の電子が移動できるので導電性を示す．

$$\text{HC}\equiv\text{CH} \longrightarrow \underset{\text{トランス型ポリアセチレン}}{\overset{\text{CH}\quad\text{CH}}{\underset{\text{CH}\quad\text{CH}}{\diagdown\diagup\diagdown\diagup}}} \text{または} \underset{\text{シス型ポリアセチレン}}{\overset{\text{CH=CH}\quad\text{CH=CH}}{\diagdown\quad\diagup}} \qquad (6.47)$$

アセチレン

ただし，ポリアセチレン自体の導電性は低く，ドーピングによりはじめて高い導電性をもつ高分子となる．白川はこのドーピングによる導電性の飛躍的向上を発見し，高分子材料が高い導電性を有することを示した．導電性高分子のドーピングとは，ドーピング剤（ドーパント）を π 共役高分子に加えると，酸化還元反応による電子移動によりドーパントがイオン化して高分子に取り込まれることをいう．一般的な電子受容性（酸化）ドーパントであるヨウ素によるポリアセチレンのドーピングを，(6.48)式に示す．

$$-(\text{CH=CH})_n- \xrightarrow{\text{I}_2} -(\text{CH=CH})_{n-x}-(\text{CH=CH})_x^{+\cdot}\ \ \ \text{I}_3^- \text{ or } \text{I}_5^- \qquad (6.48)$$

ポリアセチレンの π 電子の一部がヨウ素に移動して，ポリマー中にカチオンラジカルが生じ，ヨウ素は I_3^- から I_5^- になる．カチオンラジカルが生ずると，π 電子が結合バンドから導電バンドへ移動しやすくなり，導電性は飛躍的に向上する．ドーピング前のトランス型ポリアセチレンの導電率は約 $2\times 10^{-9}\,\text{S cm}^{-1}$ で，シス型では $5\times 10^{-5}\,\text{S cm}^{-1}$ 程度だが，ドーピングにより $10^4\,\text{S cm}^{-1}$ 以上に増大する分子が配向したポリアセチレン材料もある．カチオンラジカルが生ずる場合は正孔が移動するので，p型導電という．一方，ナトリウムなどのアルカリ金属により還元するとアニオンラジカルが生ずるので，その場合は n 型導電となる．研究されている導電性高分子の例を表 6.4 に示す．

導電性高分子の応用としてポリマー電池がある．ドーピングは電子移動による酸化還元反応なので，電解酸化還元によりポリマーを充電することができる．したがって二次電池として用いることができ，しかもポリマーはフィルムにすることができるので，フィルム電池作製も可能となる．これは軽量で柔軟性があるので，携帯電話の電源など応用範囲が広い．

B. 圧電性高分子

圧力をかけると分子の分極が変化する高分子固体がある．そのような高分子材料は圧電性高分子として用いることができる．圧電性とは，水晶などの結晶に圧力をかけると双極子の電荷重心が移動する性質のことで，マグネットとの対比でエレクトレットとよんでいる．高分子材料でこの性質を示すものに，ポリフッ化ビニリデン

6 高分子化学

表 6.4 導電性高分子の例

構造	名称
―(C₆H₄)ₙ―	ポリフェニレン
ポリ(ピリジン-2,5-ジイル)	
ポリ(ピリミジン-2,5-ジイル)	
ポリアニリン	
ポリフェニレンセレニド	
ポリフェニレンビニレン	
ポリピロール	
ポリフラン	
ポリチオフェン	

（PVDF）やポリビニリデンシアニド（PVDCN）などがある．このような高分子はエレクトロニクス材料として応用されている．音は空気中だけではなく水中でも伝わる縦波で，物質の粗密状態が波動として伝わるので，音波を圧電性高分子に照射すると，圧力の振動としてそれに合わせて分子の分極が変化する．それを電気信号として取り出すことができるので，音響機器に用いることができる．

　この電気信号を画像化して医療診断に用いている．たとえば，胎内の胎児に超音波を照射して，その反射応答を圧電性高分子で受け取り，電気信号として取り出し画像化することにより，遺伝子損傷などを起こしやすい X 線を使わずに，胎児の様子を見ることができる．

$$-(CH_2-CF_2)- \qquad -(CH_2-C(C\equiv N)_2)-$$
PVDF　　　　　PVDCN

C. 焦電性高分子

　高分子固体の分極が温度により変化する場合もある．そのような高分子材料としては，圧電性高分子と同様な分子構造をもつものが用いられる．発熱体は赤外線を放射するので，その赤外線を受けた焦電性高分子は温度が変化し，それに伴い分極が変化する．その変化を電気信号として取り出して画像化することにより，たとえば身体の温度分布を直接カラー画像として見ることができる．したがって，これも医療診断などに用いられる．

6.3.2 光機能材料

　感光性高分子とよばれる光に反応する各種高分子材料が開発され，実用化も進んでいる．感光性にはいろいろなタイプがあり，代表的なものは，光化学反応により高分子の分子構造が変化するものである．この変化を画像形成に応用することができるので実用的な価値も大きい．

A. ホトレジスト

　光反応により高分子の分子構造が変化して溶解性が大きく変化すれば，それを利用する画像形成は多方面に応用できる．

　基板を感光性高分子の被膜で覆い，その上に画像フィルム（ネガまたはポジ像）をのせて光を照射すると，光が当たった部分の高分子被膜が光反応により架橋不溶化したり，あるいは化学反応による極性基の導入により溶解性が増す．そのあとで画像フィルムを除き高分子被膜を溶剤処理すると，フィルム原図の画像が現れるので，この工程は現像ということになる．高分子被膜で保護された基板部分は薬品処理による浸蝕を受けないので，基板上に原図の画像が形成される．このような感光性材料を，ホトレジスト（photoresist）またはレジストとよんでいる．ホトレジストには，ネガ（光不溶化）型とポジ（光可溶化）型があり，前者にはネガ原図フィルムを，後者にはポジ原図フィルムを用いて，いずれもポジ像を基板上に形成させるのでそのようによぶ．

a. ネガ型レジスト

　ネガ型レジストは光反応した部分の高分子鎖が橋かけされて不溶化するもので，フィルム原図はネガ像を使う．いくつかのタイプがあるが，代表的なものにポリケイ

$$\begin{array}{c}\text{+CH}_2\text{-CH+}_n \\ | \\ \text{O-CO-CH=CH-}\langle\bigcirc\rangle \\ \text{ポリケイ皮酸ビニル}\end{array} \xrightarrow[\text{光二量化}]{h\nu} \begin{array}{c}\text{+CH}_2\text{-CH+}_n \\ | \\ \text{O-CO-CH-CH-}\langle\bigcirc\rangle \\ \langle\bigcirc\rangle\text{-CH-CH-CO-O} \\ | \\ \text{+CH-CH}_2\text{+}_n\end{array} \quad (6.49)$$

$$\begin{array}{c}\sim\sim\sim\text{C=C}\sim\sim\sim \\ \text{(不飽和ポリマー)}\end{array} + \text{N}_3\text{-R-N}_3 \\ \text{(ジアジド)}$$

$$\xrightarrow{h\nu} \begin{array}{c}\sim\sim\sim\text{C-C}\sim\sim\sim \\ \diagdown\text{N}\diagup \\ | \\ \text{R} \\ | \\ \diagup\text{N}\diagdown \\ \sim\sim\sim\text{C-C}\sim\sim\sim\end{array} \quad (6.50)$$

6 高分子化学

皮酸ビニルがある．これは(6.49)式のケイ皮酸エステルの光二量化反応により橋かけされる．他のタイプとして，アジド基(-N₃)の光分解により生ずるニトレン(-N̈:)の二重結合への付加反応を利用したものもある(6.50)．

b. ポジ型レジスト

ポジ型レジストは，光反応した部分に極性基が導入されて溶解性が増すもので，フィルム原図はポジ像を使う．フェノール樹脂をベースにしたものが開発されている(6.51)．反応機構は(6.52)式に示す．生成したカルボキシル基は，アルカリ性の水溶液に接するとカルボキシレートアニオン(-COO⁻)になり，溶け出す．

$$\text{(構造式)} \quad (6.51)$$

$$\text{(構造式)} \quad (6.52)$$

c. ホトレジストの応用例

ホトレジストはいろいろな分野で使われているが，以下にネガ型レジストの応用例を示す．

1) 印刷用凸版：亜鉛基板をネガ型レジストで被膜してその上にネガフィルムをのせ，光を照射して感光させる．光反応により不溶化した部分は，溶剤による現像工程で基板上に残る．これを酸により処理すると(エッチング)，レジストにより保護された基板は浸蝕されないので，亜鉛凸版ができる(図6.4)．

2) プリント配線基板：この基板は次のように作られる．はじめに絶縁板(メラミン樹脂など)を表面処理してから銅めっきし，基板上に銅箔を形成する．これをネガ型レジストで被膜し，配線図のネガフィルムをのせて光照射する．現像により光反応で不溶化した部分が残るので銅箔は保護され，エッチングにより銅箔の配線ができる

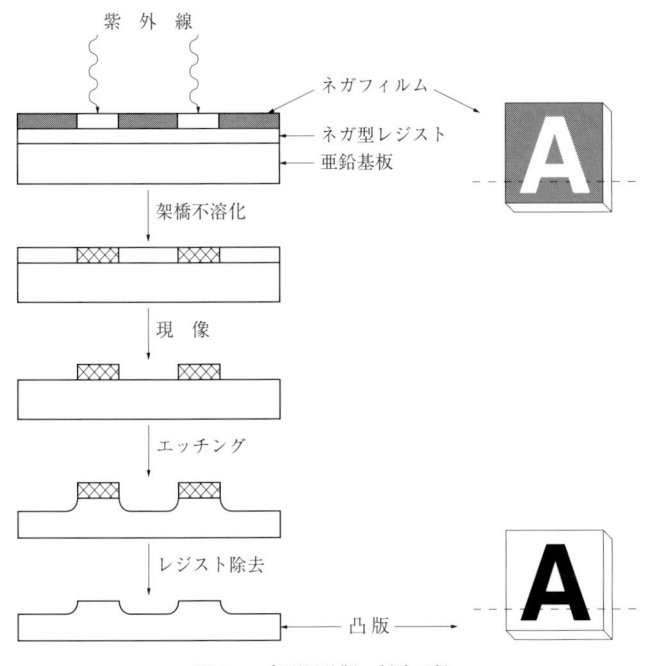

図 **6.4** 印刷用凸版の製造工程.

(図 6.5).

3) 集積回路(LSI)：コンピュータの心臓部となる集積回路は，精密レジストなしに作ることはできない．LSI は large scale integrated circuit の略で，高度に集積された半導体回路である．さらに VLSI(very large scale I)とよばれる超高集積回路が研究されている．これは，一辺が 1 cm 以下のシリコンチップの上に数 10 万から 100 万素子にも及ぶ回路を形成させるが，そのためには線幅を 1 μm 以下にしなければならない．そのような回路像を作るには，きわめて精細に光反応する高分子が必要となる．

LSI の一般的な作り方の基本的な概念図を，図 6.6 に示す．高純度シリコン単結晶を薄切りしたシリコンウェーハーの表面を酸化処理してシリカとする．その上に 1 μm 以下の超精密ネガ型レジストの被膜を，ポリマー溶液のスピンコート法により形成させる．回路のネガフィルムを通して短波長の光を照射し，レジストの回路像を作り，シリカ層をフッ化水素酸やプラズマエッチングしてシリコン層を露出させる．そこに n 型あるいは p 型の半導体を形成させるための添加原子を拡散させて，半導体回路を作る．レジストを保護膜として画像(回路)を形成させる方法を，リソグラフィー(lithography)とよんでいる．

6 高分子化学

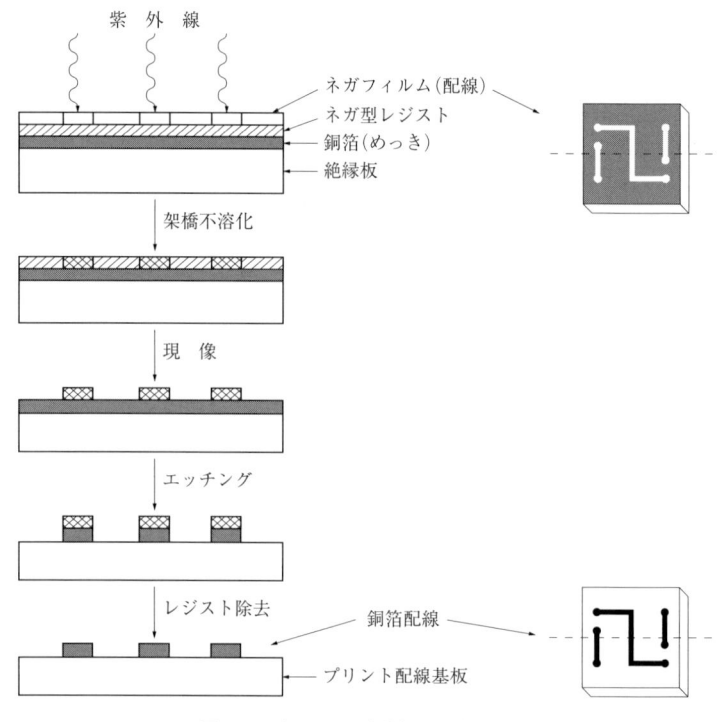

図 6.5 プリント配線基板の製造工程.

B. 電子線レジスト

　極微細加工により高度な集積回路を作るには，線幅を極端に小さくしなければならない．そこで解像度を上げるために，電子線の細いビームを直接照射するときに用いるレジストが必要となる．ネガ型の電子線レジストとしてはポリ(p-クロロメチルスチレン)が，ポジ型(放射線分解型)ではポリブテン-1-スルホンがある．

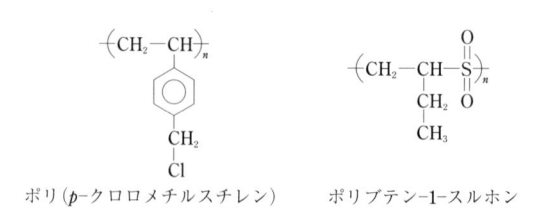

ポリ(p-クロロメチルスチレン)　　　ポリブテン-1-スルホン

6.3 機能性高分子

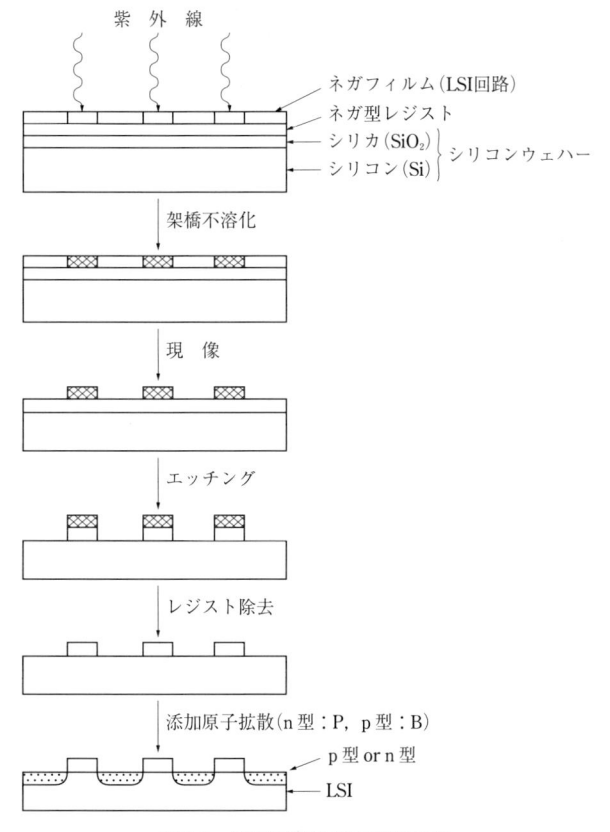

図中ラベル:
- 紫外線
- ネガフィルム（LSI回路）
- ネガ型レジスト
- シリカ（SiO₂）
- シリコン（Si）
- シリコンウェハー
- 架橋不溶化
- 現像
- エッチング
- レジスト除去
- 添加原子拡散（n型：P，p型：B）
- p型 or n型
- LSI

図 **6.6** 半導体集積回路の製造工程.

C. 光導電性材料

　光により導電性が生ずる材料が研究されており，電子コピーなどに用いられるが，高分子材料についても同様に研究されている．光導電性の物理的原理は少しむずかしいが，電荷移動錯体(charge transfer complex，CT錯体)の形成が基礎になっている．電子ドナー(D)と電子アクセプター(A)を共存させるとCT錯体が生ずる．このCT錯体は，光照射により励起状態になると，電子移動しやすくなる(6.53)．電子移動によりイオン化すると導電性が生ずる．

165

$$D + A \rightleftarrows [D\cdots A] \xrightarrow{h\nu} [D\cdots A]^* \xrightarrow{\text{電子移動}} D^+A^- \qquad (6.53)$$
$$ \text{CT錯体} \qquad \text{励起状態} \qquad\qquad \text{イオン化}$$

このようなCT錯体を形成する高分子材料に用いる電子ドナーとして，ポリ(N-ビニルカバゾール)(PVK)がある．これに電子アクセプターとして2,4,7-トリニトロフルオレノン(TNF)を混合すると，ポリマーフィルム中でCT錯体が形成される．これに光を照射すると電子移動が起こり，導電性が生ずる(6.54)．

$$\text{PVK} + \text{TNF} \rightleftarrows [\text{PVK}\cdots\text{TNF}] \quad (\text{CT錯体})$$
$$\xrightarrow{h\nu} [\text{PVK}\cdots\text{TNF}]^* \xrightarrow{\text{電子移動}} \text{PVK}^+\text{TNF}^- \ (\text{イオン化(導電性)}) \qquad (6.54)$$

電子コピーの原理は次のようになる．はじめ光導電フィルムを電場で帯電させる．次に画像に光を照射してその反射光が光導電フィルムに当たると，光の当たった部分は導電性となるので静電荷は消える．ここに帯電したトナーをとばすと，静電荷の残った部分にトナーが付着し，画像が形成される．これを紙に転写して加熱定着すれば，コピー紙上に目的の画像ができる．

D. 光発色材料

ホトクロミズムとよばれる現象がある．光照射により無色の物質が可逆的な構造変化を起こし発色するもので，(6.55)式に示すスピロピラン化合物などが知られている．

$$(\text{無色}) \xrightarrow{h\nu} (\text{青色}) \qquad (6.55)$$

共鳴構造式からわかるように，光反応により π 共役が長くなるので，長波長の可視光を吸収し青色になる．この構造を導入した高分子には次のようなものがある．

6.3.3 分離機能材料

気体や液体の混合物をそれぞれの成分に分離したり，一成分を濃縮したりする方法はいろいろあるが，高分子材料を用いることも多い．そのような材料を分離機能高分子材料とよぶ．分離に用いる高分子材料は，一般的には膜（フィルム）として用いられている．高分子膜は製法により，細孔を有する多孔質膜と細孔を有しない非多孔質膜に分けられる．前者はふるいとして用いられ，後者は膜中への分子の拡散速度の違いにより分離するものである．

A. 気体分離膜

混合気体を分離濃縮するには，混合気体の分子が高分子膜の一方の側から膜中に溶解し，膜内を拡散して他方の側から脱離する際の速度の違いを利用することになる．気体分子と高分子材料との親和性の違いと，気体分子の分子径の違いにより拡散速度に差があるので，膜中の透過速度に差が生ずる．そのため膜による混合気体の分離濃縮が可能になる．

a. 水素分離膜

膜中の透過速度の差は透過係数比として表され，水素と一酸化炭素（H_2/CO）では，ポリイミド（表 6.3 参照）などの膜を用いると 200 〜 250 となり，水性ガスを分離できる．水素の分離は工業的に重要で研究が続けられている．ゴム状の膜を用いると，透過速度は大きいが透過係数の差が小さく，分離はむずかしい．

b. 酸素富化膜

医療用に酸素に富んだ空気が必要なため，酸素富化に用いる高分子膜が研究されている．ポリ（4-メチル-1-ペンテン）やポリ（ジメチルフェニレンオキシド）は酸素を透過しやすいので，酸素富化空気を作るのに用いられる．工業的に必要とされる酸素

富化空気を大量に作るときは透過速度の大きな膜が必要となり，ゴム状のポリジメチルシロキサン（シリコーン）などが素材となるが，透過係数比（O_2/N_2）は2程度で小さい．

```
─(CH₂─CH)ₙ─          CH₃
     │            ─(○─O)ₙ─
     CH₂              │
     │               CH₃
     CH
    / \
  CH₃  CH₃
ポリ(4-メチル-1-ペンテン)   ポリ(ジメチルフェニレンオキシド)
```

B. 逆浸透膜

飲料水の入手がむずかしい中近東では，海水から真水を作る方法として高分子膜を用いる逆浸透法が使われている．水分子を透過するが食塩などのイオンを通さない半透膜で塩水と純水を仕切ると，水が半透膜を透過して塩水側に移動する．これは塩水が希釈されることにより化学ポテンシャルがつりあうためで，そのときの静水圧が浸透圧となる．逆に浸透圧より大きい圧力を塩水側に加えると，水は塩水側から純水側へ透過移動する（逆浸透）．この方法で，図6.7のように海水から真水を作ることができる．半透膜材料としては，はじめアセチルセルロースが用いられていたが，機械的強度のすぐれた芳香族ポリアミド（表6.3参照）なども用いられる．装置としても平膜を用いるものから半透膜を中空糸とするものなど，さまざまに工夫がなされている．

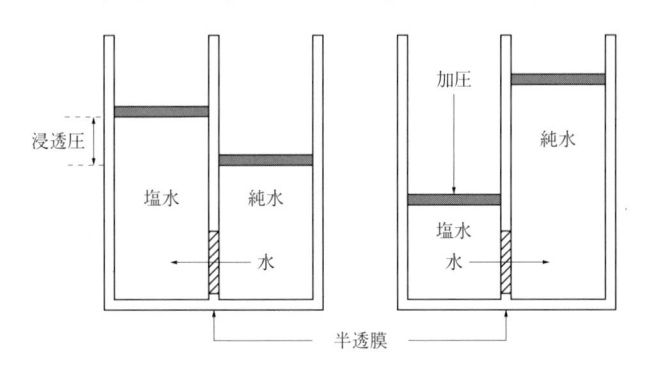

図6.7　逆浸透による真水の製造．

C. イオン交換膜

食塩水を電気分解して水酸化ナトリウムと塩素を製造する際に，カチオン交換膜が用いられる．このとき水素も生成する．カチオン交換膜は負電荷をもつので，ナトリウムカチオンは透過できるが，アニオンは静電反発により透過できない．電極におけ

る電解反応を(6.56)式に，装置の概念図を図 6.8 に示す．

$$\begin{aligned}陽極：& 2Cl^- - 2e^- = Cl_2 \\ 陰極：& 2H_2O + 2e^- = H_2 + 2OH^-\end{aligned} \quad (6.56)$$

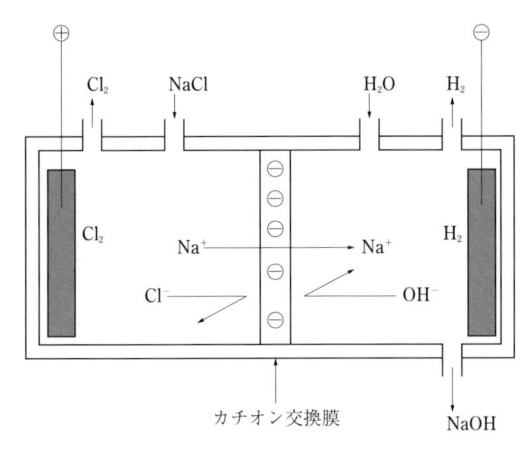

図 **6.8** 食塩水の電気分解．

膜の耐久性が要求されるため，下記のフッ素化ポリマー（ペルフルオロポリマー）が用いられるようになった．

$$[(CF_2CF_2)_x\text{-}CFCF_2]_y$$
$$|$$
$$O$$
$$|$$
$$CF_2\text{-}CF\text{-}O\text{-}(CF_2)_n\text{-}COO^-Na^+$$
$$|$$
$$CF_3$$

これは du Pont 社が開発したもので，**Nafion** の商品名で市販され，各種のタイプがある．イオン交換膜は燃料電池の隔膜としても用いられるが，自動車の排ガスの無公害化のため燃料電池の研究が精力的に進められており（3.5 節参照），カチオン交換膜は最も大切な材料の 1 つとして注目されている．

6.3.4 生医学材料

生化学や医学分野でも多くの高分子材料が用いられており，それらは生医学高分子材料として多方面から研究されている．医療目的に用いられるときは医用高分子とよんでいるが，高分子医用材料としては，人工臓器用材料や高分子医薬（治療薬，診断

薬)などがある．生体は合成高分子材料を異物とみなして拒否反応を示すのでこの拒否反応を抑制できないと，合成高分子を人工臓器として用いることはできない．生体の拒否反応をできるだけ少なくした生体になじむ材料を，生体適合材料とよんでいる．

A. 人工臓器と生体適合性

人工臓器は，人工心臓をはじめいろいろな臓器について研究されているが，ここでは人工血管の血液適合性に関連して，抗血栓材料について説明する．動物が傷ついて出血したときに，傷口で血液が凝固して止血しないと失血で生命が失われる．血液凝固のプロセスは複雑な血中タンパクの一連の反応によるもので，不溶性フィブリンの生成と，血小板の凝集による血栓の生成によると考えられている．すなわち，血液が「固まって」血管に栓をして(血栓)止血する．血液凝固反応に必要な因子が遺伝的に一部失われている疾患が，血友病である．医療上外科的に多く用いられる人工血管は，血液に適合しないと，傷口ではないのにそれを傷口とみなして人工血管中で血液凝固がおきてしまい，血栓となって血管が詰まる．これを妨ぐために抗血栓材料が研究されている．血栓の生成は材料表面の化学構造と物理構造によると考えられ，さまざまな表面構造が研究されてきたが，表面のミクロドメイン構造(ミクロ相分離構造)が重要なことが明らかになった．

親水性のヒドロキシエチルメタクリレート(HEMA，ヘマとよぶ)と疎水性のスチレン(St)の共重合により，HEMA-St-HEMAからなる下記のABA型三元ブロック共重合体は固相で相分離して，ミクロドメインを形成する．

$$\mathrm{H{-}\!\!\left[\!\!\begin{array}{c}CH_3\\[-2pt]\overset{|}{C}{-}CH_2\\[-2pt]\underset{|}{C}{=}O\\[-2pt]O{-}CH_2CH_2{-}OH\end{array}\!\!\right]_{\!m}\!\!{-}\!\!\left[\!\!\begin{array}{c}CH_2{-}CH\\[-2pt]|\\[-2pt]C_6H_5\end{array}\!\!\right]\!\!{-}\!\!\left[\!\!\begin{array}{c}CH_3\\[-2pt]\overset{|}{C}{-}CH_2\\[-2pt]\underset{|}{C}{=}O\\[-2pt]O{-}CH_2CH_2{-}OH\end{array}\!\!\right]_{\!n}\!\!{-}H}$$

HAMAおよびスチレンそれぞれのホモポリマー固相表面では，血小板細胞は偽足を出して凝集し，血栓生成の要因となる．しかし，相分離によりミクロドメイン構造を形成した三元ブロック共重合体表面では血小板の付着は少なく，凝集することもないので，血栓はできない．これは血液適合材料として人工血管に用いることができる．

そのほか人工皮膚としては，そこを足場として新しく皮膚細胞が増殖できる材料が，また人工の眼球水晶体としては，適度な含水率と酸素透過性および透光性をもつ材料が必要とされ，それぞれ目的に合った生体適合材料が開発されている．

B. 高分子医薬

遺伝子DNAのユニットであるヌクレオチドからなる合成ポリマーが，C型肝炎などの治療に使われるインターフェロンの分泌促進剤として研究されてきた．また，が

ん細胞の膜表面の負電荷と静電的に結合してがん細胞を抑え込む高分子カチオンが研究されている．さらに，免疫応答を活性化する多糖類ポリマーについても研究され，この免疫活性化による抗がん作用が認められている．

a. 徐放性医薬

高分子医薬の1つの方向は，薬理成分の徐放に着目した研究である．医薬は適度な血中濃度のときに薬理効果を発揮する．濃度が低いと効果が薄れ，濃すぎると毒性が現れる．投与された薬剤は生体内の酵素反応により失われていくので，適度な濃度を維持するのがむずかしい場合が多い．そこで，生体適合性高分子に薬理活性成分を化学的に結合するか，高分子膜で包み込んでカプセル化し，その薬理活性成分を徐々に放出しながら血中濃度を最適な濃度付近に維持する方法が研究されている．制がん剤は毒性が強いので，ポリアクリル酸エステルとして成分を高分子に結合し，体内の加水分解反応により徐々に血中へ放出する方法や，エチルセルロース膜などに包んでカプセル化して徐々に放出する方法などが研究され，治療効果が認められている．

b. イムノラテックス

人間の体内に病原菌などの異物（抗原）が侵入すると，これと特異的に結合する抗体とよばれるタンパク分子が作られ，その抗原と結合してこれを抑え込む．この抗原-抗体の結合反応が免疫(immune)反応で，この反応を利用した診断薬がイムノラテックス(immunolatex)とよばれるものである．たとえば，妊娠により尿中に特定のタンパクホルモンが排出される．このタンパクを抗原として動物に抗体を作らせ，抗体をソープフリー乳化重合で得られるラテックスのポリマー微粒子表面に結合しておく．このラテックス粒子が抗原のタンパクホルモンに出会うと，結合して凝集する（図6.9）．粒子が集まって大きくなることにより検体液の濁度は増すので，光学的に検出できる．この方法で1滴の尿で妊娠を判定することができる．このような抗原-抗体反応を利用する高分子診断薬により，ウィルスの感染も診断することができる．

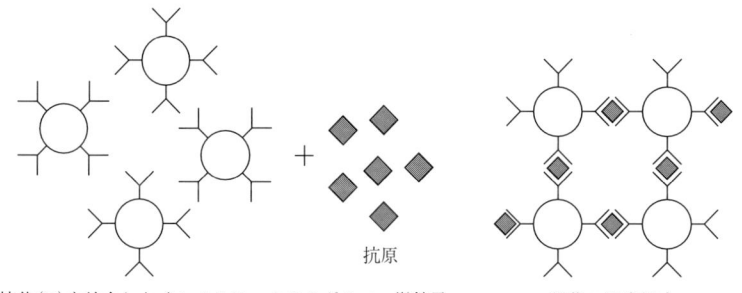

抗体(Y)を結合したイムノラテックスのポリマー微粒子　　　凝集：濁度増大

図6.9 イムノラテックスを用いた抗原-抗体免疫反応による診断の原理．

C. その他の医用材料

高分子材料の生医学分野での応用は多岐に渡り，さまざまな形で用いられている．

a. 人工腎臓

腎臓機能に欠陥が生ずると，血中の老廃物を尿中へ排出できなくなるので，人工腎臓による透析が必要となる．これは，体外へ導出した血液を内径 200 μm 程度の中空糸の中に導き，この中空糸の膜を通して老廃物を取り除くものである（図 6.10）．中空糸が分離機能膜となり，不要な老廃物だけが中空糸膜を通して浸出し，必要な血液成分が失われることはない．この細い中空糸を1万本以上も束ねてカラムに入れ，これに血液を通し，外へ浸み出る老廃物は流水により除いて新鮮な血液を体内へ戻す．

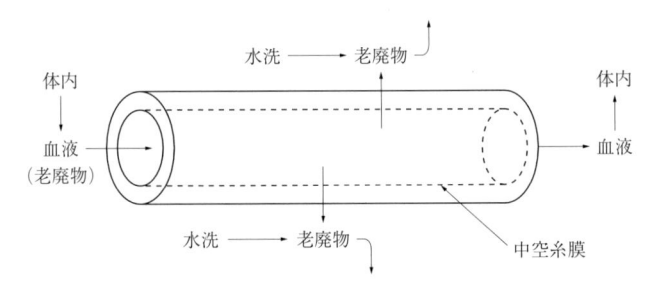

図 6.10 人工腎臓の中空糸による透析．

b. ソフトコンタクトレンズ

ハードコンタクトレンズにはポリメタクリル酸メチル（PMMA）が用いられる．これは生体適合性もよいが，酸素を通さないので，角膜の酸素欠乏による乳酸の増加など好ましくない生体状況が生ずる．そこで親水性で十分水を含み空気中の酸素を通す材料が開発されている．親水性で生体適合性の材料としては，前項 A の HEMA を，エチレングリコールジメタクリレートで橋かけしたものが用いられている．

架橋PHEMA

これは水分を吸収してゲル状（ヒドロゲル）となり，ソフトで角膜に酸素を供給できるコンタクトレンズとなる．

c. 代用皮膚

火傷の治療をするとき，生体適合性のヒドロゲル膜が，体表面を保護して体液の浸出を抑制するために用いられる．

d. 歯科用樹脂

歯冠用や歯質との接着に，架橋剤を含むメタクリル酸メチルなどを，ホウ素化合物重合開始剤や紫外線により硬化させる．

e. 人工赤血球

血液中のヘモグロビンと類似の化学構造をもつ高分子-鉄錯体を用いて，輸血用代用血液としての酸素運搬が研究されている．

f. 高吸水性高分子

ヒドロゲルとして前項 b に述べたが，高分子鎖を橋かけした水溶性高分子は高吸水性を示し，自重の 100 倍以上の水を吸収してゲル状となる．これは紙おむつなどにも用いられ，老人用おむつは体重に耐えて吸収した水が逆流しないよう，水との親和力が強く吸水性の高い材料を用いなければならない．天然のデンプンやセルロースを原料とするものと，水溶性合成ポリマーをベースとするものがある．合成ポリマーとしては，ポリアクリル酸，ポリビニルアルコール，ポリアクリルアミド，ポリエチレンオキシドなどがあり，高分子鎖の橋かけも，架橋剤による重合時の橋かけから，生成ポリマーを放射線照射して橋かけする方法など，いろいろである．高吸水性高分子による吸水のモデルを図 6.11 に示す．

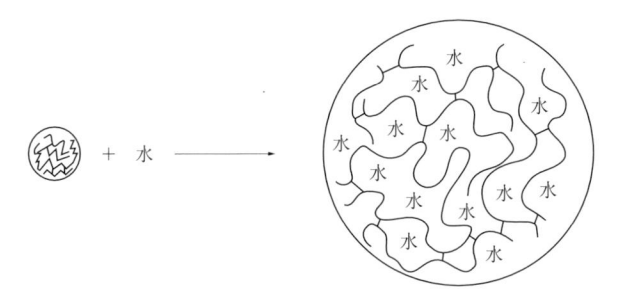

図 6.11 高吸水性高分子による吸水．吸水性高分子は，水との親和性が強いので本来水溶性であるが，分子が橋かけされているために水に溶け出すことなく，多くの水を吸収してゲル状になる．

医用高分子材料としては，他にも外科手術用接着剤や生体吸収縫合糸などがある．バイオ関連材料としてはポリエチレンオキシド(PEO)が細胞融合に用いられ，また酵素をヒドロゲルに結合した固定化酵素は，医薬品の製造に用いられる．

6.4
高分子材料と環境——生分解性高分子

環境汚染が深刻な問題となっており,プラスチック廃棄物の再生も検討されてきた.土中に廃棄したあとで土中の微生物が分解できる材料の開発は,環境問題解決の重要な柱として,多くの企業が研究を続けている.タンパク質やデンプンアミロースなど人間が食物として摂取する天然高分子は,消化酵素により加水分解されるので栄養源となる.環境中の微生物による高分子の分解も同様な酵素による生化学反応で,生物により作られる天然高分子は生物の酵素により分解される.工業的に大量に生産される高分子についても,微生物により酵素分解される分子構造を有するものを合成する研究が続けられているが,それらは生分解性合成高分子とよばれる.

6.4.1 生分解性微生物合成高分子

微生物が合成した高分子は,微生物により酵素分解される.それらの中で実用に供することのできる物理的(機械的)性質を有するものは,バイオプラスチックとよばれたりする.微生物が作るポリエステルはバイオプラスチックの代表格である.人間は肝臓にブドウ糖の連鎖であるグリコーゲンを栄養源として蓄えるが,ある種の微生物は(D)-3-ヒドロキシ酪酸をユニットとするポリ(3-ヒドロキシブチレート)(P(3HB))を生合成して菌体内に蓄える.これは堅くてもろく実用に供することはできない.しかしP(3HB)にグリセロールトリアセテート(GTA)を混合すると,可塑剤(素材を可塑化し柔軟性をもたせる)となり,しなやかな材料となる(6.57).

$$\left(\text{O}-\overset{\text{CH}_3}{\underset{}{\text{CH}}}-\text{CH}_2-\overset{\text{O}}{\underset{}{\text{C}}}\right)_n + \begin{array}{c}\text{CH}_2-\text{CH}-\text{CH}_2\\ |\quad\ \ |\quad\ \ |\\ \text{O}\quad\text{O}\quad\text{O}\\ |\quad\ \ |\quad\ \ |\\ \text{C=O C=O C=O}\\ |\quad\ \ |\quad\ \ |\\ \text{CH}_3\ \text{CH}_3\ \text{CH}_3\end{array} \longrightarrow \text{可塑化ポリエステル} \tag{6.57}$$

P(3HB)　　　　GTA

英国のICI社は,プロピオン酸とグルコースを栄養源として微生物に3HBと3-ヒドロキシ吉草酸(3HV)の共重合体P(3HB-co-3HV)を作らせ(発酵合成という),Biopolと名づけて市販した.

$$\left(\text{O}-\overset{\text{CH}_3}{\underset{}{\text{CH}}}-\text{CH}_2-\overset{\text{O}}{\underset{}{\text{C}}}\right)_m\left(\text{O}-\overset{\text{CH}_2\text{CH}_3}{\underset{}{\text{CH}}}-\text{CH}_2-\overset{\text{O}}{\underset{}{\text{C}}}\right)_n \qquad \left(\text{O}-\overset{\text{CH}_3}{\underset{}{\text{CH}}}-\text{CH}_2-\overset{\text{O}}{\underset{}{\text{C}}}\right)_m\left(\text{O}-\text{CH}_2\text{CH}_2-\overset{\text{O}}{\underset{}{\text{C}}}\right)_n$$

P(3HB-co-3HV)　　　　　　　　　P(3HB-co-4HB)

6.4 高分子材料と環境—生分解性高分子

日本では土肥らが，微生物に4-ヒドロキシ酪酸とγ-ブチロラクトンを与えて，3HBと4-ヒドロキシブチレート(4HB)の共重合体P(3HB-co-4HB)を発酵合成した．

これらバイオポリマーは自然環境のなかで微生物によって分解されるので，使用後に廃棄しても，土中で微生物の栄養源となって吸収される．

6.4.2 生分解性化学合成高分子

化学合成される生分解性のポリエステルとしては，ポリカプロラクトンがあげられる．これはε-カプロラクトンの開環重合(6.1.2.B参照)によって合成され(6.58)，成型品やフィルム，繊維などに加工できるが，実用上軟化温度が低いという難点がある．

$$\varepsilon\text{-カプロラクトン} \longrightarrow \text{ポリカプロラクトン} \tag{6.58}$$

乳酸を重縮合して得られるポリ乳酸(PLA)も，生分解性を示す(6.59)．また乳酸とγ-ブチロラクトンを共重合して得られる共重体(6.60)も，同様に生分解性を示す．

$$2\ \text{乳酸} \xrightarrow{-H_2O} \longrightarrow \text{PLA} \tag{6.59}$$

$$\gamma\text{-ブチロラクトン} \xrightarrow{+H_2O} \xrightarrow{-H_2O} \tag{6.60}$$

生分解性ポリエステルで繊維化できるものは外科手術の縫合糸として用いられるが，これは手術後に体内で酵素により分解されて吸収されるので，抜糸の必要がない．実際に用いられているものにポリグリコール酸(PGA)やグリコール酸と乳酸の共重合体P(GA-LA)があり，これらは医用材料ということになる．

175

$$\mathrm{+ O - CH_2 - \underset{\underset{PGA}{}}{\overset{O}{\overset{\|}{C}}} \!\!+_{\!n}} \qquad \mathrm{+ O - CH_2 - \overset{O}{\overset{\|}{C}} \!\!+_{\!m} \!\!+\! O - \overset{CH_3}{\overset{|}{CH}} - \overset{O}{\overset{\|}{C}} \!\!+_{\!n}}$$
PGA   P(GA–LA)

生分解性が認められている化学合成ポリマーとしては，ポリエステルのほかにポリアミド，ポリウレタン，ポリビニルアルコールなどがあり，用途開発が進められている．

高分子材料は先端技術に不可欠の重要な材料である．本章でとりあげなかったものに，液晶高分子やデンドリマーと名づけられた多分岐ポリマー，さらには有機高分子材料とは異なる無機高分子材料などがある．これらの高分子材料は，現在もめざましい発展を続けており，その化学合成の研究と並んで高分子の物理学や物理化学の研究も急速に発展している．

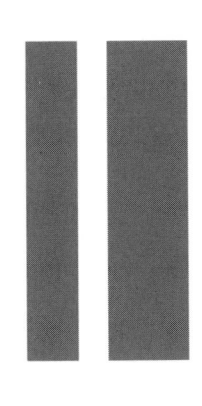

第 7 章

有機ファインケミカルズ

ファインケミカルズ(精密化学品)とは，多種・少量生産型の付加価値の高い化学工業製品の総称である．有機化学工業で生産される製品としては，洗剤やシャンプーのような界面活性剤，色素化合物である染料や顔料，液晶やけい光物質のような電子材料，各種医薬品などが，代表的かつ重要な例としてあげられる．本章では，人々の豊かな生活を支えているこれらのファインケミカルズについて概説する．

7.1
界面活性剤

7.1.1 界面活性剤の構造と働き

水と油のように混じりあわない2つの物質の界面に配向し，その界面の性質を著しく変化させる化合物のことを界面活性剤とよぶ．界面活性剤は通常1つの分子中に，水になじまない部分(疎水基)と水になじみやすい部分(親水基)をもつ．具体例として，セッケンとして利用されている長鎖脂肪族カルボン酸のナトリウム塩の構造を，図7.1 に示す．

界面活性剤分子は，希薄水溶液では，水表面に存在するものと水中に存在するものがある．濃度を上げていくと水表面に留まることができない分子が現れ，また疎水基の存在のため水への溶解度も限られるので，水中でミセルとよばれる分子集合体を形

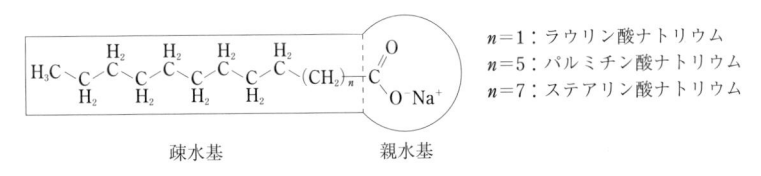

$n=1$：ラウリン酸ナトリウム
$n=5$：パルミチン酸ナトリウム
$n=7$：ステアリン酸ナトリウム

図 **7.1** 典型的なセッケン分子の構造.

成するようになる(図7.2). ミセルは数十から数百の分子からなっている. ミセルができはじめるときの界面活性剤の濃度を, 臨界ミセル濃度(CMC)という. 濃度の上昇とともに水表面に存在する界面活性剤の存在量が増え, 水の表面張力が低下していく. CMCで水表面は界面活性剤分子で飽和する. このためCMC以上では表面張力の低下はみられなくなるので, 表面張力を測定することによりCMCの値(一般に$10^{-2} \sim 10^{-4}$ M)を求めることができる. 表面(界面)張力を低下させたり, ミセルを形成するこのような性質のため, 界面活性剤は, 湿潤, 浸透, 乳化, 分散, 可溶化, 起泡, 消泡, 洗浄など, さまざまな作用が発現し, 日常生活から各種工業分野まで広く利用されている.

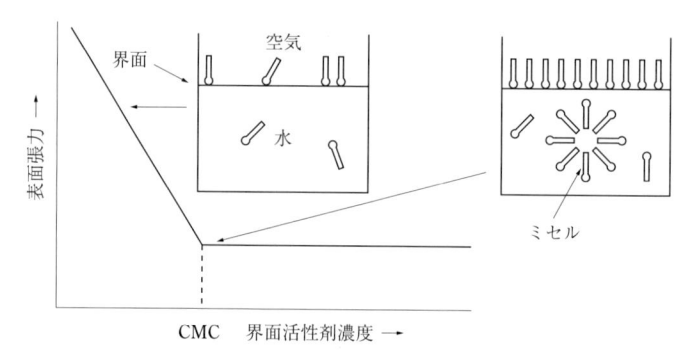

図 **7.2** 界面活性剤濃度と表面張力の関係.
[松田治和ほか, 有機工業化学 第2版, p.149, 丸善(1999)]

7.1.2 界面活性剤の分類

界面活性剤分子の疎水基部分は, セッケンのようなアルキル基のほか, アルケニル基, アリール基, 含フッ素炭化水素基からなる. 一方, 親水基部分にはカルボキシラート基やスルホナート基のようなアニオン性基や, アンモニウム基のようなカチオン性基, あるいはエーテル基や水酸基のような中性基が用いられる. 界面活性剤は一般に親水基の性質によって, アニオン界面活性剤, カチオン界面活性剤, 両性界面活性剤, 非イオン界面活性剤に分類される.

A. アニオン界面活性剤

上述のように, セッケンはアニオン界面活性剤に分類される. 直鎖アルキルベンゼンスルホン酸ナトリウム(LAS)は, 合成洗剤の主要な成分として最もよく使われている. 他に α-オレフィンスルホン酸(AOS), アルキル硫酸エステル(AS), アルキル

エーテル硫酸エステル（AES），アルカンスルホン酸（SAS）などのナトリウム塩が，洗剤やシャンプーなどの成分として用いられている．

$$R-C_6H_4-SO_3Na \quad LAS$$
$$RCH=CHCH_2SO_3Na \quad AOS$$
$$ROSO_3Na \quad AS$$
$$R(OCH_2CH_2)_nOSO_3Na \quad AES$$
$$RSO_3Na \quad SAS$$

B. カチオン界面活性剤

第四級アンモニウム塩やピリジニウム塩あるいはアミンの塩が，工業的に生産されている．洗浄力が弱く，またアニオン界面活性剤と塩を作るので洗剤としては使われない．用途として，繊維の柔軟剤，ヘアリンス剤，顔料分散剤，コンクリート防水剤，殺菌消毒剤などがある．

第四級アンモニウム塩（R^1—$N^+(R^2)(R^3)(R^4)$ X^-，$X^-=Cl^-$，NO_3^- など）　ピリジニウム塩（R—$NC_5H_5^+$ X^-）

C. 両性界面活性剤

分子中にアニオン性およびカチオン性の両親水基をもつ界面活性剤を，一般に両性界面活性剤とよぶ．アミノ酸型やベタイン型があり，それらの構造からわかるように，広いpH領域で使用することができる．繊維の柔軟剤，シャンプー，殺菌消毒剤，帯電防止剤，金属防食剤，燃料油添加剤などの用途がある．

アミノ酸型：$RNHCH_2CH_2COOH$
ベタイン型：$R^1-N^+(R^2)(R^3)-CH_2COO^-$

D. 非イオン界面活性剤

親水基部分に，イオン性基の代わりに複数のエーテル基や水酸基をもつ界面活性剤で，水中で電離しない．耐硬水性，耐酸性，耐アルカリ性にすぐれ，広いpH領域で使用することができる．イオン性界面活性剤と共用でき，家庭用洗剤，シャンプー，繊維柔軟剤などに配合されている．脂肪酸のモノグリセリドやショ糖エステルは，食

品用の乳化剤として用いられる．

R(OCH$_2$CH$_2$)$_n$OH
ポリエチレングリコール
モノエーテル
（ポリオキシエチレン系）

脂肪酸モノグリセリド

ショ糖エステル

HLB

界面活性剤の特性は，親水性（hydrophile）と疎水性（lipophile）のバランスによって大きく変化する．このバランス（HLB）の値を求めるいくつかの計算式が提案されている．たとえば，ポリオキシエチレン系非イオン性界面活性剤では，HLB ＝（親水基分子量／全体の分子量）× 20 で求められ，0 と 20 の間の値をとる．値が大きいほど分子全体として親水性に富む．

クラフト点と曇り点

イオン性界面活性剤は，ある温度以上で水への溶解度が急激に高くなる現象がしばしばみられる．これは，この温度付近でミセルが形成可能な溶解度に達するためで，クラフト点とよばれる．一方，ポリオキシエチレン系の非イオン界面活性剤では，ある温度以上で白濁する．これは，界面活性剤と水分子の水素結合が弱まって溶解度が減少するためで，曇り点とよばれる．

7.2
色素化合物——染料と顔料

7.2.1　有機化合物の構造と色

　波長が 400 ～ 800 nm の可視領域（紫～赤）の光を吸収し呈色する物質を，色素とよぶ．有機色素のほとんどは，中心構造に芳香族あるいはヘテロ芳香族骨格（色原体とよぶ）をもつ．ジアゾ基，ニトロ基，カルボニル基などで官能基化されると着色しやすくなり，アミノ基や水酸基などの電子供与性基が置換すると色合いが深くなる傾向

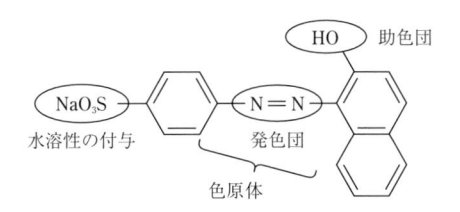

図 7.3 Orange II(酸性染料)の構造.

がみられることから，O.N.Witt により，前者が発色団，後者が助色団と名づけられた(図 7.3)．

有機色素の光吸収は，分子軌道の HOMO(最高被占軌道)から LUMO(最低空軌道)への電子遷移に基づく(図 7.4)．太陽光のような可視光の全波長領域にわたる白色光のうち，HOMO と LUMO のエネルギー差に相当する波長の光($\Delta E = h\nu$)が色素によって吸収されると呈色する．すなわち，吸収されなかった波長領域の光(反射光または透過光)が人間の目に入り色が観察される．この色を余色とよぶ．この関係は，J. Griffiths によって提案されたカラーサークル(図 7.5)によってよく理解できる．た

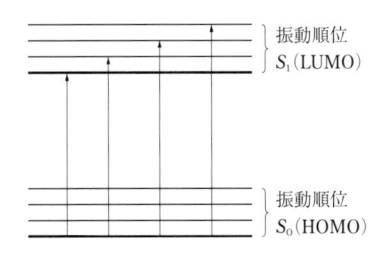

図 7.4 光吸収による電子遷移.

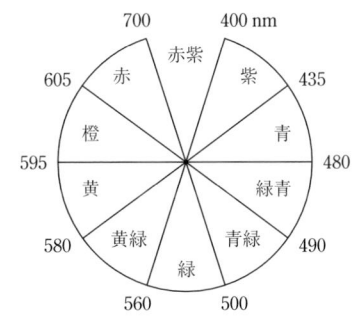

図 7.5 カラーサークル.

とえば，紫色に見える波長域の光（光自身に色があるのではなく，人間の視覚によって色を感ずる）が吸収されると黄緑に見える．このような1対の色を互いに補色の関係にあるという．

　上述のように，色素の色は，分子軌道を形成する π 電子の共役の状態で決まる HOMO と LUMO のエネルギー差に依存する．このエネルギー差を分子構造から予測する量子化学的研究もなされている．一般に吸収光の波長が長いほど深色，短いほど浅色とよばれる．一方，色の濃さは光の吸収効率（吸光係数）によって決まり，吸収が強いほど濃色，逆の場合は淡色となる．

7.2.2 混　　色

　異なる色の絵の具を混ぜると，新たな色が生ずる．これは異なる波長領域の光が同時に吸収されるので，余色が変わるためである．この場合，吸収される光の割合が増えるため暗くなるので，減法混色とよばれる．シアン（C，青），マゼンタ（M，赤紫），イエロー（Y，黄）の3色ですべての色を作ることができるので，この3色を減法混色の三原色とよぶ．光の場合も同様で，異なる色の波長領域の光が混じると別の色として感じられる．光の場合は強度が増すので，加法混色とよばれる．加法混色の三原色は，赤（R），緑（G），青（B）であり，これらは減法混色の三原色と補色の関係にある．これらの関係を図7.6に示す．

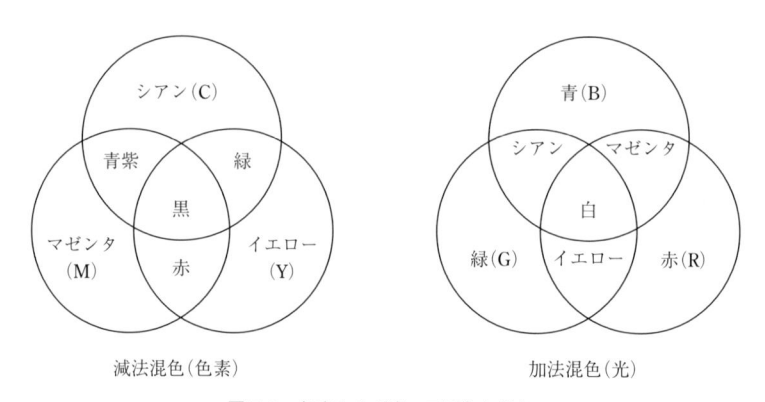

図 7.6　色素および光の三原色と混色．

7.2.3 染料と顔料

A. 染　　料

　色素化合物のうち，水や有機溶媒に溶けて繊維や樹脂などを染めることができるも

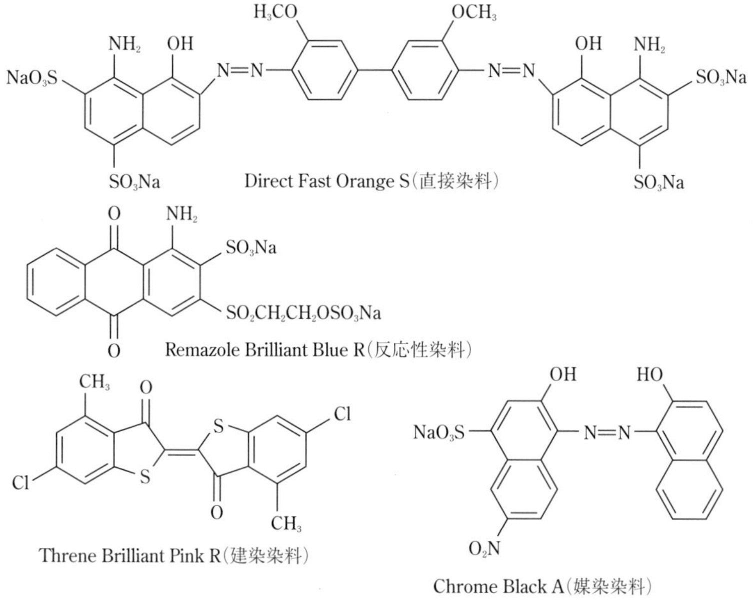

図 **7.7** 代表的な染料の例.

のを染料とよぶ．代表的な染料の構造を図 7.3 と図 7.7 に示す．染料は繊維への染着様式により，直接染料，反応性染料，建染染料，媒染染料などに分離される．

1) 酸性染料：酸性水溶液を用いて染色すると，染料中の SO_3^- 基と繊維中のアミノ酸残基のプロトン化でできる NH_3^+ 基が，イオン結合する．
2) 直接染料：水素結合と分散力（ファンデルワールス力）で染着する．
3) 反応性染料：染料分子と繊維が化学結合を形成する．上記の例では，$SO_2CH_2CH_2OSO_3Na$ の部分が脱離反応により $SO_2CH=CH_2$ となって，繊維の OH 基や NH_2 基と反応する．
4) 建染染料：不溶性の染料を還元剤により水に可溶化し，染色したのちに空気酸化して不溶化する．水素結合と分散力（ファンデルワールス力）で染着する．
5) 媒染染料：クロムや銅などの金属イオンの存在下で染色すると，金属イオンに繊維と染料の配位性官能基が配位して染着する．

B. 顔　　料

染料とは異なり，溶媒に溶けにくく，微粒子化して溶剤やバインダーに分散させてインクや塗料などの着色成分として利用されるものを，顔料とよぶ．代表的な顔料の

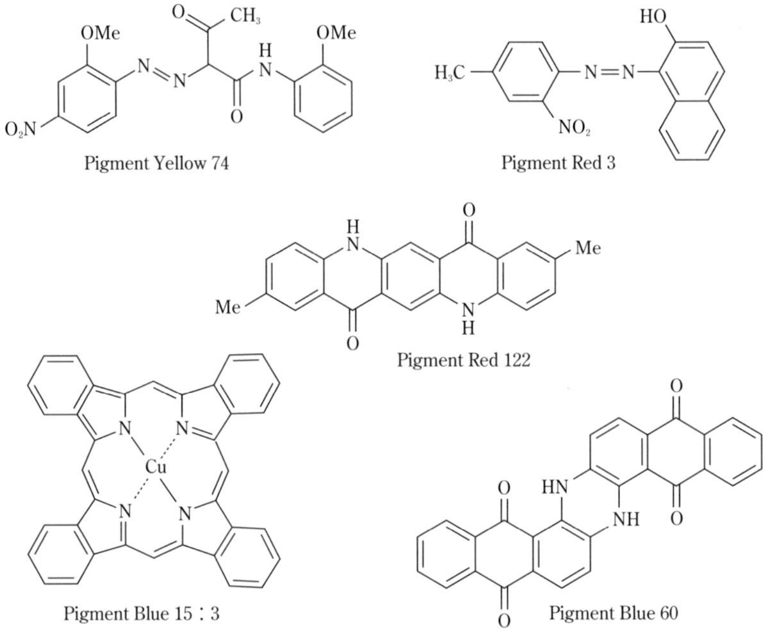

図 **7.8** 代表的な顔料の例.

構造を図 7.8 に示す.

7.2.4 カラー印刷

　電子写真(カラーコピー),インクジェット,昇華転写などが,カラー印刷の代表的な方法としてあげられる.電子写真(図 7.9)では,光導電体(現在,有機光導電体が主として使われている)を帯電させておき(a),画像を露光して光の当たる部分(空白の部分)の帯電を消滅させる(b).照射されずに残った部分の電荷の像に,反対電荷をもつ着色剤(トナー)を静電的に吸着させる(c).このようにしてできた像を紙に転写する(d).白黒用のコピー機ではトナーとして黒色のカーボンブラックが用いられるが,イエロー,マゼンタ,シアンの三原色色素を用いればフルカラーコピーができる.図 7.8 に示した Pigment Red 122(メチルキナクリドン)や Pigment Blue 15:3(銅フタロシアニン)は,それぞれマゼンタおよびシアン色素として電子写真に用いられる.

　インクジェット方式では,直径数十 μm のノズルから着色インクを飛ばして記録紙上に印刷する.インクの素材には染料系および顔料系が用いられる.染料系色素のイ

7.2 色素化合物—染料と顔料

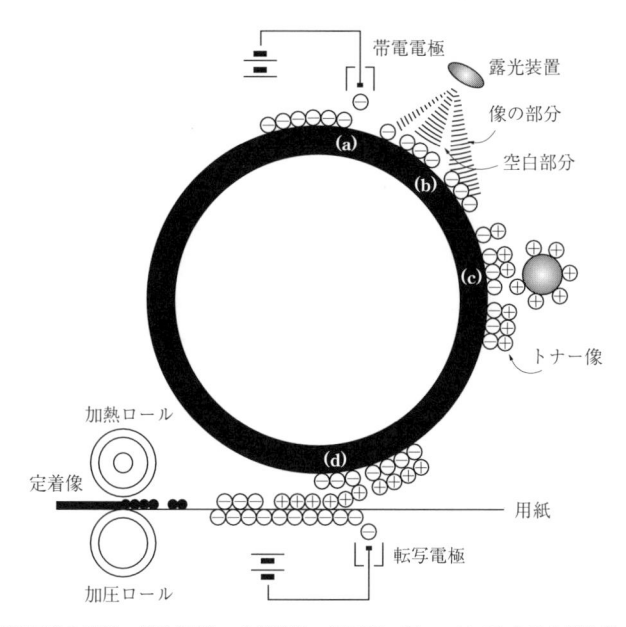

図 7.9 電子写真の原理．[野村正勝，小松満男，町田憲一編，一目でわかる先端化学の基礎，p.80，大阪大学出版会(2002)]

エローおよびマゼンタ成分として，水溶性のアゾ色素などが(図 7.10)，シアン成分として銅フタロシアニンのスルホン化物などが用いられる．顔料系色素のイエロー成分としては Pigment Yellow 74 などが，マゼンタおよびシアン成分として，電子写真で

図 7.10 インクジェット用色素の構造．

も使われる Pigment Red 122 や Pigment Blue 15:3 などが用いられる(図7.8参照). 顔料系は染料系に比べて耐水性, 耐候性がよいが, ノズルが目詰まりしやすいので顔料の分散技術が重要となる. インクタンク中の色素成分をノズルからを押し出す方法として, 電圧印加により変形するセラミックス製の圧電素子(ピエゾ素子)を用いる方法(ピエゾ素子方式)や, ヒーターを用いて電気的に加熱して気泡を生じさせる方法(バブルジェット方式)がある.

昇華転写法では, 熱昇華性色素を含むインクシートを小型発熱素子で加熱し, 昇華した色素を受像紙に写すことにより画像が形成される. 典型的な昇華性色素の構造を図 7.11 に示す.

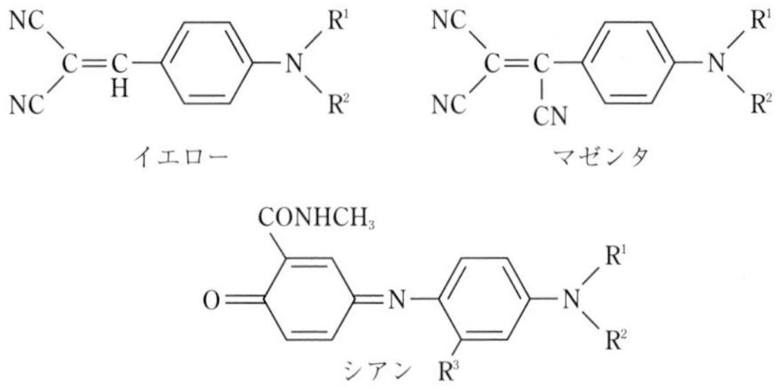

図 **7.11** 昇華転写用色素の構造.

7.2.5 機能性色素

近年, 色素化合物は染色, 印刷, 塗装にとどまらず, さまざまな分野で利用されるようになっている. すなわち, 色素分子の可視光吸収特性ばかりでなく, けい光発光特性や酸化還元特性などを利用して, カラー写真, 液晶ディスプレイ, 有機エレクトロルミネッセンス(EL), 光ディスク(CD-R, DVD-R), 色素レーザーなどに利用されている. 色素化合物は色素太陽電池や有機電界効果トランジスターにも利用でき, 実用化が期待されている. これらの応用分野に利用される色素を総称して, 機能性色素とよぶ. 液晶および有機 EL については, 7.5, 7.6 節で解説する.

7.3
医　薬　品

医薬品は, 人々が健康な生活を長く営むうえで欠くことのできないものである. 医薬品は高付加価値の化学品であることから, 製造コスト面で広範囲の有機反応が利用

7.3 医薬品

CD-R と DVD-R

CD-R は，書き込み可能な(recordable)コンパクトディスクで，図に示すように基板，色素層，反射層，保護層からなる．基板にはピットとよばれるくぼみが周期的につけられていて，その部分に 775〜795 nm の比較的強いレーザー光を照射すると，色素が光吸収によって分解し，照射部の光屈折率が変化する．このようにして光記録した情報を，色素が分解しない弱いレーザー光(波長領域は書き込み時と同じ)に当てて読み取る．もちろん，用いるレーザー光の波長領域に吸収帯のある色素が用いられる．色素の分解は不可逆なので，書き込みは一度に限られる．情報の書き込みと消去が繰り返し可能な CD-RW では，記録層にアモルファス合金が用いられている．DVD-R も基本原理は同じであるが，記録情報量を多くするために，より短波長(635〜660 nm)のレーザー光が使われる．

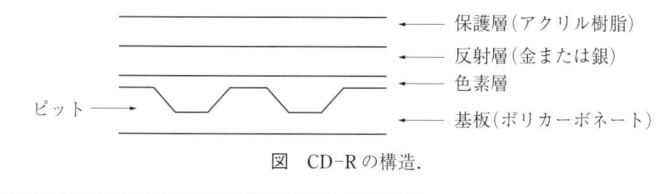

- 保護層(アクリル樹脂)
- 反射層(金または銀)
- 色素層
- ピット → 基板(ポリカーボネート)

図　CD-R の構造．

可能であり，有機合成化学の格好の標的である．1928 年に A. Fleming によるペニシリンの発見があり，その後ペニシリンの β-ラクタム構造が同定され，次々と β-ラクタム系抗生物質が合成された．図 7.12 に，ペニシリン系と 1970 年代以降主流となったセファロスポリン系抗生物質を示す．その分子は立体的に複雑な構造をしており，立体化学を制御しながらターゲット化合物を効率よく合成することが求められる．特に不斉合成反応の出現は，医薬品開発に格段の進歩をもたらした．

ペニシリン系　　セファロスポリン系

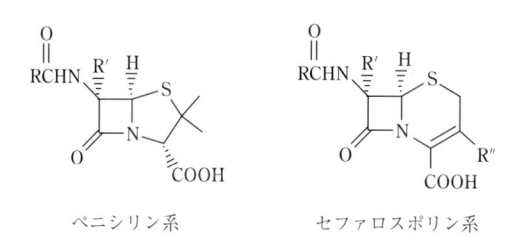

図 7.12　代表的な抗生物質の構造．

7.3.1 不斉合成反応

2001年のノーベル化学賞が野依良治教授とK. B. Sharpless教授，W. S. Knowles教授に授与され，その受賞対象は「キラル触媒による不斉合成の研究」であった．図7.13に示すように，実像とそれを鏡に写した象（鏡像）が重ならないとき，そのような分子をキラルであるといい，それぞれの実像および鏡像を，光学異性体または鏡像異性体とよぶ．1つの炭素に4つの異なる基が結合した場合に生じ，その炭素のことを不斉炭素またはキラル中心とよぶ．鏡像異性体のどちらか一方が過剰に存在する場合を，光学活性であるという．また，鏡像異性体が等量存在する混合物をラセミ混合物とよぶ．不斉炭素周りの絶対配置の定義であるS体とR体については，不斉炭素に結合している原子の原子番号により決定する．不斉炭素に結合している4つの原子のうち，最も原子番号の小さなものを紙面の向こう側にして（図7.13では水素），残りの3原子について原子番号の大きい順に番号をつけた際に，その順序が右回りのものをR体，左回りのものをS体とする．原子番号が同じ場合はその原子と結合している次の原子で決める．図7.13では左の実像がS体であり，右の鏡像がR体となる．

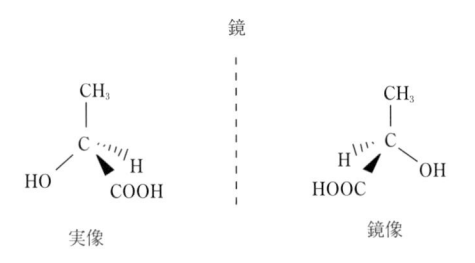

図 **7.13** 鏡像異性体．

鏡像異性体の分離については，パスツールの光学分割が有名である．鏡像異性体間で沸点や屈折率などの物性に違いはなく，ただ旋光計を回転させる向きのみが逆だと考えられてきた．ところが，生体はこの違いを識別する．必須アミノ酸は鏡像異性体の対が存在するが，一方の鏡像異性体だけが生理活性をもち，生体で有用となる．また，サリドマイド薬害の例がよく知られているように，鏡像異性体のうち一方は鎮静作用のみを示し，他方は奇形作用を示した．医薬品のみでなく，香料についても鏡像異性体間で違いがみられる．図7.14にカルボンの鏡像異性体を示す．両者とも香味料として用いられるが，一方はスペアミントの香りで，他方はキャラウェーの香りである．そこで，鏡像異性体を効率よく作り分ける技術が必要となった．当初この作り

7.3 医薬品

図 **7.14** カルボンの鏡像異性体.

（左：スペアミント、右：キャラウェー）

分けは，ラセミ体を合成して光学分割するか，微生物を用いる合成により行われた．しかし，光学分割では分割の時点で収量が半減する．また微生物を用いる合成では，一方の光学異性体しか生成できない，光学純度があまり高くない，反応条件で基質濃度を薄くしなくてはならず効率がよくない，などの問題がある．1960 年代後半から有機合成化学的手法による不斉合成の研究が進められ，1970 ～ 80 年代にかけて微量のキラル化合物を触媒として用いることにより，鏡像異性体の作り分けが可能になった．不斉合成反応には，不斉源を基質と同等以上に必要とするものと触媒量ですむものとがある．後者を不斉触媒反応といい，微量の不斉源から大量の光学活性物質を作ることができる．図 7.15 に，野依らのキラル触媒を用いる不斉触媒反応の例をあげる．BINAP－ルテニウム触媒を用いると，平面構造をもつ多様なケトン基質に対して水素分子を鏡像選択的に付加することができる．不斉触媒反応がいろいろな反応に適用されるようになり，多様な光学活性化合物の作り分けが可能になった．

(S)-BINAP–Ru触媒　　　　　　　　　　　　(R)-BINAP–Ru触媒

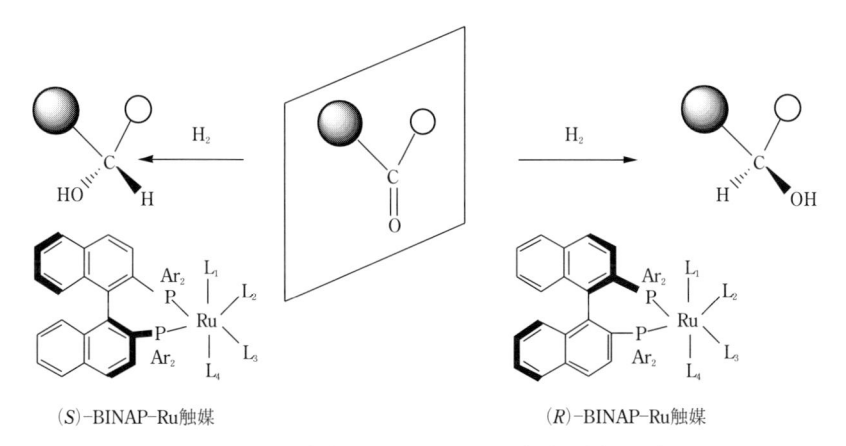

図 **7.15** キラル触媒を用いる鏡像選択的な触媒的水素化反応.

7.3.2 医薬品合成

不斉合成反応が医薬品合成に利用された例を紹介する．図 7.16 に示す化合物 4 は β-メチルカルバペネムとよばれ，すぐれた抗菌活性を示す抗生物質である．この合成において，4つの連続したキラル中心をもっている鍵中間体 3 を，いかに効率よく合成するかが重要な課題であった．野依らは，化合物 1 を BINAP-Ru 触媒を用いて水素添加することにより，高選択的に高収率で化合物 2 を得，鍵中間体 3 を効率よく合成することに成功した．

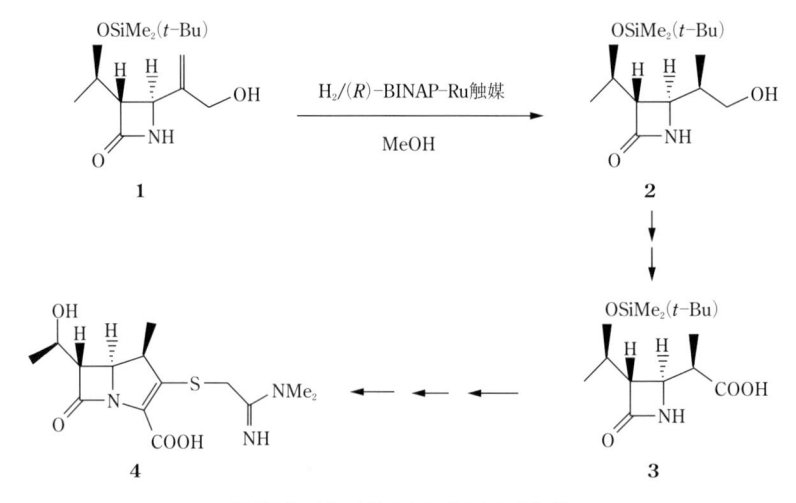

図 7.16 1β-メチルカルバペネムの合成．

医薬品，特に抗生物質の製造では，従来，微生物による発酵法が主流であったが，有機合成化学の進歩により，発酵法によって得られた抗生物質を合成化学的に修飾する半合成法，あるいは全合成法に置き換わりつつある．図 7.17 に代表的な合成医薬品の構造をあげる．

7.4 有機導電性材料

モバイル化は人々の行動に大きな変革をもたらし，その中でも携帯用機器の高性能化と軽量化の効果は，身近に実感することができる．そこでは導電性高分子材料やその技術を応用したリチウムイオン電池が，ノートパソコンや携帯電話用電池として利

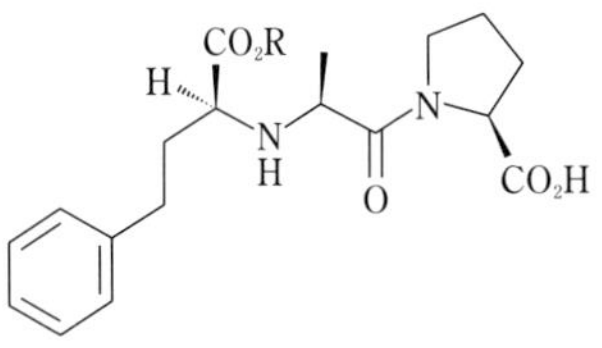

7.4 有機導電性材料

エナラプリル（血液降下薬） 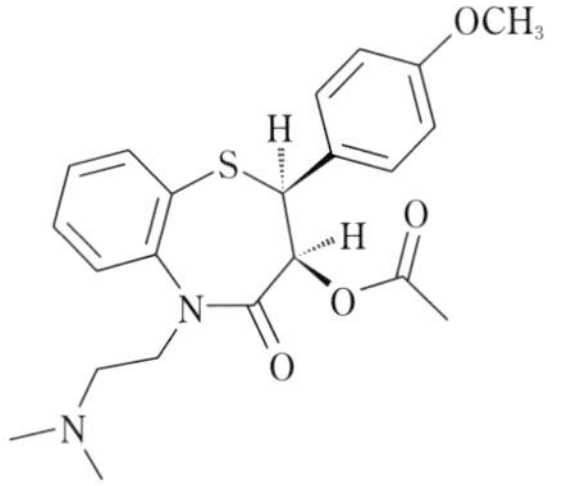　　　ジルチアゼム（狭心症治療薬）

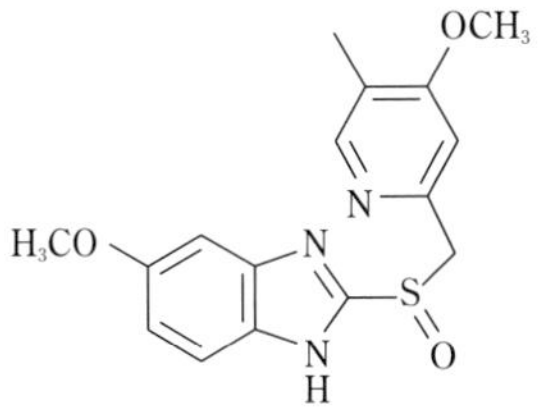

オメプラゾール（胃酸分泌抑制薬） 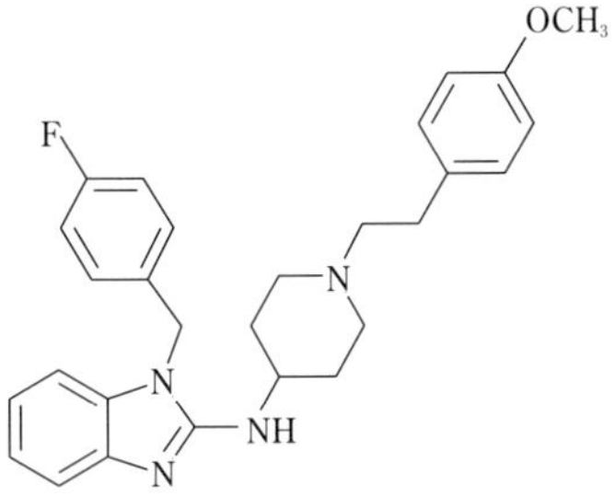　　アステミゾール（花粉症治療薬）

図 7.17　合成医薬品．

用されている．これらは，絶縁体と考えられていた高分子材料に金属なみの導電性をもたらすことにより可能になった．このブレークスルーは白川英樹教授，A. J.Heeger 博士と A. G. MacDiarmid 博士によってなされ，この業績により 2000 年のノーベル化学賞が授与された．

7.4.1　導　電　性

図 7.18 にいろいろな物質の導電率（σ：単位はシーメンス（S cm^{-1}））を示す．ナイロンやポリスチレンなどの高分子材料は $10^{-20} \sim 10^{-15}$ S cm^{-1} で絶縁体であり，一方銅は 10^6 S cm^{-1} と良好な導電性を示す．まず絶縁体，半導体および金属の違いについて簡単に説明したのち，ポリアセチレンの導電性について解説する．図 7.19 に固体のバンド構造を示す．価電子帯（valence band，VB）には電子が詰まり満杯の状態で，伝導帯（conduction band，CB）には電子が詰まっていない．VB と CB のエネルギー差をバンドギャップ（表 2.2 参照）といい，絶縁体ではこの値が大きく，VB の電子は CB へ移ることができない．しかし，この値が小さくなって 1.5 eV 以下程度となると半

191

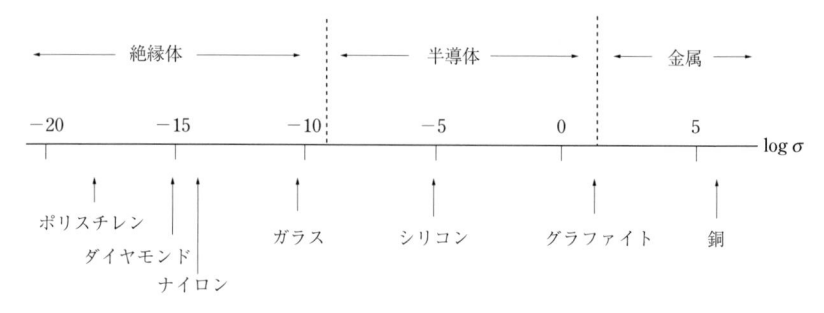

図 7.18 いろいろな物質の導電率(室温).

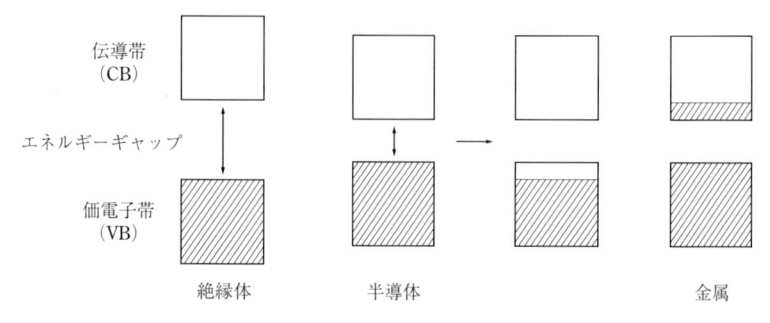

図 7.19 固体のバンド構造.

導体となり，VB の電子が CB へ移ることができるようになる．これによって CB では動ける電子が存在し，また VB では電子が飛び出すことによってホールができる．電子やホールが動き回ることにより電気が流れる．一方，金属では VB と CB が連続しており，バンドギャップが存在しない．

7.4.2 ポリアセチレン

ポリアセチレンの構造にはトランス型とシス型の 2 種類があり (p.159 参照)，導電性に関係するのはトランス構造である．トランス型ポリアセチレンの導電率は 10^{-5} S cm^{-1} で，半導体の範ちゅうに入る．二重結合と単結合が交互に存在していて（共役），それが一次元的に伸びている．炭素-炭素二重結合は，sp^2 混成軌道からなる σ 結合と，p 軌道の重なりによる π 結合からなる．ここで σ 結合に関与する電子は結合軸周りの限られた空間に閉じ込められているが，π 結合に関与する電子は広い空間を動き回ることができる．二重結合が一次元方向に共役することにより，π 電子が動ける領域が非常に広がることになる．一方，導電率は以下の式で表すことができる．

7.4 有機導電性材料

$$\sigma = n \times e \times \mu \tag{7.1}$$

ここで，n：キャリヤー濃度，e：電荷素量，μ：移動度である．ポリアセチレンは，π結合が一次元方向に共役することによって大きなμをもっていると考えられる．しかし，nが不十分である．それには，ポリアセチレンに電子を与えたり，あるいはポリアセチレンから電子を奪いホールを作ることによって，キャリヤーを発生させることが必要になる．これはドーピングという操作によってなされる．ヨウ素は，電子を1つ受け取ることにより安定な閉殻構造をとることができ，相手から電子を奪いやすい性質をもつ．ポリアセチレンにヨウ素をドープ(添加)することにより，ポリアセチレンから電子を奪う．図 7.19 のバンド構造において，半導体であるポリアセチレンの価電子体から電子が奪われて，VB にホールができたことになる．一方，ナトリウムは最外殻電子が1つであり，相手に電子を与えることにより安定な閉殻構造をとる．ナトリウムをポリアセチレンにドープすることで，ポリアセチレンの伝導帯に電子が入ることになる(図 7.20)．以上のようにドーピングによってキャリヤーが発生し，それがポリアセチレンの共役二重結合のπ結合を介して動き回る(非極在化)ことで，電気が流れることになる．このドーピングにより導電率は 10^5 S cm^{-1} 程度にまで上昇し，この値は金属の範ちゅうに入る．詳細は巻末の参考書を参照していただきたい．

この白川らのドーピングによる導電性ポリアセチレンの発見は，1977 年に英国化学会誌に発表されたが，高分子科学の世界に非常に大きなインパクトを与えた．軽量で成型性のよい高分子材料で，シリコンのような半導体素子への可能性を示すものであり，また銅線の代わりの配線材料として導電性高分子の登場が期待される．その特徴は，分子レベルでの機能設計が可能となることにある．現在までに開発されたおもな導電性高分子材料とその応用例を，表 7.1 に示す．

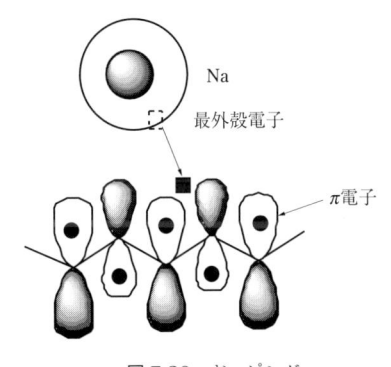

図 7.20　ドーピング．

表 7.1　おもな導電性高分子材料とその応用例

導電性高分子	ポリチオフェン	ポリピロール	ポリアニリン	ポリ(*p*-フェニレンビニレン)
応用例	トランジスター素子	固体コンデンサー	コイン電池	ディスプレイ用発光材料

7.5 液晶材料

　液晶(liquid crystal)というと，パソコンなどに使われる液晶ディスプレイを思い浮かべるのではないだろうか．ディスプレイに使用されているのはネマチック液晶(7.5.2参照)であり，白濁した液体状である．15インチの液晶ディスプレイに使用されている液晶材料はわずか350 mgであるが，この液晶材料の存在がフラットパネルディスプレイを可能にしたのである．この節では，液晶とは何かを述べ，液晶を発現するための相互作用について説明し，最後に液晶ディスプレイのメカニズムを解説する．

7.5.1 液晶の発見

　液晶は，固体の光学的異方性と液体の流動性をあわせもっている．そのため電場などの外場により容易に配向状態を変化させ，その配向に応じて異なる物性を示す．液晶は1888年にオーストリアの植物学者 F. Reinitzer により発見された．彼は，コレステロールベンゾエートが，結晶から145.5 ℃で不透明な液体となり，178.5 ℃で全く透明な液体となることを見つけた．そしてドイツの物理学者 O. Lehmann が，この不透明な状態が物理的に単一で，流動性をもちながら光学的異方性をもつことを明らかにした．図7.21にネマチック液晶を偏光顕微鏡で観察した際の模様(テクスチャー)を示す．この模様は，液晶分子が微視的に特定方向に配列することによって生じる光学的異方性に基づくものである．液体を同じように偏光顕微鏡で観察しても，何も模様は見えない．液晶は電場などの外場により容易に配向状態を変化させ，その配向に応じて異なる物性を示す．1960年代に，液晶状態における動的散乱モードを用いた表示材料への応用が発表されてから，エレクトロニクス関連分野を中心に活発に研究され，フラットパネルを可能にした液晶ディスプレイの出現となった．また，液晶状態で紡糸することにより高強度繊維が得られることがわかり，エンジニアリングプラスチックとして実用化された．

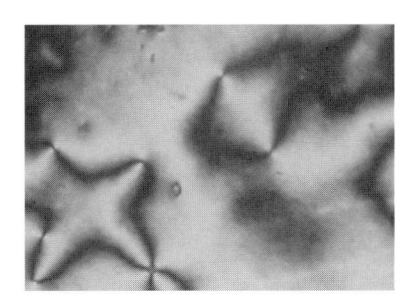

図 7.21　ネマチック液晶の偏光顕微鏡写真.

7.5.2　液晶相の分類

物質の結晶状態では，構成する分子の位置と配向について長距離秩序が存在する（図 7.22）．外的要因，たとえば加熱によってこの 2 つの秩序が失われ，等方性液体となる．しかし，ある種のものでは位置の秩序は部分的または完全に失われるが，配向の秩序が残っている状態が現れる．これが液晶である．液晶とは，液晶状態を示す材料を表す言葉として使われることがあるが，本来，結晶や液体と同じように物質の状態を表す言葉である．一方，位置の秩序は存在するが配向の秩序が失われたものを，柔粘性結晶（plastic crystal）という．液晶相形成の要因は 2 種類あり，1 つは溶媒の作用により液晶相が現れるリオトロピック（lyotropic）液晶で，リン脂質や界面活性剤な

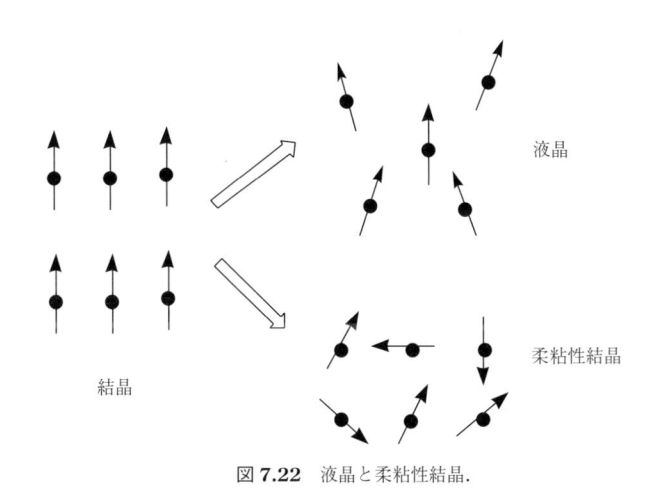

図 7.22　液晶と柔粘性結晶.

どがある．もう一方は，温度変化によるサーモトロピック(thermotropic)液晶で，分子構造によって，棒状低分子液晶，円盤状低分子液晶，主鎖型高分子液晶および側鎖型高分子液晶に大別される(図 7.23)．

液晶相にはいろいろな秩序が存在する．リオトロピック液晶は溶媒濃度によりラメラ相，キュービック相やカラムナー相などが発現する．サーモトロピック液晶では，棒状分子からなる系ではカラミチック相(ネマチック相とスメクチック相)，板状分子からなる系ではディスコチック相がみられる．カラミチック相では，層構造がないかあるかによってネマチック(nematic)相とスメクチック(smectic)相に分類される(図 7.24)．ネマチック相は分子長軸がほぼ一方向に揃い，配向に関して長距離秩序をもつ．スメクチック相は層構造をもち，分子長軸が層法線に平行なスメクチック A (SmA)相や，分子長軸が層法線に対して傾いているスメクチック C (SmC)相などがある．系がキラルである場合，らせん構造が発生する．ネマチック相では，キラルネマチック(N^*)またはコレステリック(Ch)相とよばれ，らせん軸は分子長軸に垂直な方向になる．スメクチック相では，分子長軸が層法線から傾いている SmC 相などで

(a) リオトロピック液晶

(b) サーモトロピック液晶

低分子液晶　棒状　　　　　　　　　　　　　円盤状

高分子液晶
　　主鎖型　　　　　　側鎖型

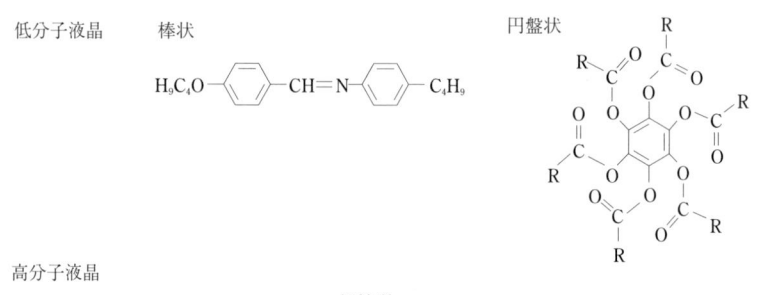

図 **7.23**　液晶相を示す分子構造．

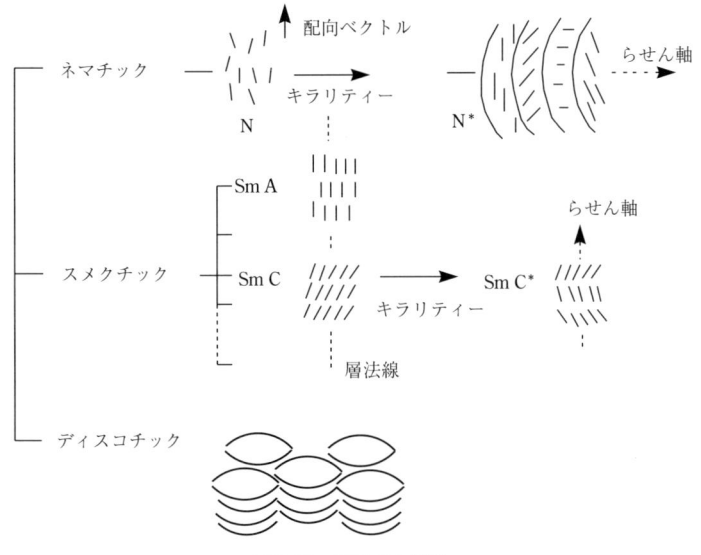

図 **7.24** 液晶相の分類.

らせん構造が発生し，らせん軸は層法線と平行になる．この場合，隣接層で分子が傾く方向が少しずつずれて，らせんが形成される．

7.5.3 液晶相発現の要素

　液晶相発現を分子間相互作用により分類すると，1つは単親媒性(monophilic)化合物でみられる分子の充填のしやすさであり，もう1つは両親媒性(amphiphilic)化合物におけるミクロ相分離である．ここでは，主として棒状低分子液晶における液晶相発現の要素について述べる．いま同じ単親媒性棒状分子 i と j を考える(図 7.25)．分子 j が分子 i と平行になるよう近づくとき，分子 j の中心は点線より内側に入ることができない．点線 A より内側に入れば，分子がめり込んでしまうからである．点線 A で囲まれた領域 V_a を，分子 i がもつ排除体積とよぶ．斥力によって分子が他の分子を入り込ませない領域となる．一方，分子 j が垂直に近づくとき，この排除体積は点線 B で囲まれた領域 V_b となる．図から明らかなように，分子が棒状であれば $V_a < V_b$ となる．排除体積が小さいほうが有利であり，細長い分子はその分子長軸が平行になるように詰まっていく．一方，分子に異方性が少なくなってくると，平行に配列する有利差が減少する．棒状分子が液晶相を発現しやすいのは，この斥力によるためである．一方，界面活性剤のように分子内に親水基と疎水基をもつような両親媒性分

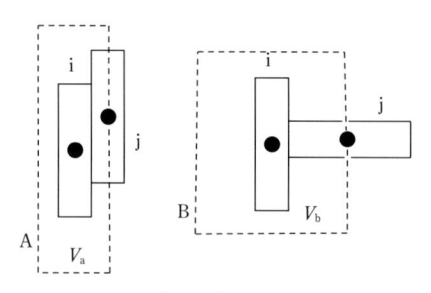

図 7.25 棒状分子の排除体積効果.

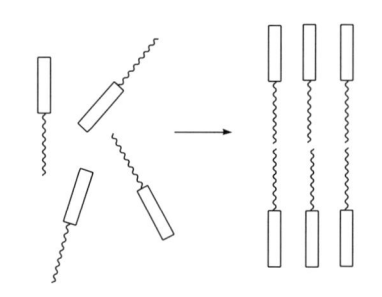

図 7.26 ミクロ相分離による液晶相形成.

子は，親水基どうしおよび疎水基どうしの引力により分子が配列する(図 7.26)．ミクロ相分離による液晶相発現であり，炭化水素/炭化フッ素，極性/非極性などの広義の両親媒性である．

7.5.4 液晶ディスプレイの原理

　液晶ディスプレイは偏光を利用し，液晶材料はその光のスイッチとして使われる．電界によって，液晶分子の配向状態が変化し，それにより光の通過・遮断が生じる．液晶材料自身が光を発するわけではない．それゆえ，液晶ディスプレイは非発光型とよばれ，7.6 節の EL などの発光型と区別される．光(全方位光)を偏光板に通すと，特定の振動方向をもつ光(直線偏光)を通す．2 枚の偏光板を通過させる場合を考える(図 7.27)．偏光を発生させるものを偏光子，偏光を検知したり遮断するものを検光子とよぶ．偏光子と検光子の向きが平行な場合は偏光は通過し，垂直な場合は偏光は検光子を通過できない．分子長軸の平均的配向方向を指定する単位ベクトルを，配向ベクトルまたはダイレクターとよぶ．液晶分子は，微視的にはその長軸方向が特定の向きに並んでいるが，配向処理をしなければ，巨視的には配向ベクトルの向きはランダ

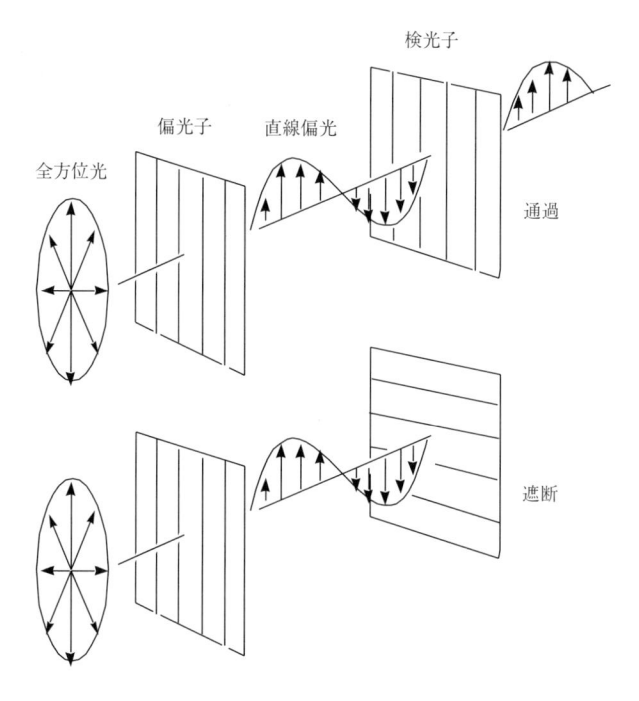

図 7.27　偏向の利用.

ムとなる．均一に液晶分子を並べるためには配向処理が必要となる．基板と平行に配列させるための代表的な方法はラビングとよばれるもので，これは基板に配向膜（ポリイミドなど）を塗布し，その膜を同一方向に擦ると，擦った方向に液晶分子が並ぶ．

なぜ，電界によって液晶分子はその向きを変えるのだろうか．ネマチック液晶を例にとると，分子長軸方向と短軸方向の誘電率が異なり，長軸方向の誘電率から短軸方向の誘電率を引いた値を誘電異方性（$\Delta\varepsilon$）という．液晶を形成する分子構造により，$\Delta\varepsilon$ が正のものもあれば負のものもある．図 7.28 に示すネマチック液晶化合物（4-シアノ-4'-ペンチルビフェニル）は，分子長軸方向に電子吸引基のシアノ基をもち，$\Delta\varepsilon$ は正である．このような化合物を透明電極のついた2枚のガラス基板ではさみ，上下方向に電圧を印加すると，電界と誘電異方性の相互作用により，分子がガラス基板に垂直に配列する．

ツイステッドネマチック（TN）型ディスプレイを例にとり，動作機構を説明する（図 7.29）．偏光子と検光子を直交させる．また，上下の配向膜のラビング方向を，それぞれ偏光子と検光子の向きにあわせておく．電圧を印加しない状態では，液晶分子は

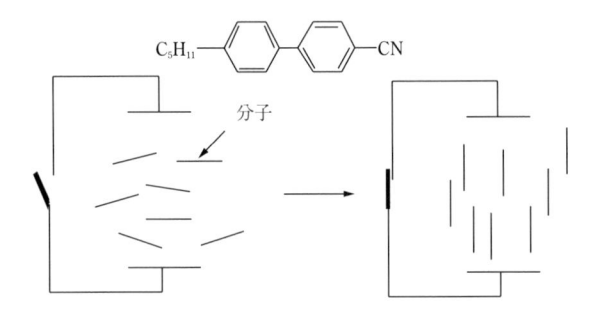

図 **7.28** 電圧印可による液晶分子の再配列.

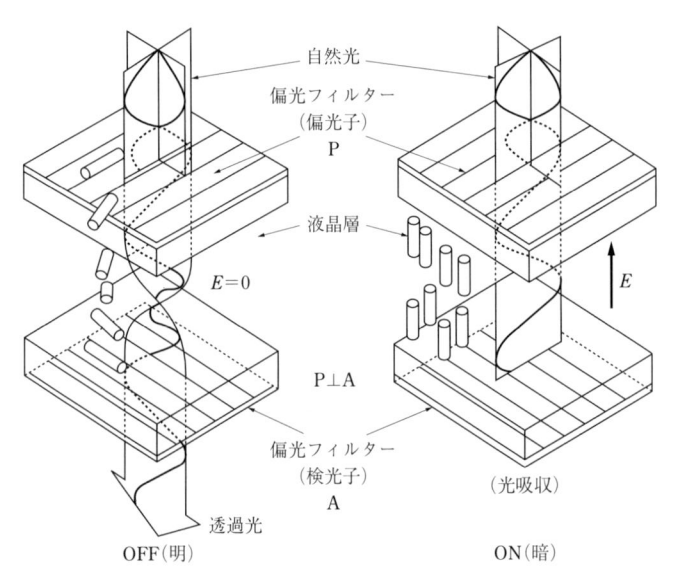

図 **7.29** ツイステッドネマチック型液晶表示素子の動作模式図.
［岬林茂和編，液晶材料，p.173，講談社(1991)］

上下で90度ねじれている．偏光子を通過した偏光は液晶分子に沿って90度ねじれ，検光子を通過し，ディスプレイは明状態となる．これに電圧を印加すると，液晶分子は基板に垂直となるように配向状態を変化させる．このため，偏光子を通過した光はそのまま進み，検光子を通過できず，暗状態となる．これが時計や電卓などで広く使用されているTNモードの駆動原理である．

ディスプレイに使用される液晶材料に要求される性能は，その用途によりさまざま

であるが，通常 10 種類以上混合することによって物性を調整している．有機材料は光や水などに対して不安定であり，当初電子材料には不向きとも考えられた．しかし，液晶材料をガラス板の間に封じ込め，紫外線カットフィルムなどで光による劣化を防ぐことによって，十分な信頼性が得られている．表 7.2 にディスプレイ用液晶材料開発の変遷を示す．室温でネマチック液晶状態をとる化合物の探索から始まり，次に応答速度を速くするために，電界との相互作用が有利なシアノ基などの極性基の導入，あるいはベンゼン環の代わりにシクロヘキサン環を導入して粘性の低下がはかられた．パソコンモニターやテレビには薄膜トランジスター(TFT)駆動が用いられており，そこに使用するためには，導電率が非常に低い(比抵抗が大きな)材料でなければならない．そのため分子に組み込むことができる原子は，C，H および F などに限られてくる．最近ではフッ素系液晶材料が主流を占めてきている．液晶分子設計は分子間相互作用のデザインとも考えられるものであり，ディスプレイ用に限らず，現在も新しい機能の発現をめざして，盛んに研究が進められている．

表 7.2　ディスプレイ用ネマチック液晶材料の開発の変遷

7.6 有機エレクトロルミネッセンス材料

2003 年に地上デジタル放送が開始され，情報家電あるいはデジタル家電とよばれる家電製品の市場が一気に拡大した．この中心をなすものがフラットパネルディスプレイであり，現在は液晶ディスプレイ(LCD)とプラズマディスプレイ(PDP)が主力であるが，今後有機エレクトロルミネッセンス(EL)ディスプレイが伸びてくると予

想されている．本節では，フラットパネルディスプレイにおける3者の位置づけを述べたのちに，有機ELについて解説する．

7.6.1 有機ELディスプレイ

図 7.30 に，デバイス技術による電子ディスプレイの分類をあげる．PDP や EL は自発光型であるのに対し，LCD は非発光型でありバックライトが必要となる．輝度および応答速度という点では PDP や EL が勝っているが，LCD は消費電力が少ないという利点がある．ディスプレイは，対角線の長さでその画面サイズを表す．現時点では，20 インチクラス（1 インチ = 2.54 cm）までは LCD が，60 インチ以上は PDP が主役である．40 インチクラスをめぐって，LCD と PDP がしのぎを削っている．一方，有機 EL はデジタルカメラのファインダーなどに使用されている．表 7.3 に，

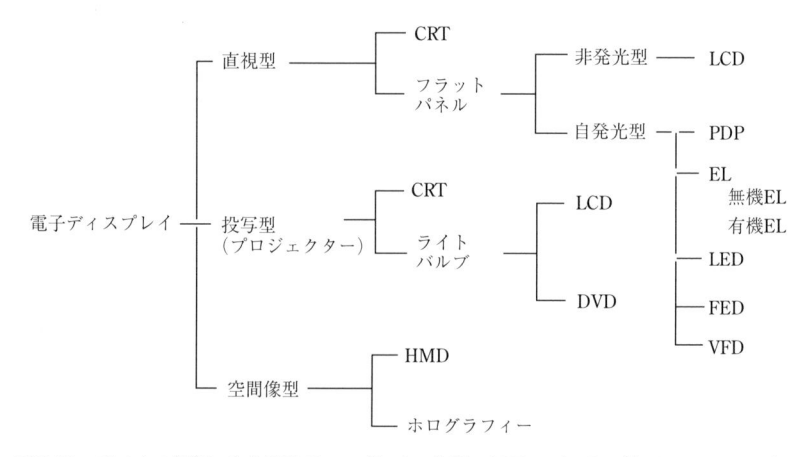

```
                    ┌─ CRT
         ┌─ 直視型 ──┤
         │          └─ フラット     ┌─ 非発光型 ── LCD
         │             パネル  ─────┤
         │                          └─ 自発光型 ─┬─ PDP
         │                                       │   EL
電子ディスプレイ ─┤                                       ├─ 無機EL
         │          ┌─ CRT          ┌─ LCD           有機EL
         ├─ 投写型 ──┤               │                ├─ LED
         │  (プロジェクター)          │                ├─ FED
         │          └─ ライト ──────┤                └─ VFD
         │             バルブ        └─ DVD
         │
         └─ 空間像型 ──┬─ HMD
                      └─ ホログラフィー
```

図 **7.30** デバイス技術による電子ディスプレイの分類．CRT：ブラウン管，HMD：ヘッドマウントディスプレイ，LCD：液晶ディスプレイ，DVD：デジタルマイクロミラーデバイス，PDP：プラズマディスプレイ，EL：エレクトロルミネッセンス，LED：発光ダイオードディスプレイ，FED：フィールドエミッションディスプレイ，VFD：けい光表示管．[谷　千束，ディスプレイ先端技術，p.32，共立出版(1998)を改変]

表 **7.3** ディスプレイ技術の特徴比較（日本経済新聞 2003 年 3 月 4 日）

	薄 型 化	大 型 化	低消費電力	応答速度
ブラウン管	×	△	○	○
PDP	○	○	▲	○
LCD	○	△	◎	△
有機 EL	◎	×	○	○

◎非常にすぐれる，○すぐれる，△普通，▲やや劣る，×劣る

2003年の時点における各ディスプレイの長短を比べる．PDPは発光効率の点でディスプレイサイズを小さくするのに不向きである．一方，LCDは応答速度が十分でなく，特に動画表示はまだブラウン管に劣っている．有機ELは寿命が問題とされており，長時間使用するデバイスの本格導入には至っていない．また，均一な大画面を作製することにも課題がある．しかし，有機ELは電子移動による発光型ディスプレイであることから，原理的には応答速度は十分速く，表示は明るくかつより薄いディスプレイが可能となる．さらには，照明や電子ペーパーなどへの展開が期待されている．

ELとは，電界によって物質を基底状態から励起させ，励起状態から基底状態に戻る際にエネルギーが光の形で放出する現象をいう．基底状態にあった物質にエネルギーが与えられると，電子がより高いエネルギー準位に遷移し物質は励起状態となる．この電子がもとの低いエネルギー準位に戻る際に，そのエネルギー差に対応する振動数の光を発する．無機および有機のEL材料があるが，両者ではその発光メカニズムに違いがあり，有機ELとは有機材料に電圧を印加した際に発光する現象である．電圧を印加すると，ある閾(しきい)値電圧以上で電流が急激に流れはじめ，同時に発光が観測される．発光強度は電流にほぼ比例している．有機材料に電圧を印加し発光する現象は'60年代に報告されているが，'80年代後半から'90年代にかけて，共役系低分子錯体のアルミニウムキノリニウム錯体(Alq_3)および導電性高分子であるポリ(p-フェニレンビニレン)において強いELが観測され，ディスプレイへの応用をめざした研究が活発に進められるようになった．有機ELディスプレイは発光型であり，低電圧で高輝度が得られ，明るく応答速度も速いことから，フラットパネルディスプレイとして注目されている．

7.6.2 発光メカニズムと材料開発

図7.31に低分子系3層型有機EL素子の動作メカニズムを示す．まず，負極，正極から電子，正孔が注入される．注入された電子と正孔が，それぞれの輸送層を経由して発光層に輸送される．発光層において電子と正孔の再結合により発光する．伝導帯に電子が注入された励起状態の物質と，価電子帯に正孔が注入された(価電子帯から電子を抜かれて穴があいた状態)物質が出会うことによって，電子が高いエネルギー状態から低いエネルギー状態へ移動し発光する．

有機EL材料は発光材料および電荷輸送材料であるが，両方の性質を兼ね備えたものもある．各材料に求められる特性は用途により異なるが，発光機能のみならず素子化からの要請もある．有機EL素子には，単層型と図7.31のような多層型素子がある．有機薄膜を電極ではさむ構造であるが，材料には均一な薄膜が形成でき，安定である

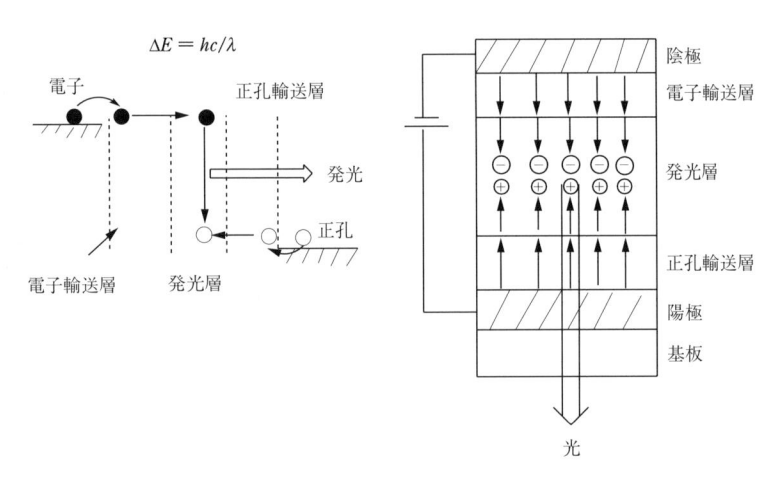

図 7.31　有機 EL の発光メカニズム模式図.

ことが要求される．図 7.32 に低分子系の発光材料を示す．発光材料には発光効率が高いことが要求される．フルカラーを実現するためには，光の三原色である赤(R)，緑(G)，および青(B)の発光が必要である．発光色は発光材料の価電子帯と伝導帯のエネルギー差，言い換えれば HOMO(最高被占軌道)と LUMO(最低空分子軌道)のエネルギー差に依存する．フルカラー化のために R，G，B の各発光材料が開発されて

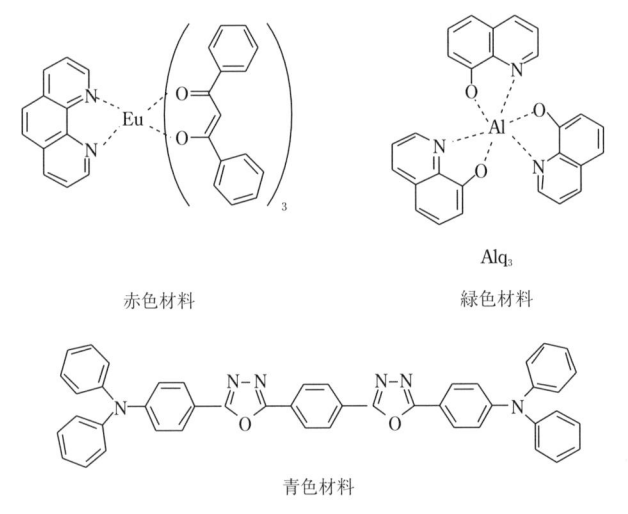

赤色材料　　　　　　　　　　緑色材料 Alq₃

青色材料

図 7.32　低分子系発光材料の例.

いる．

　高分子系の EL 材料についても活発に研究がされており，おもな材料を表 7.4 に示す．低分子材料の場合，真空蒸着によって製膜されるが，高分子材料では，真空蒸着

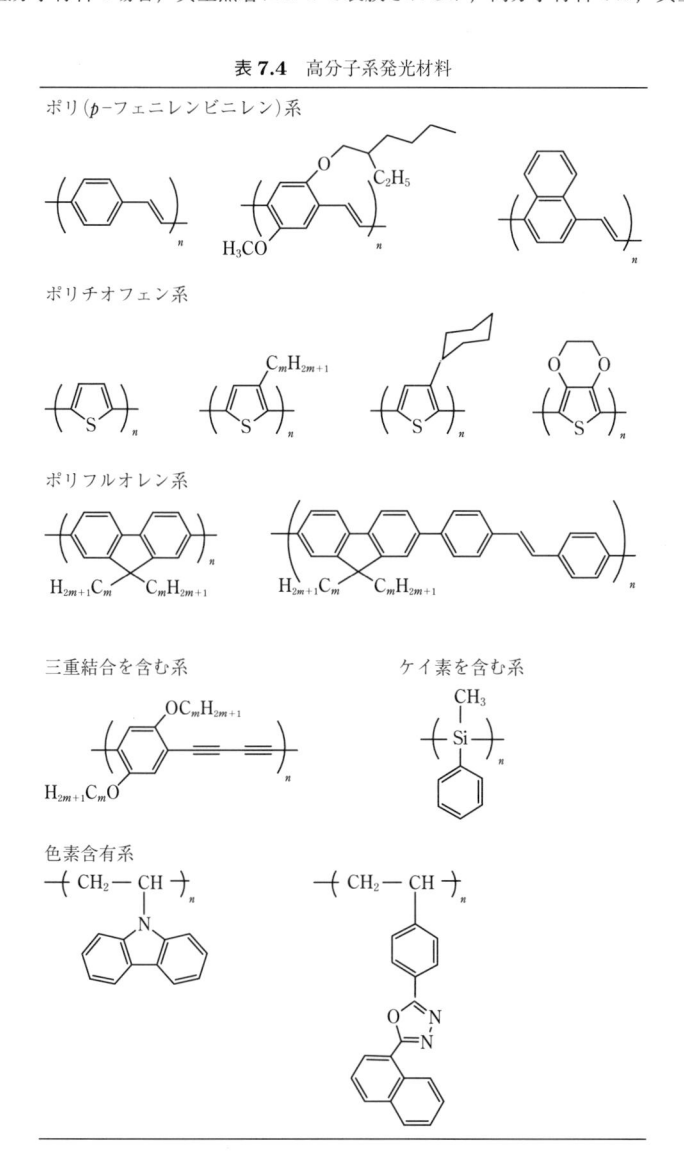

表 **7.4**　高分子系発光材料

ポリ(*p*-フェニレンビニレン)系

ポリチオフェン系

ポリフルオレン系

三重結合を含む系　　　　　　　　ケイ素を含む系

色素含有系

をせずに高品位な薄膜を作製できることが特長である．たとえば高分子材料を溶媒に溶かし，それを基板に塗布した後に溶媒を除去することにより製膜ができる．7.4 節で述べた導電性高分子が EL 用発光材料として注目されている．MEHPPV はポリ(p-フェニレンビニレン)の誘導体で，溶解性を上げるために長い側鎖が導入されている．また，ポリシランなどのシリコン系高分子は，短波長の発光をすることが知られている．

次に電荷輸送材料の例を図7.33 に示す．正孔輸送材料は，正極からの正孔を注入しやすくし，効率よく正孔を発光層に輸送するとともに，電子を阻止する機能が要求される．一方電子輸送材料では，負極から発光層への電子注入効率を高め，さらに正極から注入された正孔が負極へ移動するのをブロックする役割を果たす．

有機 EL は一部ですでに実用化されているが，広く実用化されるためにはデバイスとしての長寿命化が重要となる．これはデバイスの構造，製造方法および駆動方式にも関係するが，材料における安定化が特に重要である．材料劣化としては，光，熱および水などにより分子構造そのものが変化する場合や，結晶化や凝集化による薄膜の構造変化などがある．後者の場合は，分子間相互作用を弱くするような分子設計が求められる．すでに数万時間の耐久性が得られているが，さらに長寿命化が進めば，さまざまな分野で有機 EL デバイスが使われることになると考えられる．

20 世紀後半の有機化学は，構造の合成から機能の合成への変遷であった．1971 年 R.B.Woodward 教授らによるビタミン B_{12} の合成が，1 つの転機であったと思われる．それは当時構造決定されている化合物で最も複雑なものをターゲットとし，天然に存在する複雑な化合物も人間の手によって合成できるという概念を示すためだったかのようである．その合成過程でウッドワード–ホフマン則が生まれ，多くの有用な合成反応が開発された．そして現代は，構造–物性相関に基づく分子設計とターゲット化合物を作る有機合成により，新しい機能をもつ材料の開発が行われている．その手法は分子レベルの材料開発であり，分子工学ともいわれている．このように，化学は分子を設計・合成することを特徴としていることから，周辺の学問分野とも密接に関連している．1 つの材料の開発によって新しいデバイスが出現し，それが大きな波及効果を及ぼす場合がある．導電性高分子におけるポリアセチレン，液晶材料におけるシアノビフェニル化合物，有機 EL におけるアルミニウムキノリニウム錯体などである．英国の G.W.Gray らにより合成されたシアノビフェニル液晶化合物は，室温近傍で液晶状態を示し，電界に対して高速に応答し，かつ化学的に安定な材料であった．これにより時計や電卓などに広く液晶ディスプレイが使われ，今日のフラットパネルディスプレイにつながった．

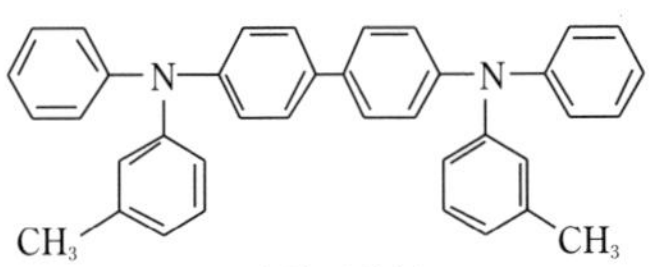

7.6 有機エレクトロルミネッセンス材料

正孔輸送材料

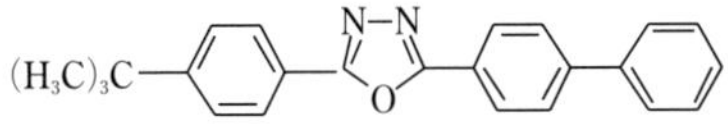

電子輸送材料

図 **7.33** 電荷輸送材料の例.

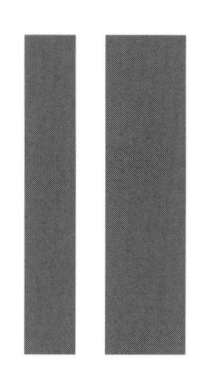

第 8 章

生 物 化 学

　バイオテクノロジーは，人類に役だつ物質を生産しサービスを提供するために，生物機能を利用して物質を変換する技術である．生物に由来する反応を利用する生産技術は，微生物の働きを利用した醸造のように，人類文化発祥とともに始まったといえる．醸造だけでなく，酵母，細菌，カビなど微生物を用いる生産技術は，長い年月を経て発達してきた結果，衣食住あらゆる場面で人々の生活に必要な品物あるいはサービスを提供しており，現在では大きな工業に発展している．微生物を利用する工業は，発酵工業，食品工業，製薬工業，医療産業，化学工業，エネルギー関連産業などがある．その生産物も多岐にわたっており，醸造製品などの食品，グルタミン酸ソーダやヌクレオチド，有機酸，多糖類などの調味料・食品調整剤，抗生物質や生理活性物質などの医薬品，臨床用診断試薬，工業用エタノール，アクリルアミドなどの化学原料，特殊ペプチドなど精密化学製品，洗剤に用いられる酵素，さらに生化学変換プロセスに用いられる工業用酵素などがあげられる．

　本章では，生物化学反応を利用する工業プロセスがどのように成り立っているか，そして生物化学工業の種類と生産物にどのようなものがあるかを理解できるように，必要不可欠な事項を述べる．

8.1
酵素プロセス

　バイオリアクターに用いられる触媒としての酵素が示す基本的な特徴は，1) 常温，常圧，中性付近の pH 領域といった穏和な条件で最大の触媒活性を有する，2) 高い基質特異性，3) 反応の位置特異性と立体特異性，4) 生成物のキラリティーなどである．酵素のこれらの特徴は，化学触媒では到達が非常に困難な特異的なものである．

━━━━━━━━━━━━ 酵素の命名法と酵素番号 ━━━━━━━━━━━━

これまで非常に多くの種類の酵素が見いだされ，系統的な酵素の分類と命名法が必要となった．そこで，国際生化学連合の酵素委員会が，系統的な酵素の分類と命名法，および酵素の活性や反応速度パラメーターなどについての規約を制定した．それによると，酵素は触媒する化学反応の形式によって分類され，それに従ってそれぞれの酵素に番号が与えられる．酵素番号は，最初に酵素委員会を表す EC をつけ，続く4組の数字からなる．第1の数字は，その酵素が属する主分類番号(1：酸化還元酵素，2：転移酵素，3：加水分解酵素，4：脱離酵素，リアーゼ，5：異性化酵素，6：合成酵素)をつけ，第2，第3の数字は，基質中の反応官能基や反応様式，受容体の種類によって分けられたサブクラス，サブサブクラスを示す．第4の数字は，サブサブクラスの中での通し番号である．

8.1.1 酵素の食品関連プロセスへの応用

食品工業における酵素の利用は，歴史も古く，酵素の使用量などそのスケールも他の分野に比べて抜きん出て高く，量で約70%，金額で60%に達する．たとえば，表8.1に示すように食品の生産や加工に広く酵素が使われ，種類ならびに使用量もますます増加しつつある．

A. 糖質関連酵素

グルコアミラーゼを用いてデンプンを分解しグルコースを製造するプロセスは，工業的に非常に重要な位置を占めている．現在溶液状態では，比較的安定性のよい *Aspergillu niger* 起源のものが使われている (p.211 のコラム)．グルコースはデンプン分解などによって安価に提供される．それをグルコースイソメラーゼによりフルクトースに転換すると，良質の甘味性を示すようになる．ハイフルクトースシロップは，(8.1)式に示すように，グルコースからフルクトースへの変換を半分程度にして得られる甘味シロップで，清涼飲料水や菓子製造などに多量に用いられている．

$$\text{デンプン} \xrightarrow{\text{グルコアミラーゼ}} \text{グルコース} \underset{\text{反応平衡(pH，温度など)}}{\xrightarrow{\text{グルコースイソメラーゼ}}} \text{ハイフルクトースシロップ} \text{(グルコースとフルクトースの混合物)} \tag{8.1}$$

西洋人は β-ガラクトシダーゼを小腸内に有しているので牛乳中のラクトースを分解吸収できるが，東洋人の多くは本酵素の分泌能が低下していて，ラクトースが小腸

表 8.1 食品の生産および加工への酵素の応用

プロセス	おもな反応	酵素(生産菌)
酵素糖化法による結晶グルコース製造	液化デンプン + H_2O → グルコース	グルコアミラーゼ (*Rhizopus delemar*)
RNAの酵素分解による 5'-IMP, 5'-GMP の製造	1) RNA + H_2O → 5'-AMP + 5'-GMP + 5'-UMP + 5'-CMP 2) 5'-AMP + H_2O → 5'-IMP + NH_3	1) ホスホジエステラーゼ (*Penicillium citrinum*) 2) AMPデアミナーゼ (*Aspergillus melleus*)
プロステイン反応によるタンパク質の改質	ペプチド + メチオニンエチルエステル → メチオニンを取り込んだペプチド	パパイン
ナリンゲナーゼによる夏ミカン汁の苦味除去	1) ナリンギン + H_2O → ラムノース + プルニン 2) プルニン + H_2O → グルコース + ナリンゲニン	1) ナリンゲナーゼ (*Apergillus niger*) 2) フラボノイドグルコシダーゼ
グルコースイソメラーゼによるハイフルクトースシロップの製造	D-グルコース ⇔ D-フルクトース	グルコースイソメラーゼ (*Streptomyces phaeochromogenes*)
メリビアーゼを用いるテンサイ糖結晶率の向上	ラフィノース + H_2O → D-ガラクトース + ショ糖	メリビアーゼ (α-ガラクトシダーゼ) (*Mortierella vinacea*)
β-ガラクトシダーゼによる牛乳またはホエー中のラクトース分解	ラフィノース + H_2O → D-ガラクトース + D-グルクトース	β-ガラクトシダーゼ (*Saccharomyces fragilis*)
カタラーゼによる食品中の H_2O_2 除去	$2H_2O \rightarrow O_2 + 2H_2O$	カタラーゼ (*Aspergillus niger*)
アミラーゼ欠プロテアーゼを用いるクラッカーの製造	タンパク質 + H_2O	エンドペプチダーゼ (*Bacillus subtilis*)
プロテアーゼを用いるすり身廃液からの魚油とタンパク質の分離	フロス(タンパク質+油+ポリアクリル酸ナトリウム+H_2O)→ペプチド+アミノ酸+油+ポリアクリル酸ナトリウム+H_2O	アルカリプロテーゼ (*Bacillus subtilis*)
植物柔組織解離酵素によるミカンの皮むき	ヘミセルロース(主体はペクチン) + H_2O → 低分子化されたヘミセルロース	植物柔組織解離酵素 (*Irpex lacteus*)
ヘミセルラーゼ,セルラーゼ,ペクチナーゼによる穀類デンプン回収率の向上	デンプン+ヘミセルロース+タンパク質→デンプン+ペプチド+低分子化されたヘミセルロース	ヘミセルーゼ,セルラーゼ,ペクチナーゼ (*Trichoderma viride*)
植物柔組織解離酵素による飼料効果改善	(タンパク質,デンプン,ヘミセルロース,セルロース)→(ペプチド,低分子化されたセルロース,ヘミセルロース)	植物柔組織解離酵素 (*Irpex lacteus*)
微生物レンネットによるチーズの製造	乳カゼイン→ペプチド(高分子)	エンドペプチダーゼ (*Mucor, Endothia*)
リパーゼによるチーズフレーバーの製造	乳脂肪→低級脂肪酸	リパーゼ (子ウシの胃)

[鮫島広年,木村一雄,化学工学, **43**, 254(1979)を一部改変]

> **微生物の名前（生物の命名法：二名法）**
>
> 生物の学名は，リンネによって提案，創始された二名法を用いる．ラテン語またはラテン語化した言葉を用い，大文字で書き始める属名のあとに，小文字で始まる種名をつけて，その生物の名称とする．さて，微生物の名前はどうだろうか．それは，その形や性質を表すラテン語(L)やギリシャ語(G)に由来するものが多い．
>
> 1) *Saccharomyces*：糖を発酵する性質を有することから，sugar に相当する *saccar*(G)，2) *Aspergillus*：分生子のつく頂嚢が灌水はけに似ており，灌水はけに相当する *aspergillus*(G)，3) *Bacillus*：小さな桿菌で a small rod に相当する *bacillus* (L)，4) *Escherichia*：エシェリヒ博士にちなんで，of Escherich に相当する *Escherichia*，5) *Lactobacillus*：乳に関係のある桿菌ということで，milk に相当する *lac*(L)，*lactis*(L)，6) *Penicillium*：分生子が毛筆状につくので，pencil に相当する *penicill*(*us*)(L)

で吸収されず，牛乳を飲むと下痢を起こしやすい．そこで，本酵素によって牛乳中のラクトースを加水分解する方法が検討され，この酵素が市販されるようになった．

テンサイ糖の原料ビートには，約15％のショ糖のほかに約0.1％のラフィノースが存在し，精糖工程におけるショ糖の結晶化阻害の原因となり，収率低下および製品の品質低下の問題を引き起こす．ラフィノースをガラクトースとスクロースに加水分解するメリビアーゼを有する *Mortierella binacea* は，ペレット状で増殖する．そのペレット状菌体を精糖プロセスに応用すると結晶化効率が向上し，スクロースの収率は向上した．また，夏ミカンやグレープフルーツ果汁中の苦み成分であるナリンギンの分解に，ナリンゲナーゼが応用されている．その他，リンゴやブドウなどの果実酒の清澄化に固定化ペクチナーゼを利用するなどがある．

B．プロテアーゼ

プロテアーゼは，醸造においてアミラーゼとともに古くから用いられている(8.2節参照)．さらにチーズの製造では，牛乳に乳酸菌を摂取して乳酸発酵を行わせ，凝乳酵素レンニンを加えて凝乳させ，豆腐状のカード(curd：牛乳の凝固物)を作る．このレンニンの代わりに，微生物の *Mucor pesillus* の生産する凝乳酵素（ムコールレンニンとよばれるプロテアーゼ）を用いる方法が開発され，実用化されている．現在，世界のチーズの約半分は本酵素を用いて作られている．

C．その他の酵素

かつお節のうま味成分が5'-イノシン酸(5'-IMP，図8.1)であることは，1913年小玉新太郎によって発見された．5'-イノシン酸のみならず5'-グアニル酸もうま味（シ

8 生物化学

(a) プリンヌクレオチドと誘導体

ヌクレオチド	略号	X_1	X_2	X_3	X_4	X_5
アデノシン一リン酸(5'-アデニル酸)	5'-AMP	NH_2	H	H	H	H
イノシン一リン酸(5'-イノシン酸)	5'-IMP	OH	H	H	H	H
グアノシン一リン酸(5'-グアニル酸)	5'-GMP	OH	NH_2	H	H	H
キサントシン一リン酸(5'-キサンチル酸)	5'-XMP	OH	OH	H	H	H
アデノシン三リン酸	ATP	NH_2	H	H	H	$(X_5^*)_1$
パンテテインアデノシン二リン酸3'-リン酸(コエンザイムA)	CoA	NH_2	H	H	$PO(OH)_2$	$(X_5^*)_2$
ニコチンアミドアデニンジヌクレオチド	NAD	NH_2	H	H	H	$(X_5^*)_3$
ニコチンアミドアデニンジヌクレオチドリン酸	NADP	NH_2	H	$PO(OH)_2$	H	$(X_5^*)_4$
フラビンアデニンジヌクレオチド	FAD	NH_2	H	H	H	$(X_5^*)_5$

X_5^*の構造

$(X_5^*)_1$ $PO(OH)_2$-O-PO(OH)—

$(X_5^*)_2$ SH-CH_2-CH_2-NH-CO-CH_2-CH_2-NH_2-CO-CH(OH)-C$(CH_2)_2$-CH_2-O-PO(OH)—

$(X_5^*)_3$, $(X_5^*)_4$, $(X_5^*)_5$

(b) ピリジンヌクレオチドと誘導体

5'-シチジル酸
(5'-CMP, シチジン一リン酸): X=H
CDP-コリン(シチジン5'-リン酸コリン): X=$(CH_3)_3$-N^+CH_2-CH_2-O-PO(O^-)

5'-ウリジル酸
(5'-UMP: ウリジン一リン酸)

図8.1　各種ヌクレオチドの構造.

イタケのうま味)をもつことが日本で見いだされ，大量に工業生産されることになった．ヌクレオチドのうま味の特徴は，コンブのうま味を有するグルタミン酸モノナトリウム(MSG)と混合したとき，うま味が相乗的に強くなることである．そこで，多量のMSGに少量のヌクレオチドのナトリウム塩を混ぜて，複合調味料として市販されている．5'-イノシン酸および5'-グアニル酸の工業的生産は，日本において1960年代に開発された．その生産方式は，1) 酵母のリボ核酸(RNA, ribonucleic acid)を原料とする酵素的加水分解による方法，2) 発酵法によりモノヌクレオシドを得て，化学合成手法により5'-ヌクレオチドにリン酸化する方法，3) 発酵法により直接5'-ヌクレオチドを生産する方法，がある．酵母など微生物細胞から得られるRNAを *Penicillium citrinum* 起源の5'-ホスホジエステラーゼによって加水分解して，4種の5'-モノヌクレオチド，すなわち5'-アデニル酸(5'-AMP)，5'-グアニル酸(5'-GMP)，5'-ウリジル酸(5'-UMP)，5'-シチジル酸(5'-CMP)が得られる．さらに，*Aspergillus melleus* 起源の5'-アデニル酸デアミナーゼを用いて，5'-AMPから5'-イノシン酸(5'-IMP)が得られる．その後，発酵法，それに酵素的方法を組み合わせた方法，固定化法も含めて，種々の方法が開発されている．これらの技術開発は日本の技術者の得意とするところで，現在もその生産は日本の製造業がほとんど一手に引き受けている状態である．

8.1.2 酵素のその他の利用

固定化α-アミラーゼでデンプンを処理すると，オリゴ糖とともにアミロペクチンを主成分とするmodified starch(新しい構造のデンプン)ができる．この性質を利用してデンプンの新しい用途開発が期待される．固定化シクロデキストリングルコシルトランスフェラーゼにより，デンプンからシクロデキストリンを作るプロセスが成立する．β-アミラーゼとプルラナーゼを用いてマルトースを製造することができる．

プロテアーゼは，酵素入り洗剤に応用されるようになって大量に生産されている．肌着に付着する有機物の10〜40％はタンパク質である．クリーニングにおいてこれらの乾燥したタンパク系の汚れは，わずか1％の酵素を含有する洗剤で洗浄すると容易に除くことができる(p.214のコラム)．酵素はスプレードライヤーで顆粒(15〜130 μm)として調製される．顆粒は水溶性物質の硫酸ナトリウム，水溶性バインダーのデキストリン，デキストラン，CMC(カルボキシルメチルセルロース)でコーティングされる．

油脂(トリグリセリド，リピド)のエステル結合(グリセロールと脂肪酸の結合)を加水分解する酵素で，細菌，酵母，糸状菌で生産する菌株がある．上述のプロテアーゼと同様に洗剤に用いられる．そのほか，ATP(アデノシン三リン酸，図8.1参照)，

8 生物化学

> **洗剤酵素に求められる性質**
>
> 洗剤に用いられる酵素のうち，プロテアーゼは *Bacillus* sp. 起源のものが用いられている．欧米では温水を用いるので耐熱性のものを用いるが，日本では水道水を用いその温度は 20℃ 前後であり，酵素反応により汚れを分解するに適した温度とはいえない．そこで，低温で活性の高いプロテアーゼが選別された．日本で開発された酵素はズブチリシン(EC3.4.21.62)ファミリーに属するセリンプロテアーゼで，ズブチリシン ALP1 と名づけられている．ALP1 は日本の家庭用洗剤に最初に用いられた酵素の 1 つであり，低温での活性が高く，界面活性剤耐性を有している．加えて，遺伝子工学的方法によって酵素の特定のアミノ酸残基を置換して，pH 12 で十分な活性を有するアルカリ耐性を獲得している．

CDP-コリン，コエンザイム A(CoA)，NAD，NADP，FAD などの製法も日本で開発され生産されており，世界の需要の大部分を満たしている．

山田秀明らによって見いだされたニトリルヒドラターゼは，アクリロニトリルを水和してアクリルアミドを生成する．

$$\underset{\text{アクリロニトリル}}{CH_2=CH-CN} + H_2O \xrightarrow{\text{ニトリルヒドラターゼ}} \underset{\text{アクリルアミド}}{CH_2=CHCONH_2} \quad (8.2)$$

ニトリルヒドラターゼを菌体内に生産する *Rhodococcus* や *Pseudomonas* 細菌を基質と接触させると，低温(0～15℃)でほぼ 100 % の転換率でアクリルアミドが作られる．アクリルアミドはこれまで化学合成法で製造されていた汎用化学薬品であるが，本プロセスによって，化学薬品も酵素反応で製造できることがはじめて示された．

グルコース酸化酵素やコレステロール酸化酵素により，血液や食品中のグルコースやコレステロールの量を分析することができる．現在，酵素を用いる方法が血糖値の測定や糖尿病の診断，その他多くの医療診断において活躍している．また，臓器の異常の有無などにより人の病気を診断するために，血液中のいくつかの酵素活性が測定されている．このほか，微生物が生産する多彩な酵素は，分析用，研究用など広い分野で利用されている．

8.1.3 固定化生体触媒の工業プロセスへの応用

固定化酵素や固定化菌体の利用をめざして多くの研究があり，表 8.2 に示すように工業的応用に成功し大規模なプロセス運転が行われている例がある．ここでは，それらの例について概略を述べる．

表 8.2　固定化酵素および固定化微生物を応用した生産プロセスの例

固定化生体触媒の種類	工業プロセス	工業化時期
固定化アミノアシラーゼ	D,L-アミノ酸の光学分割	1969 年
固定化 *Escherichia coli*	L-アスパラギン酸生産	1973 年
固定化ペニシリンアミダーゼ	6-アミノペニシラン酸生産	1973 年
固定化グルコースイソメラーゼ	異性化糖液生産	1973 年
固定化 *Brevibacterium ammoniagenes*	L-リンゴ酸生産	1974 年
固定化 β-ガラクトシダーゼ	低乳糖乳生産	1977 年

A. アミノアシラーゼによるL-アミノ酸の連続生産

　L-アミノ酸の工業的製造法は，主として生化学的方法と化学的方法による．生化学的方法には酵素法と発酵法がある．発酵法は微生物菌体を用いる方法であり，微生物の培養によってグルコースなどの原料から一挙に生産物が得られるもので，プロセス的には単純であるといえるが，高度な制御技術が必要でありプロセス時間も長い．一方，化学合成によってラセミ体は安価に得られるので，それに酵素的方法による光学分割を施せば，L体を得ることができる．光学分割の酵素的方法はいくつか考えられるが，たとえば(8.3)式に示すように，化学合成によって得られた N-アシル-DL-アミノ酸を酵素アミノアシラーゼによって不斉加水分解して，目的のL-アミノ酸を得る．残った N-アシル-D-アミノ酸はラセミ化して，もとの原料に加えて使用する．この方法により，DL-アミノ酸誘導体のラセミ体からL体のアミノ酸が連続的に得られる．

$$\underset{N-\text{アシル-DL-アミノ酸}}{\text{DL-R-CH-COOH} \atop \text{NHCOR'}} + H_2O \xrightarrow{\text{アミノアシラーゼ}} \underset{\text{L-アミノ酸}}{\text{L-R-CH-COOH} \atop \text{NH}_2} + \underset{N-\text{アシル-D-アミノ酸}}{\text{D-R-CH-COOH} \atop \text{NHCOR'}}$$

$$\xleftarrow{\hspace{3cm}\text{ラセミ化}\hspace{3cm}} \tag{8.3}$$

　このアミノアシラーゼを DEAE-Sephadex を用いるイオン結合法によって固定化し，連続酵素反応を行う工業プロセスに応用された．そのプロセスのフローダイアグラムを図 8.2 に示す．固定化アミノアシラーゼを詰めた酵素カラムにアセチル-DL-アミノ酸の水溶液を流すと，カラム内で上の反応式に従って酵素反応が進行する．カラム流出液を連続濃縮器にかけて，晶析タンクでL-アミノ酸の粗結晶を析出させ，分離器で集めて製品として取り出す．一方，分離後の母液はラセミ化用タンクに送られ，アセチル-D-アミノ酸はラセミ化されて再び酵素反応に供される．この固定化アミノアシラーゼ法は，多くの種類の L-アミノ酸の製造に応用できる．

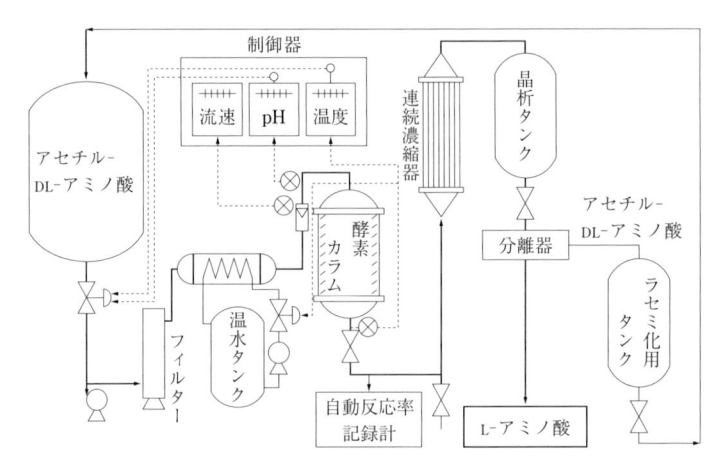

図 8.2 固定化アミノアシラーゼを用いる L-アミノ酸の連続性製造プロセス．
[千畑一郎編，固定化酵素，p.132，講談社(1975)]

B. アスパルターゼによるL-アスパラギン酸の連続製造

L-アスパラギン酸塩は医薬品として心臓病などの疾患治療に，また一ナトリウム塩は食品添加物として果汁などの風味改善に用いられている．さらに各種ペプチド，特に甘味を有するペプチドのアスパルテームの原料や，医薬品の製造原料として用いられる．このアミノ酸は，(8.4)式に示すように，微生物酵素アスパルターゼの作用により工業生産されてきた．この反応にポリアクリルアミドを用いて包括固定化した *Escherichia coli* の固定化菌体を用いて，連続酵素反応による L-アスパラギン酸の工業生産が行われている．

$$HOOC-CH=CH-COOH + NH_3 \underset{}{\overset{アスパルターゼ}{\rightleftarrows}} L-HOOC-CH_2-CH-COOH \atop NH_2 \quad (8.4)$$

フマル酸   L-アスパラギン酸

C. グルコースイソメラーゼ

8.1.1.A で性質と利用法を述べたこの酵素の固定化の方法は，種々検討されてきている．1) 菌体をアセチルセルロースやキトサン中に包括固定する方法，2) 菌体をグルタルアルデヒドで架橋させる方法，3) 菌体から抽出した酵素をイオン交換樹脂などの担体にイオン結合または共有結合によって固定化する方法，がある．酵素を抽出してイオン交換樹脂に結合させる方法は最も進んだ方法であり，長期にわたって安定した連続操作が可能となり，大幅に製造コストを低減できる．異性化反応は可逆反応

であり，温度やpHなどの反応条件で，反応平衡はフルクトース側に寄ったりグルコース側に寄ったりする．温度を上げるとフルクトース側に傾き，pHは8が最適である．しかし，高温で高pHにすると着色が著しく，糖も分解しやすいなどの問題が生じる．そのため回分操作では，活性および安定性を犠牲にしてpHを7とし，反応時間も50～70時間かけていた．連続操作を採用することによって反応時間を数時間にすることができ，より高温で最適pHでの操作が可能となり，着色も大幅に低下する．

D. フマラーゼによるL-リンゴ酸の連続製造

L-リンゴ酸は生体内で代謝上非常に重要な役割を果たしており，高アンモニア血漿や肝機能不全の治療に，あるいはアミノ酸輸液の成分として用いられている．L-リンゴ酸は，工業的には次に示すように，固定化菌体を用いてフマル酸から製造される．

$$\underset{\text{フマル酸}}{\text{HOOC-CH=CH-COOH}} + H_2O \xrightarrow{\text{フマラーゼ}} \underset{\text{L-リンゴ酸}}{\text{L-HOOC-CH}_2\text{-CH-COOH}} \atop \text{OH} \tag{8.5}$$

E. β-ガラクトシダーゼ

前述(8.1.1.A)のように，この酵素によって牛乳中のラクトースを加水分解する方法が開発された．大規模に牛乳を酵素処理する場合，本酵素を固定化して連続処理すれば使い捨てにならず，また異種タンパク質の牛乳への混入の問題がなくなる．

F. 核酸関連物質の生産

5'-ホスホジエステラーゼと5'-アデニル酸デアミナーゼの2つの酵素を固定化して，5'-イノシン酸および5'-グアニル酸の酵素的生産に用いられる．核酸関連物質・補酵素類の生産には，固定化菌体法による方法が適している．というのはこれらの生合成が，複合酵素系であれ単一酵素系であれ，特殊な前駆物質を用いるため他酵素の共存により妨害されることがないからである．これらの酵素的合成に供される微生物は，それぞれ発酵生産で用いられるすぐれた生産能を示すものが使用され，酵母 *Saccharomyces cerevisiae* および細菌 *Brevibacterium ammoniagenes* がよく用いられる．ATPの生産には，エチルセルロースおよびキトサンを包括素材としマイクロカプセル包埋した *S. cerevisiae* を用いる．高エネルギーリン酸の供給源は解糖反応であり，反応は嫌気的に進むため気相はなく，カラムに充填された固定化酵母中を反応液が上昇する簡単なプロセスである．CoAの生産は，ポリアクリルアミドゲルに包括化した *B. ammoniagenes* の菌体を充填したカラムに，パントテン酸，システイン，ATPを含有する反応液を通塔して行う．FADでは，FADピロホスホリラーゼ活性の強い *Arthrobacter oxydans* 菌体と，ピリドキシン5'-リン酸オキシダーゼ活性の強い *Pseudomonas fluorescens* 菌体とを，ポリビニルアルコールのフィルムに乾燥固定化し

たものを用いる．NADP の生産は，NAD キナーゼ活性の高い *Arthromobacter aceris* をポリアクリルアミドゲルに固定化して用いる．

G. ATP 再生系の利用

複合酵素系の反応に必要な ATP を円滑に供給することは，複合酵素系バイオリアクターを実現するための重要な課題である．酵母 *S. cerevisiae* の菌体をエチルセルロースのマイクロカプセルに包括固定化して，ATP 再生系が作られる．固定化酵母を充填したカラムで，グルコース，5'-シチジル酸，塩化コリンを含む緩衝液(pH7.5)を通塔して，CDP-コリンが連続的に製造できる(表 8.3)．さらに ATP 再生系と細菌 *B. ammoniagenes* の菌体を用いて，NAD から NADP を生産することもできる．また，*S. cerevisiae* と *E. coli* の乾燥菌体を κ-カラギーナンゲルに包括固定化し，L-グルタミン酸，L-システイン，グリシンを含む緩衝液に接触させてグルタチオンが生成される．

表 8.3　固定化酵母による ATP および CDP-コリンの生産[†]

包　括　法	ADP→ATP			CMP→CDP-コリン		
	A	B	C	A	B	C
エチルセルロースを用いるマイクロカプセル	200	62	10	200	62	—
エチルセルロースとキトサンを用いるマイクロカプセル	300	71	15	300	62	10
酢酸, 酪酸セルロースとキトサンを用いるマイクロカプセル	150	70	—	150	70	10

† A：包括菌体量(mg 細胞 ml ゲル$^{-1}$)，B：活性発現率(%)，C：連続運転の長さ(日)

H. 抗生物質の生産

抗生物質の生産に対する固定化生体触媒プロセス導入の代表的な例は，固定化ペニシリナーゼあるいはそれを含有する菌体を固定化して，β-ラクタム抗生物質の側鎖のアミド結合を酵素的に切断するか，あるいは形成させる反応を行わせるものである．すなわち，pH を変えることによってペニシリンのアミド結合を切断したり，6-アミノペニシラン酸に新しい側鎖をつけて，新しいペニシリン誘導体を作ったりすることもできる．

$$\text{ペニシリン} \xrightleftharpoons{\text{ペニシリンアシラーゼ}} \text{6-アミノペニシラン酸} + \text{R—COOH} \tag{8.6}$$

特に，ペニシリンを分解して 6-アミノペニシラン酸を得るプロセスは，生産物の安

定な需要があるため国内外で実生産に用いられている．もう1つは，抗生物質の発酵生産全体を固定化菌体プロセスで置き換えようというものである．元来二次代謝産物である抗生物質の発酵生産は長い培養時間を要するプロセスであり，これに対して固定化菌体による連続生産が利用できれば経済的に有利なプロセスとなる．ペニシリン生産菌 *Penicillium chrysogenum* をポリアクリルアミドゲルに包括固定化し，グルコース，硫酸アンモニウム，そして酢酸フェニルを含む緩衝液で培養することによりペニシリンの生産が行える．これは，固定化菌体による完全合成によって抗生物質が生産されることを示した最初の例である．さらにポリアクリルアミドゲル中にバシトラシン生産菌を包括固定化し，気泡塔型反応槽を用いて，抗生物質のバシトラシンA（図8.3）を連続生産することも可能となっている．

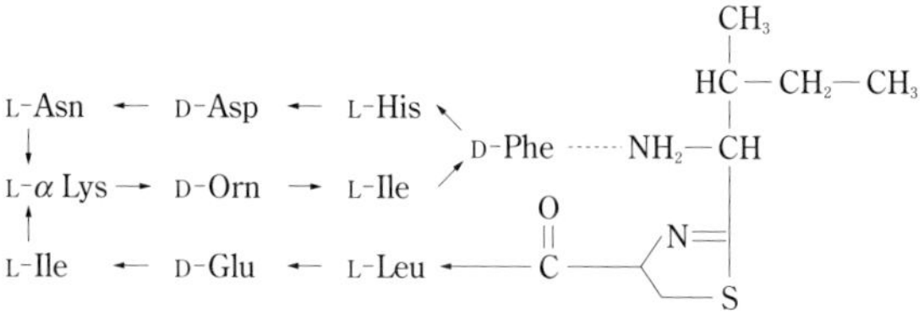

$$
\begin{array}{c}
\text{L-Asn} \leftarrow \text{D-Asp} \leftarrow \text{L-His} \\
\uparrow \qquad\qquad\qquad\qquad \downarrow \\
\text{L-}\alpha\text{Lys} \rightarrow \text{D-Orn} \rightarrow \text{L-Ile} \\
\uparrow \qquad\qquad\qquad\qquad \downarrow \\
\text{L-Ile} \leftarrow \text{D-Glu} \leftarrow \text{L-Leu}
\end{array}
\quad\text{D-Phe}\cdots\text{NH}-\text{CH}\begin{array}{c}\text{CH}_3\\|\\\text{HC}-\text{CH}_2-\text{CH}_3\end{array}
$$

図 **8.3** バシトラシン A の構造．

8.2 醸 造

　醸造は人類が始めた最も古い応用微生物技術といえる．たとえば5,000年ほど前に，エジプトではパンとともにビールを作っていたといわれている．ワインもその起源はメソポタミア時代にさかのぼるといわれており，古い歴史を有するものである．日本の清酒も2,000年の歴史を有するといわれている．以下に，単位操作的考え方をベースに，国内で行われている醸造生産プロセスの概略を述べる．

8.2.1 清　酒

A. 前 処 理

　袋詰めで搬入された酒造米は玄米で，前処理第1工程は精白工程である．すなわち白米と不要分の糠，胚芽の分離である．硬質粗面をもつ縦型の精米機が使われ，付属設備としてベルトコンベア，振動ふるい，サイクロンなどが使われる．白米残存率を精白歩合と称し，酛麹米で65～75％，酛掛け米で75～80％，醪掛け麹米で75～80％，醪掛け米で75～88％程度である．白米に対する処理はまず洗米による

糠分などの分離で,スクリューコンベア型の洗米機が多く利用される.洗米と水による輸送との組合せも考案されている.洗米機は浸漬して吸水させる.精白歩合によって吸水速度を異にするが,10時間の浸漬で24～30％の吸水率を示す.

$$吸水率(\%) = |操作直後の白米(kg)/操作前の白米(kg)| \times 100 \tag{8.7}$$

B. 蒸きょう

吸水した白米に100℃の蒸気を吹き入れ,米デンプンのα化を行う.蒸きょう後のものを蒸し米と称し,これを麹つくりならびに仕込みの掛け米として用いる.連続式蒸きょうは,エンドレスベルト式ステンレス鋼金網に一方より原料を送り込み,他方より取り出す方式が一般的である.能力は1500～3000 kg hr^{-1}で,20～30分の滞留時間で処理される.蒸きょう後,蒸し米は仕込み温度7～9℃まで放冷される.それには,蒸し米と向流で空気を送り時間の短縮をはかる放冷機が使用されている.

C. 製　麹

酒造りは昔から,「1麹,2酛,3造り」といわれる.操作の順序と同時に製品品質に対する影響の重要度をも示している.麹は,蒸し米に麹カビ *Aspergillus oryzae* を繁殖させ,カビのもつ酵素力を利用するためのものである.デンプンの液化・糖化が重要であり,清酒仕込みに用いられる蒸し米,麹米のデンプンの糖化を目標として,その酵素力の強弱に応じて,仕込みの物量比率が決められる(図8.4).調節因子は温度(室温28～30℃,品温3～38℃),湿度(70～80％),時間(35～45時間)であって,装置として加熱(電気・蒸気)・通気装置を必要とし,大規模システムでは種麹の散布器が使用される.

D. 酛,酒母

主発酵でアルコール生成を行う酵母菌を,種菌として調製する工程である.蒸し米,麹,汲み水を原料として培地となっており,酛の育成中糖化が進むとともに,酵母菌が増殖する.酵母菌ならびに作業操作から次のようなタイプ分けができる.

1) 純生酛：作業場の内壁,空気または器具から酵母菌が飛来してくるものを培地中で増殖させるという,最も原始的な酛造りである(日数25～30日).生酛醸成経過中,まず硝酸還元菌,次いで乳酸菌が現れ,これらの環境のもとで強力な酵母菌が育成される.2) 山卸廃止酛：人手のかかる山卸作業(酵母に酸素を供給して増殖を助けるため櫂で醪をかきまぜる作業)を廃止して,酛を育成する(日数20～25日).3) 速醸酛：野生乳酸菌に頼らず純乳酸を添加し,純粋培養酵母を相当量加えることで日数の短縮をはかっている(日数10～15日).4) 連醸酛：急に製造量の増加を要請されたとき,育成した酛の一部(10～15％)を調製直後の酛に添加して,酛増量を行う方法.5) 高温糖化酛：糖化をアミラーゼ反応の最適温度の60℃前後とし3～5時間

(a) 原料から酛まで

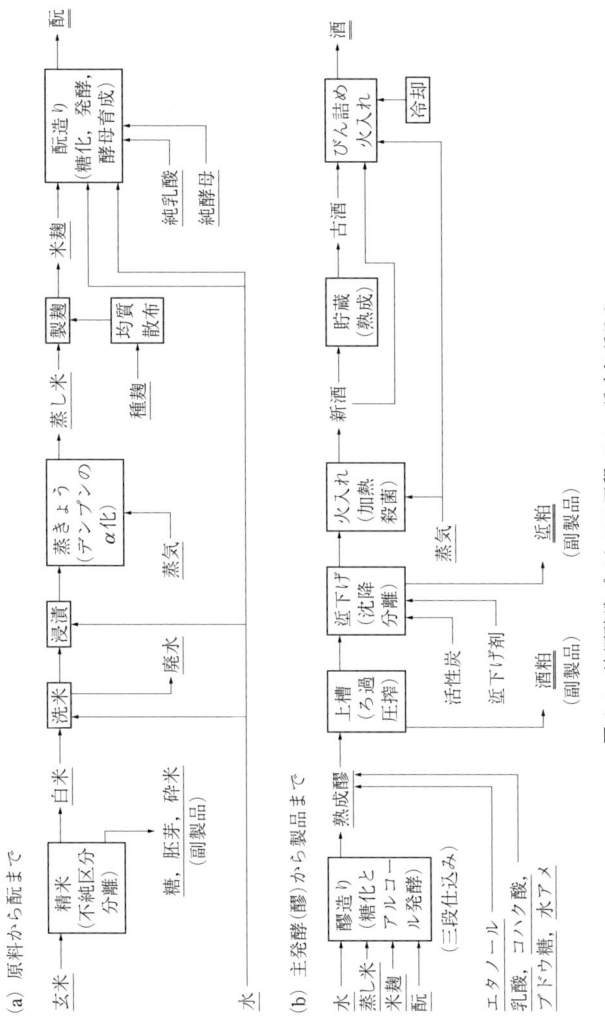

玄米 → 精米（不純区分分離）→ 白米 → 洗米 → 浸漬 → 蒸きょう（デンプンのα化）→ 蒸し米 → 製麹 → 米麹 → 酛造り（糖化、発酵、酵母育成）→ 酛

- 精米 → 糖、胚芽、砕米（副製品）
- 洗米 → 廃水
- 蒸きょう ← 蒸気
- 製麹 ← 種麹、均質散布
- 酛造り ← 純乳酸、純酵母

水

(b) 主発酵（醪）から製品まで

水、蒸し米、米麹、酛 → 醪造り（糖化とアルコール発酵）（三段仕込み）→ 熟成醪 → 上槽（ろ過圧搾）→ 滓下げ（沈降分離）→ 火入れ（加熱殺菌）→ 新酒 → 貯蔵（熟成）→ 古酒 → びん詰め火入れ → 酒

- 醪造り → エタノール、乳酸、コハク酸、ブドウ糖、水アメ
- 上槽 → 酒粕（副製品）
- 滓下げ ← 活性炭、滓下げ剤
- 滓下げ → 滓粕（副製品）
- 火入れ ← 蒸気
- びん詰め火入れ ← 冷却

図 8.4 清酒醸造プロセスの工程フローダイヤグラム．

で糖化を進め，乳酸を添加して，純粋培養酵母を添加する(日数5～7日)．

E. 醪(もろみ)

清酒醸造の主プロセスである．一定量の酛に対して，原料(蒸し米，麹，汲み水)を段階的(初添え，仲添え，留め添え)に順次増量添加する．それによって発酵の速度と酵母菌数，物質変化(糖，エタノール)の調和を保つ．標準的原料比率は，酒母歩合(6～9％)，麹歩合(20～25％)，汲み水歩合(120～130％)である．

仕込み経過としては，1) 初添え：酛に水を加え(水酛)，2～6時間後蒸し米と麹を添加する(品温2～10℃)，2) おどり：酵母の増殖を適当にさせるため1日保温して静置する，3) 仲添え：第3日めの原料添加(品温8～10℃)，4) 留め添え：第4日めの原料添加(品温7～8℃)の順になる．発酵経過の判定は，醪表面の泡の状態，品温，ボーメ数，エタノール量，酸度の測定で行う．発酵日数20～25日(最高品温16～20℃)である．

F. 後 処 理

発酵醪の後処理として，固形分のろ過圧搾による分離(上槽(じょうそう))，コロイド状に浮遊する成分の沈降分離(澱下げ(おりさげ))があり，そして製成酒の殺菌(火入れ)があって貯蔵熟成される．さらに品質均一化のための調合，さらに樽・びん詰め作業と，びん詰め後の殺菌操作がある．

8.2.2 ビ ー ル

世界のビールは多種多様であり，仕込み原料からは，大麦麦芽のみのもの(ドイツ)や，副原料(米，トウモロコシなど)併用のもの(米国，日本)，さらに麦芽の仕上げ方による淡色，濃色，カラメル，モルツなどと分類される．いずれにしても生産工程は2つの工程からなるといえる．麦芽製造工程とビール醸造工程である(図8.5)．日本では両者を併設した工場が多いが，ドイツでは分離したものが多い．すなわち麦芽製造は原料大麦を中心に考えて農産地帯に，ビール醸造は消費地を考慮して都市において発達した．

A. 麦 芽 製 造

麦芽製造にあっては，工場に搬入された原料大麦は空気コンベアで高所に運ばれ，精選では不純物の分離を行うとともに粒形の均一性も監視される．続く浸漬工程では麦粒への吸水を目的としながら，操作としては流水による不純物の浮遊分離も行う(水温12℃で70～90時間)．浸漬大麦の発芽工程に対し種々のタイプがある．円筒式(回転，通気)，箱式(撹拌，通気)から，近代的な床移動式(床動，通気)などがある．通気には調温，調湿，調速の装置を必要とする(7～9日間)．生(緑)麦芽のもつ生臭さを除去し，香ばしい香味を付与するために焙燥する．2日間で，水分40～

(a) 麦芽製造工程

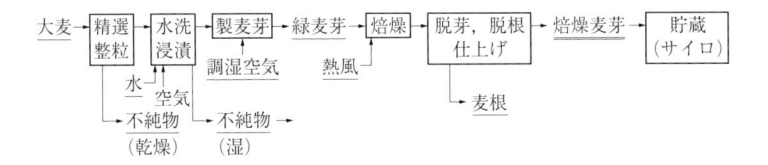

大麦 → 精選整粒 → 水洗浸漬 → 製麦芽 → 緑麦芽 → 焙燥 → 脱芽, 脱根仕上げ → 焙燥麦芽 → 貯蔵(サイロ)
　　　　　　　　水　空気　調湿空気　　　　　熱風　　　　麦根
　　　　　　不純物　不純物
　　　　　　(乾燥)　(湿)

(b) ビール仕込み工程

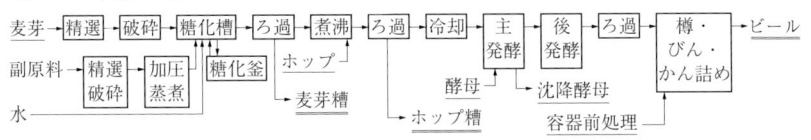

麦芽 → 精選 → 破砕 → 糖化槽 → ろ過 → 煮沸 → ろ過 → 冷却 → 主発酵 → 後発酵 → ろ過 → 樽・びん・かん詰め → ビール
副原料 → 精選破砕 → 加圧蒸煮 → 糖化釜　　　　ホップ　　　　　　　　酵母　沈降酵母　　容器前処理
水　　　　　　　　　　　　　　麦芽糟　　　ホップ糟

図 **8.5**　ビール製造プロセスの工程フローダイヤグラム.

43％の緑麦芽から水分2～4％の焙燥麦芽となる．それに100℃以上の乾燥空気を必要とし，そのため燃焼装置と気・気熱交換装置を用意する（所要品温35～82℃）．麦芽の仕上げ工程としては，製品ビールに不快臭味を与える原因となる幼芽と麦根の分離を行うため，回転と打撃の作動でふるい分け分離を行う．さらに麦芽の磨き上げの装置も使用される．焙燥麦芽は吸湿を避けるため，サイロで貯蔵される．

B. ビール醸造

　ビール醸造工場では，搬入された麦芽および自家製造の麦芽をサイロに貯蔵し，醸造は年間を通じて計画的な生産を行わねばならない．

　1) 精選：麦芽製造工場における原料大麦処理とほぼ同様である．

　2) 破砕：歯付きロールとふるい分離との組合せにより2～3段階で破砕される．麦芽の胚乳部を中心として，粉状粗挽き(大，小)と外皮分に分ける．この破砕操作は破砕が主であり，粉砕を主目的としていないが，デンプンの溶解度はやはり粉砕度の高いほうが良好である．

　3) 仕込み：粉砕麦芽に水を加えて糖化，さらにホップを加えて煮出しして発酵用の麦汁を作る．仕込み室の装置としては，糖化槽，糖化釜，煮沸釜およびろ過槽またはフィルタープレスなどを1～2セット設置する．操作は，粉砕麦芽に水を加えてデンプンの糖化を行うのであるが，浸出法と煮出し法があり，国内では後者が採用されている．副原料(米，トウモロコシ)の使用は，そのまま添加するか，これらを別に加圧蒸煮して添加し，麦芽アミラーゼによって糖化を進める．糖化後ろ過槽で麦汁と麦芽糟を分離し，麦汁は麦汁煮沸釜に入れホップを加えて$(0.3 \sim 0.5 \text{ kg kl}^{-1})$煮沸する．この場合の操作の意義は，ホップの香味成分(ホップ油，にが味)の抽出と，ホップタ

ンニンによる余剰タンパクの除去により麦汁の清澄化を目的とする．そして麦汁とホップ糟の分離が行われる．

4）発酵：主発酵と後発酵の2段階で行われる．仕込み室でできあがった最終麦汁は無菌的に冷却槽，冷却舟で沈殿物を分離し，さらに滝型，管状，プレート型の冷却器などで発酵温度の5～6℃まで冷却され発酵室に送られる．酵母添加槽であらかじめ調整した酵母を添加（1 kl あたり 0.5 l 程度）したのち，主発酵槽に送られる．主発酵槽は角型でコンクリート・ピッチ仕上げ（古い型），またはステンレス鋼で作られる．主発酵は品温5～8℃，8～12日間，糖分の大部分がエタノールに変換される．その後酵母をろ過分離し，後発酵に移される．後発酵は主発酵と同じく，屋外の縦型大型タンクが用いられている．温度0～2℃，70～90日間，その間，残存デキストリン，糖のエタノールへの変換，タンパク・ホップ樹脂性物質の凝固分離の完全化，そして低温での発酵二酸化炭素の溶解と，ビール品質の熟成が行われる．

5）後処理：後発酵を終わったビールの仕上げは，遠心分離またはケイソウ土などを助剤とするろ過器を通して清澄化する．

6）製品化：ビール製品は樽詰め（ナラ材，アルミニウム，ステンレス鋼）またはびん詰め，かん詰めされる．これらの容器の前処理（カセイソーダ液，熱水，冷水洗浄）の後充填，打栓，殺菌，ラベリングなどは連続装置で行われる．

8.2.3　ワ　イ　ン

醸造技術としては比較的簡単なもので，ブドウ果を圧搾した果汁をアルコール発酵させるのが製造操作である（図 8.6）．しかし酒類として私たちの嗜好に合致させようとするとなかなかむずかしい．醸造工程以前の問題，すなわち気候，風土，品種が大きな影響を及ぼすブドウ果の品質が，ワインの品質に大きな影響を与える．そして，フランスのシャンパーニュ，ボルドー，ドイツのライン，モーゼルなどの名醸地というものが高く評価される．醸造作業上からみると，ブドウ果の圧搾，ブドウ外皮の分離による赤・白の色調制御，発酵時亜硫酸塩添加による発酵推移の制御，貯蔵で生成するタンニン質沈殿の分離，二酸化炭素保貯（シャンパンなどの場合），酵母菌の酸化（スペインのシェリー酒）などでは生化学的検討が必要であるが，つきつめると技術と

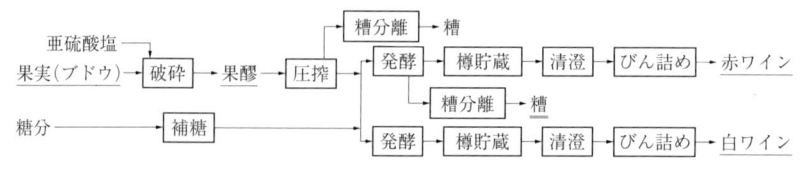

図 8.6　ワイン醸造プロセスの工程フローダイヤグラム．

いうより芸術というものであるといえる．

8.2.4 蒸 留 酒

果汁などの発酵性糖はそのままで，穀類などのデンプン質を種々のアミラーゼによって糖化したのち，エタノール発酵を行わせる．さらにこれを蒸留により，アルコール分と留液・不揮発性残渣に分ける．蒸留酒(spirit)は，酒類としても古くから発達したもので，世界各地においてそれぞれ特有な原料から特有の製品が作られている．日本では焼酎(酒粕，カンショ)，中国では高梁酒(コウリャン)，欧州ではウィスキー(大麦ほか穀類)，ブランデー(ブドウ果)，ロシアのウォッカ(ライ麦)，南方地方のラム(砂糖)，アラック(ヤシ果汁)など全く無数といってよい．単式蒸留の場合は，原料からの味，においの効果が強く，そのうえに長い年月の貯蔵による熟成を必要とする．(図 8.7)

大麦，小麦，ライ麦，トウモロコシの発芽物またはそれ自体を主成分として糖化，発酵，蒸留した場合，モルト，ホイート，ライ，コーンウィスキーとなる．麦芽の焙燥はビールと異なり，熱風を作るのにピートの燃焼ガスを一部混合し，それによりウィスキー特有のヒューム臭を付与する．さらに，あらかじめシェリー酒を浸ませたシラカシ材の樽に長年月貯蔵することにより，熟成した香味が与えられる．単位操作的には，原料精選，浸漬，麦芽製造，焙燥(直接燃焼ガス使用)，発酵はビールの場合と異ならない．蒸留はポットスチル型，熟成，ブレンドがウィスキー特有の工程である．

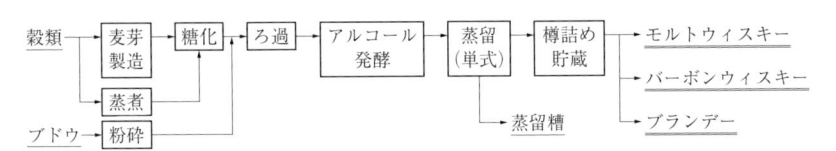

図 8.7 蒸留酒製造プロセスの工程フローダイヤグラム．

8.2.5 醤 油

醤油は中国伝来のものといわれる．原料が小麦と大豆の場合は普通醤油，大豆だけならたまり醤油といい，仕込みの違いから濃い口，淡口などに分ける．さらに普通醤油の醸造が1年以上を要するので，経済的製品としてタンパク性物質の酸加水分解によるアミノ酸液との混合製品も考えられる．普通醤油の製造工程を図 8.8 に示す．

8 生物化学

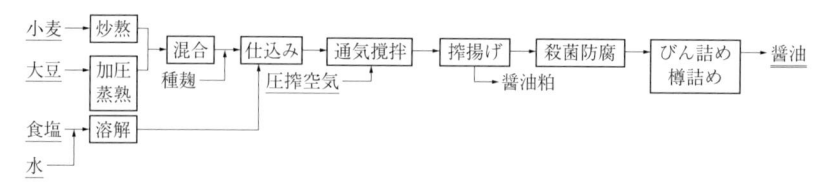

```
小麦 →[炒熱]→          ┌→[混合]→[仕込み]→[通気撹拌]→[搾揚げ]→[殺菌防腐]→[びん詰め]→ 醤油
大豆 →[加圧蒸熱]→     │   種麹    ↑圧搾空気              ↓醤油粕              樽詰め
食塩 →[溶解]→─────────┘
水  →
```

図 8.8　醤油醸造プロセスの工程フローダイヤグラム．

A. 醤　油　麹

原則的には，炒熱した小麦と加圧蒸煮した大豆の混合物に，麹菌(*Aspergillus oryzae*, その変種 *sojae*)を均一に散布して適温で繁殖させる．この場合，麹菌の発育に適した湿度は 60 ～ 70 %(関係湿度)であるが，この条件を蒸煮大豆と炒熱小麦を混合した状態で維持しなければならない．小麦の炒熱装置，大豆の加圧蒸煮に対して連続化が行われている．これらの原料はベルトコンベアで輸送され，その間種麹菌を均質分布させる方式がとられている．製麹は時間 3 ～ 4 日，室温は 35 ℃以下である．

B. 仕 込 み

醤油麹の容積に対し，塩水(22 %)を 1.0 ～ 1.2 倍の割合で加えて混合する．諸味の食塩含量は 18 %，仕込み槽は 10 kl の木槽または 20 kl のコンクリート槽である．醤

━━━ 醤油のルーツをたどると ━━━

カビを利用して酒や発酵食品，発酵調味料を作り出したのは，3000 年前の中国であった．「論語」にも「その醤を得ざれば食わず」とあるが，その醤は，獣・鳥・魚の肉に粱麹と塩を混ぜ，酒に漬けて，びんに塗り込め，100 日でできあがったものである．つまり肉醤(シシヒシオ)，すなわち「しおから」である．カビの酵素で肉のタンパク質を分解して，うま味を出していたのである．さらに 5 世紀ごろに大豆を原料とする醤が出現した．この大豆の醤，すなわち米や麦などの麹に大豆を加えて発酵させたもののほかに，大豆そのものをカビで麹にした鼓(日本の浜納豆など)も現れた．これは大豆そのものをカビで発酵させるので，醤よりも大豆タンパク質の分解力が高く，生じるアミノ酸の濃度も濃いため，味が鋭く，調味料に適していた．その汁である鼓汁が現在の醤油のように調味料として使用された．今日の「醤油」の元祖といえる．今日使用している日本の醤油は中国式の醤油と違い，蒸煮した大豆に炒った小麦を砕いて混ぜ，それを麹カビで発酵させて塩水を加えたものであって，洗練されたうま味をもつ調味料である．日本醤油の製法が確立したのは，江戸時代の前期，17 世紀後半であるといわれる．

油醸造は，需要が一年中均一であることを考えると，作業日数を300～330日程度として，だいたい1日1本(またはその倍数)の仕込みを設計する．したがって，それに準じて上槽(じょうそう)も毎日同じ比率とするものとする．

C. 後 処 理

諸味熟成後上槽する．この場合，木綿または合成繊維の風呂敷形ろ布を使用し，はじめは槽で自然ろ過，その後は水圧器で圧搾ろ過を行う．だいたい3～4掛けで最終加圧は300 t m^{-3}程度となる．圧搾残渣すなわち醤油糟は，重量で12％収量である．圧搾後の醤油液(生醤油)は，70～80℃で火入れを行ったのち，タンクでできるだけ急速に冷却して余分な着色を防止し，滓分の沈降を待って清澄区分をびん詰めにする．製品醤油は，全N分1.4～1.6％，アミノ態N分0.7～0.8％，エキス分35～40％，糖分5～6％，エタノール1.5～2.0％の組成を有する．

8.2.6 味 噌

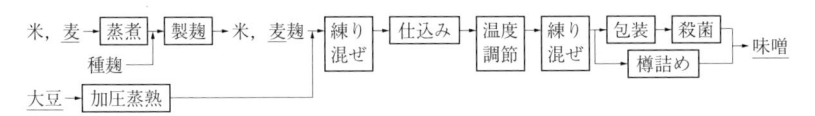

味噌(みそ)は日本の食生活において重要な副食品であり，また変化に富む．すなわち，原料の大豆，米，麦およびそれらの麹製品との組合せ方で，米味噌，麦味噌，たまり味噌と区別され，外観によって白と赤に区分される．また産地の特徴から，京，江戸，信州，仙台，八丁などの名称がつけられている．標準的な製造工程を図8.9に示す．

図8.9 味噌製造プロセスの工程フローダイヤグラム．

A. 味 噌 麹

味噌の原料中の主要成分であるデンプン，タンパク質を，酵素作用により糖分，アミノ酸などの呈味成分にまで変化させるのを目標とする．デンプン分解反応に比べて，タンパク質分解反応のほうが進行が遅い．したがって，甘味噌は速く製造できるが，アミノ酸を重視するうま味噌，辛味噌は長い月日を必要とする．味噌麹は原料により米麹，麦麹，豆麹などがある．前2者は清酒麹，醤油麹の場合とほぼ同様に製造される．豆麹の場合は蒸煮大豆を擂細(らいさい)して味噌玉の形に成型し，製麹する．

B. 仕 込 み

加圧蒸煮した大豆と米麹と食塩を混合(練り合わせるように)して，仕込み槽に取り入れる．仕込み槽は5～10 m^3，固形仕込みであるので，原料移動には仕込み槽自体を移動させる．発酵は初期に加温し，後期は低温に経過させて(20～30℃→10～

15℃)熟成を進める．品質と関連して10日前後のもの，1ヵ月経過のもの，数ヵ月熟成させたものなどがあり，地方の特色が加味される．その経過中，初期糖分も分解代謝されて乳酸その他の有機酸となる．

C. 後 処 理

発酵熟成した味噌に均質化の練り混ぜ（ロール練り混ぜ，エキスペラ練り混ぜ）を行ったのち，そのまま樽詰め製品とするか，連続包装機で合成樹脂フィルム包装とする．さらに後者の場合，加熱殺菌も行われる．

8.2.7 食 酢

食酢は，酢酸を主成分と考えると，その基質はエタノールである．そのエタノール源によっていろいろな種類がある．エタノールに酢酸菌の栄養源を加えて発酵させたアルコール酢，糖質原料としてブドウ・リンゴ・かんきつ類を利用した果実酢，さらに前処理としてデンプンを糖化させるために，麦芽を利用したマルト酢，米麹糖化後清酒様発酵をしたもの，日本の食酢の主流をなす米酢，および酒酢などがある．粕酢は清酒粕のエタノール分を利用したものである．それらの共通操作をまとめると図8.10のようになる．

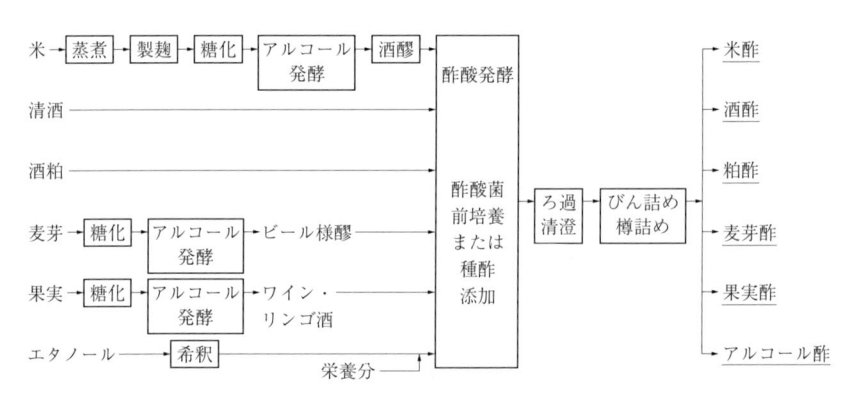

図 8.10 食酢醸造プロセスの工程フローダイヤグラム．

A. 前 処 理

果実酢の場合，原料を擂砕搾汁したのち，アルコール発酵，酢酸発酵を行う．デンプン原料の場合，マルト酢はビール醸造に近く，米酢の場合は清酒造りを簡素化した方法による．

B. 本仕込み

　酢酸発酵を主体とする本仕込みは，古くからある木桶による静置法，かんなくず充填物に酢酸菌を固定化させて，アルコール液を上部より散布流下させ，底部より通気させる速醸塔(generater)を用いる速醸法，発酵タンク(acetater)で酢酸菌と基質液の混合物に通気する深部培養法がある．静置法では長時間(40～60日)を必要とするが，風味のある製品が得られる(酸度4～5％)．速醸法では7～10日で酢酸濃度10％に達する．深部培養では，2～4日で最高酢酸生成速度は0.1％ h^{-1} にも達する．しかし過剰酸化による風味の低下も考えねばならない．発酵温度は30～35℃，いずれも種酢として前培養物を10～20％の割合で用いる．

C. 後　処　理

　発酵後の醪は菌体その他浮遊状の不純物を含み，これを除去するのに，ろ過助剤を加えてフィルタープレスなどでろ過し，澄明なものとする．60～70℃で殺菌を行ったのち，びん詰め製品とする．食酢成分としては酢酸が主体であるが，原料に由来する酒石酸，リンゴ酸，クエン酸，発酵で生成する乳酸，コハク酸，グルコン酸も，風味の点から重要な役割をなしているものと考えられる．

8.3 微生物生産プロセス

8.3.1　アルコール

　工業用あるいは食品添加用に用いられる化学製品としてのアルコールの生産は，近代工業の一部として早くから工業化されてきた．さらに，ブラジルでは自動車の燃料として，ガソリンとエタノールを半々に混ぜたガスホールが用いられている．それは熱帯における生物生産能力の高さを利用したもので，サトウキビをエタノール専用に栽培する広大な農場があちこちに広がっている．さらに，最近化石燃料の石油に変わるエネルギー源として，再生可能な木材などバイオマス資源からの生産とその利用が注目を浴びている．アルコール生産に用いられる微生物は，*Saccharomyce cerevisiae* およびこれに類する酵母が大部分であるが，酵母とは異なり，エントナードドルフ経路で効率よくエタノールを生成する *Zymomonas* 属細菌を用いた発酵技術の開発も，めざましいものがある．

　エタノール生産に用いられる原料は，廃糖蜜，亜硫酸パルプ廃液，デンプン質のキャッサバやサゴヤシデンプン，セルロースなどである．発酵性糖を原料にしている場合はそのままエタノール発酵させることになるが，デンプンやセルロースを含む原料の場合は，酵母や *Zymomonas* が発酵できるような低分子の糖分に分解する必要が

ある.これらの酵素法では,デンプン質原料をまず蒸煮して酵素処理を行う.蒸煮に多大なエネルギーを消費する工程が入っているのは,エネルギー生産プロセスとしては欠陥プロセスといえる.そこで,生デンプンを容易に糖化する酵素を生産する微生物を,新たにスクリーニングして利用する研究が行われた.そして *Aspergillus* 属や *Rhizopus* 属のカビが用いられるようになった.

また製造法を比較すると,1) 回分培養法,2) 発酵槽に原料を連続的に供給しながら連続的に生産物を取り出す連続発酵法,3) 酵母など微生物菌体を固定化してバイオリアクター内に保持し,それに原料液を連続的に供給して生産物を取り出すバイオリアクター連続生産法,がある.工業用アルコールの生産を目的にした製造法としては,生産性の格段に高い連続法を採用すべきである.実際ブラジルにおけるガスホール用エタノール生産では,2000 m^3 の発酵槽(水泳プールのような角形の槽)で連続培養する方式を採用している.固定化バイオリアクターは,酵母菌体の有効利用が可能な連続生産方式で生産性は格段に高くなり,菌体生成のむだなエネルギー消費がなくなり,エタノール収率も上がる.生産物エタノールの濃度が高くなると代謝活性を抑制することになるので,リアクター内におけるエタノール濃度はできるだけ低いほうがよい.そこで,エタノールを除去する方法として,発酵液の一部を減圧状態にしてエタノールを蒸発・回収し,母液を発酵槽に戻すフラッシュ発酵が応用される.そのプロセスのフローチャートを図 8.11 に示す.また,固定化酵母を用いる ICAP (immobilized cells for alcohol production)プロセス,フラッシュ発酵法との組合せによる ICAP-F プロセス,さらに *Zymomonas* 属細菌を用いる New ICAP-F プロセスの性能を,従来の発酵法と比較して表 8.4 に示す.固定化酵母を利用することにより

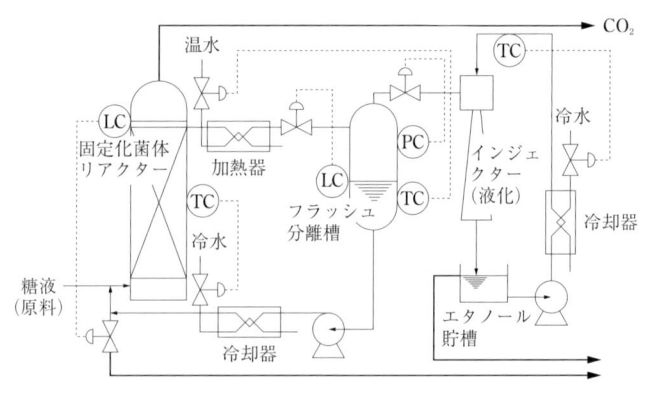

図 **8.11** 固定化菌体フラッシュ発酵バイオリアクターシステム.
[中原俊輔ほか,有機・生物化学工業,p.187,三共出版(1995)]

表 8.4 アルコール発酵技術の展開

	プロセス名 (完成時期)	従来法	ICAP (1983)	ICAP−F (1986)	New ICAP−F (1990)
	使用菌株	S. cerevisiae	S. cerevisiae, S. formsensis	S. cerevisiae, S. formsensis (Zymomonas mobilis)	Zymomonas mobilis, Clostridium 属
発酵特性	原料	デンプン質, 糖蜜	同左	同左	デンプン質, 糖質, セルロース系
	発酵温度(℃)	28〜32	30〜32	30〜35	>40
	エタノール(vol%)	10〜13	10〜11	15〜20	20
	発酵収率(%)	85〜86	89〜90	89〜90	95
	生産性($gl^{-1}h^{-1}$)	1〜1.5	10〜12	15〜18	40

発酵速度は約10倍となり,フラッシュ法を組み合わせてさらに生産性が高くなっている.固定化増殖菌体を用いているため菌体の寿命は長く,1〜2年の安定使用が可能となっている.

8.3.2 有 機 酸

微生物細胞内で生成されている有機酸は数百にのぼるが,実際に工業的に微生物生産されている例はそう多くない.

A. クエン酸

かんきつ類,パイナップルなどの果実に多く含まれ,飲料水に清涼感を付与するものとして広く用いられ,食品原料として需要の多い有機酸の1つである.クエン酸はTCAサイクル(図8.12参照)の名前にもなっているように,細胞の代謝・生理的に重要な化合物である.このように細胞内代謝産物としては普通の化合物であり,カビなどの微生物がクエン酸を多量に作ることが知られている.特に現在では,*Aspergillus niger* を用いる発酵法で工業的に製造されている.原料は糖質やデンプン質で,培養法は固体培養,液体表面培養,通気攪拌培養などいくつかの例がある.かつてはイモデンプンなどを原料に固体培養で製造されていたが,現在では大規模生産としては通気攪拌培養による.

B. グルコン酸

グルコン酸は,微生物の好気代謝により,グルコースが酸化されてできる(グルコン酸発酵).生産菌は *Gluconobacter* 属の菌,*Pseudomonas ovalis*, *Penicillium chrysogenum*, *Pseudomonas purprogenum* などがあるが,特に生産能力の高いものとして *A.*

niger や *Aureobasidium pullulans* の分離株があり，それぞれ対グルコース収率 95 ％からほぼ 100 ％となっている．グルコン酸は，そのカルシウム塩や鉄塩は医薬用に，ナトリウム塩はびんの洗浄，ボイラーの缶石防止などに利用される．

C. 2-ケトおよび 5-ケトグルコン酸

2-ケトグルコン酸は，食品の抗酸化剤として用いられる D-アラボアスコルビン酸製造の中間体として需要があり，5-ケトグルコン酸はビタミン C 製造の原料となりうる．ともにグルコン酸菌によって，グルコースからグルコン酸を経由して生成されるが，さらに高収率で生産する細菌として *Pseudomonas fluorescens* や *Serratia marscens* の株が見つけられている．

D. 乳　　酸

乳酸は清涼飲料水や食品の酸味料として用いられている．また清酒醸造にも用いられている（8.2.1 参照）．そのほか，ポリ乳酸やアクリル樹脂の原料，乳酸石灰として医薬に使われている．生産菌の 1 つである乳酸菌は，古くからチーズ，ヨーグルト，漬け物，醤油の製造において重要な役割を果たしている．また，プロバイオティクスにかかわる腸内における重要な微生物でもある．乳酸の発酵生産に用いられている菌種としては，*Lactobacillus delburueckii* が代表的なもので，高温で酸生成力が強く，糖蜜やデンプン糖化液から乳酸を作ることができる．一方，*Rhizopus* 属のカビで好気条件下で乳酸を生成するものがあり，*R. oryza* は特に生産能にすぐれている．カビは L 型の乳酸のみを生成するのに対して，乳酸菌は D，L，DL 型の 3 種がある．

E. フマル酸

フマル酸は TCA サイクル（図 8.12）の有機酸で，*Rhizopus* 属の菌株によって糖から

═══ プロバイオティクスの雄：乳酸菌 ═══

ヒトの体に有益な働きをする生きた微生物を効果的に利用することを，プロバイオティクスという．最近，腸内細菌が詳しく研究され，これまでわからなかった乳酸菌の驚くべき機能も明らかにされてきた．乳酸菌には，大腸がんをはじめとするがんのリスクを低減する効果や，胃がんの原因といわれている悪玉菌 *Hericobacter piroli* を抑制する効果，花粉症やアトピー性皮膚炎などのアレルギーを軽減する効果，免疫活動を活発にする効果，コレステロールを下げる効果，血圧を下げる効果，腸内環境を改善することで過敏性腸症候群や潰瘍性大腸炎を予防し，便秘を解消する効果がある．さらに，老人性痴呆症を予防したり，歯周病を治したり，肌をきれいにしたりする効果もある．このような機能性乳酸菌を使ったヨーグルトや乳酸菌飲料を選択して飲めば，病気の予防や症状の軽減に役にたつ時代となった．

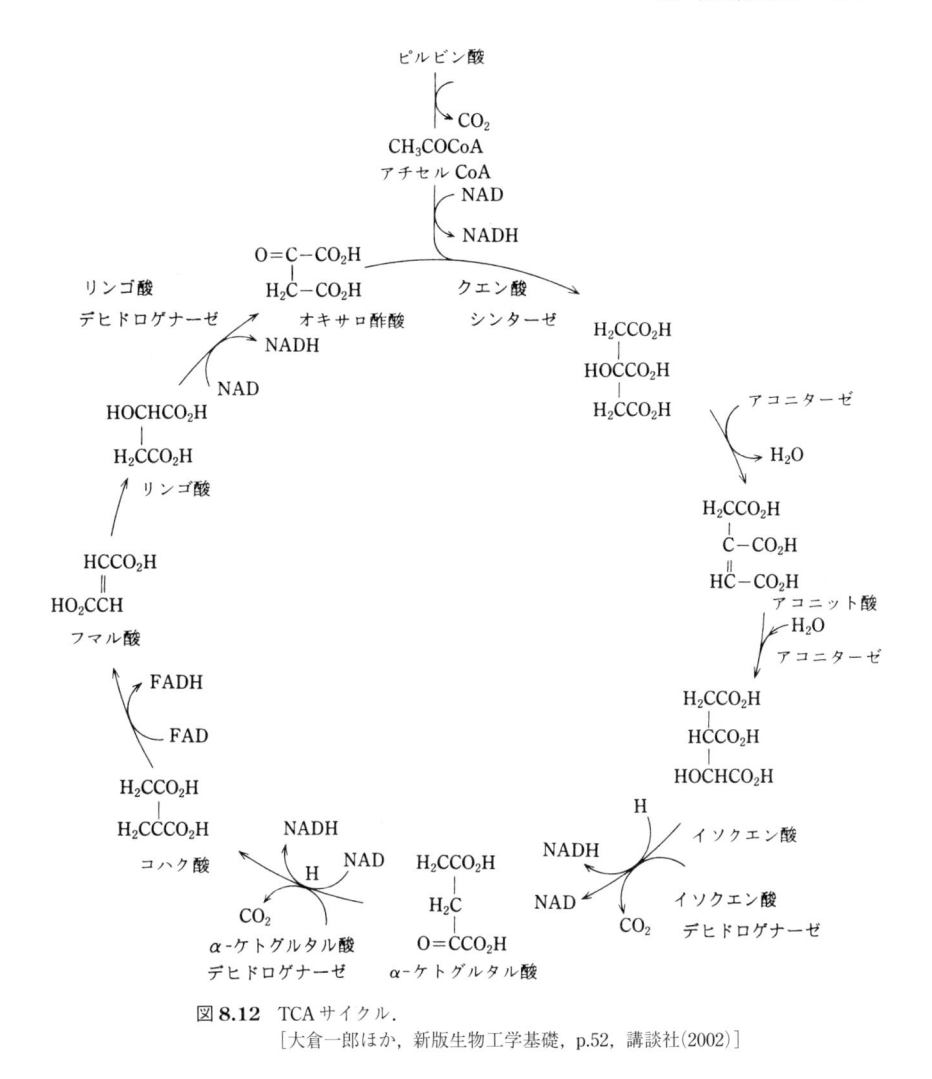

図 8.12 TCA サイクル.
［大倉一郎ほか，新版生物工学基礎, p.52, 講談社(2002)］

作られる．なかでも優良株は，*R. nigricans* あるいは *R. arrhizus* の菌株である．フマル酸は清涼飲料水の酸味料，合成樹脂や媒染剤の原料となる．そのほか，コハク酸，リンゴ酸，マレイン酸，アスパラギン酸などの製造原料となる．

F. コハク酸

コハク酸も TCA サイクルの有機酸で，清酒，醤油，そのほかの食品の呈味添加剤として，また可塑剤や染料にも用いられる．*Rhizopus* 属のフマル酸発酵に

Enterobacter aerogenes などの細菌を組み合わせて,最終生産物としてコハク酸を高収量で得ることができる.

G. リンゴ酸

リンゴ酸は TCA サイクルの有機酸であり,清涼飲料水の酸味料,マヨネーズの乳化安定剤に用いられる.*Lactobacillus brevis* などの細菌のフマラーゼをフマル酸に作用させると,リンゴ酸ができる.*Rhizopus* 属のフマル酸発酵に,フマラーゼ活性の強い酵母 *Pichia membranaefaciens* あるいは細菌の *Proteus vulgaris* を混ぜて,著量のL-リンゴ酸を得る転換発酵も知られている.

8.3.3 アミノ酸

各種アミノ酸の微生物培養による生産をまとめてアミノ酸発酵という.呈味性のアミノ酸であるグルタミン酸を,微生物の培養液に蓄積させる方法が日本で開発され,それまでに採用されていた昆布からの抽出や,タンパク質の分解あるいは化学的・酵素的合成法に比べて,格段に効率的で経済的な発酵法という新しい技術が誕生した.この方法がその他のアミノ酸の生産に数多く応用されるようになり,アミノ酸発酵という言葉が使われるようになった.ここでいう発酵は,アルコール発酵などに使われる嫌気的代謝のことでなく,上に述べたように,微生物の培養によって生産物を得ることを言っており,抗生物質発酵という言葉も同じ使い方である.

微生物は,いずれも自己複製のためにタンパク質の構成要素であるアミノ酸を合成している.しかし,細胞内でのすべての代謝が順調に行われるように,いずれの構成要素も過不足なく細胞内に存在するようになっている.このように代謝のエネルギーや生成物質がむだにならないよう,合成の促進と抑制のバランスをとる方式で種々の調節のメカニズムが働いている.微生物の培養によって目的物質を生産する発酵技術開発よりさらに画期的といわれる新技術が,「代謝制御発酵」である.それは,微生物の代謝経路を知り,種々の調節機構に関する情報を使い元来存在する調節を乱して,目的生産物を優先的に蓄積させるように作られたある種の人工の微生物を造成し,発酵に用いる技術である.そのような微生物株は,まず変異株の形で取得される.変異により,調節の要素が欠落したり,大幅に調節の働きを抑えたりした特殊な細胞が作られているわけである.たとえば,ある代謝の枝先の代謝物(往々にして目的生産物である)によるフィードバック阻害がかからないようにする.すなわち,フィードバックの対象となっている酵素が,変異によって阻害に対して不感受性になっているというのがよい例である.代謝経路や調節機構に関する情報があると,計画的にそのような変異株の取得がしやすくなる.

以上のようなことから,図 8.13 に示すような微生物のアミノ酸代謝に関する情報

があれば，変異株取得の設計がきわめて容易になる．原理的にはこの情報をもとに，代謝ネットワーク内の代謝物をいずれも優先的に蓄積させるような変異株を取得することができるはずである．そのようにしてこれまで，*Corynebacterium glutamicum*,

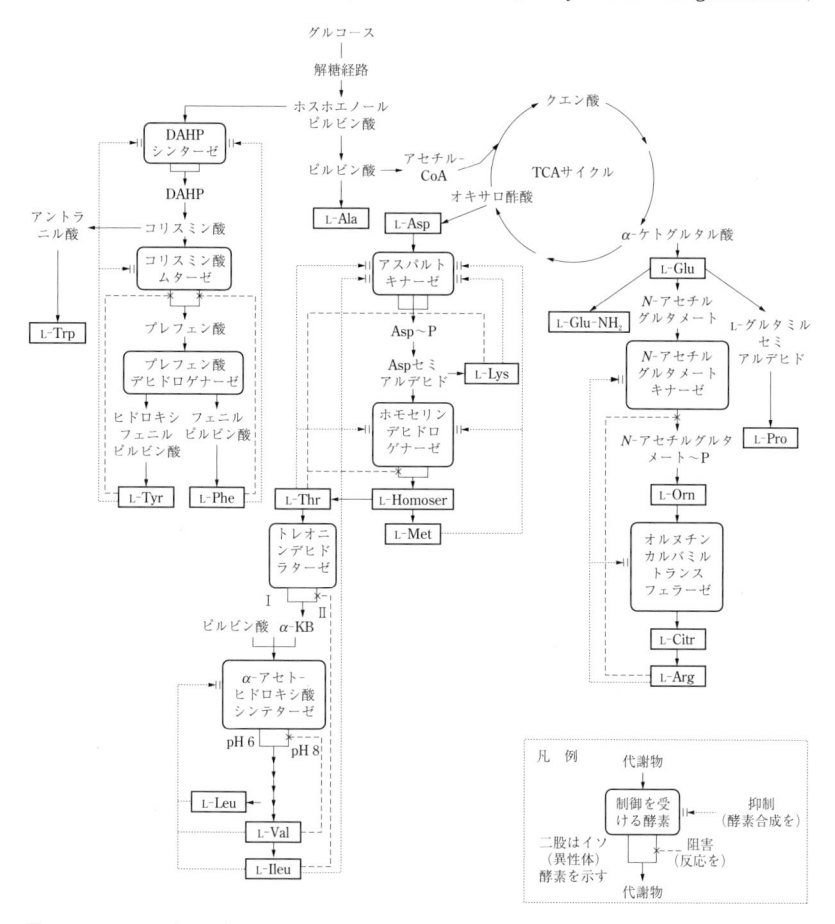

図 **8.13** アミノ酸合成の代謝ネットワーク.
DAHP：3-deoxy D-arabino-hepturonic asid 7-phosphate, L-Trp：L-tryptophan, L-Tyr：L-tyrosine, L-Phe：L-phenylalanin, L-Ala：L-alanine, L-Asp：L-aspartic acid, L-Homoser：L-homoserine, L-Thr：L-threonine, α-KB：α-ketobutyric acid, L-Met：L-methionine, L-Leu：L-leusine, L-Val：L-valine, L-Ileu：L-Isoleucine, L-Glu：L-glutamic acid, L-Glu-NH$_2$：L-glutamine, L-Pro：L-proline, L-Orn：L-ornithine, L-Citr：L-citruline, L-Arg：L-arginine, L-Lys：L-lysine, アセチル CoA：アセチルコエンザイム A
[アミノ酸・核酸集団会編，アミノ酸発酵(上)総論，共立出版(1972)を改変]

Brevibacterium flavum，その他のアミノ酸生産菌を育種して，グルタミン酸，リジン，ホモセリン，アルギニン，プロリン，トレオニン，セリン，ヒスチジンなど，多数のアミノ酸が発酵生産されるようになっている．

A. アミノ酸生産菌

アミノ酸生産菌の開発は，まず鵜高重三によって，グルタミンを生産する微生物株を自然界からスクリーニングすることから始められた．代表的なものは，先に述べた *C. glutamicum*，*B. flavum* に属する菌株などである．スクリーニングされたグルタミン酸生産菌を用いて，グルタミン酸発酵が工業的に成立した．グルタミン酸生産菌は，TCA サイクルのクエン酸合成酵素や α-ケトグルタル酸からグルタミン酸への反応を触媒するグルタミン酸脱水素酵素の活性が特に高いため，グルタミン酸の生成が盛んに起こり，細胞外に分泌されて培地中に蓄積する．グルタミン酸のほかに野生株によるアミノ酸の生産は，アラニンやバリン以外に見つかっていない．それは上述のように，細胞が必須成分であるアミノ酸を過不足なく生産する調節機構をもっているからである．

B. 変異株による各種アミノ酸の製造

グルタミン酸生産菌のアミノ酸要求性変異株を取得することにより，多くのアミノ酸の生産が可能となった．図 8.13 に示したアスパラギン酸から合成される 4 種のアミノ酸は，生合成経路の調節機構によって過不足なく作られるようになっている．すなわち，リジンやトレオニンの生成が過剰になると，これら 2 種のアミノ酸の存在によりこの経路の最初の酵素であるアスパルトキナーゼ活性が阻害され，4 種のアミノ酸の過剰合成が抑えられる．この阻害にはリジンとトレオニンの共存が必要であり，

土からの贈り物：グルタミン酸生産菌

アミノ酸発酵の幕開けとなる画期的な研究である，鵜高重三が自然界からグルタミン生産菌をスクリーニングしてきた方法の概略は，以下のとおりである．土より分離した試験菌を，グルタミン酸生産に適した培地を含む寒天上に生育させてコロニーを形成させ，その寒天の上にグルタミン酸要求性の検定菌（グルタミン酸がないと生育しない乳酸菌）を重層すると，試験菌のコロニーのうち，あるコロニーの周りに検定菌が生育することがある．そのコロニーの菌はグルタミン酸を生成し培地中に分泌しているということになる．このようにして，土からグルタミン酸生産菌（*Corynebacterium glutamicum*, *Brevibacterium flavum* などの名前がつけられている）が分離（単離）され，この菌によるグルタミン酸の発酵生産の工業化が協和発酵工業（株）で行われた．それは 1956 年のことであった．

単独ではほとんど阻害が起こらない．これを協奏フィードバック阻害という．グルタミン酸生産菌のトレオニン要求変異株やトレオニン・メチオニン要求変異株は，リジンを効率よく生産することが見いだされた．すなわち，トレオニン要求性変異株の培養で，トレオニンの添加量を少なくし細胞内トレオニン濃度を非常に低くすると，リジン単独ではアスパルトキナーゼ活性は影響を受けないので，リジンが多量に生成されてリジン発酵が成立する．このようにして，細胞の正常な代謝調節機構が働かない（制御の解除）ようになった経路のアミノ酸が大量に作られる．

C. 遺伝子操作

　組換え DNA 技術により，さらに計画的に代謝制御発酵を企画することができる．たとえば，グルタミン酸生産菌のアルギニン要求株をスクリーニングすることによって，オルニチンをチトルリンに変換する酵素遺伝子が変異した株を取得すれば，その前段のアミノ酸であるオルニチンが蓄積する．また，代謝調節を受けないように遺伝子を変化させたトレオニン生合成酵素群（アスパルトキナーゼおよびその後トレオニン生合成に必要な3つの酵素）の遺伝子クラスターをプラスミド上に導入し，遺伝子を数十倍増幅した遺伝子組換え体を作成することにより，トレオニンの生産株を作ることができる．このように遺伝子を多くすれば，それらから作られる酵素の量も格段に増やすことができ，あるアミノ酸の生合成反応がほかの代謝に優先して速く進行する．そして，フェニルアラニンのように，多くの酵素反応を含み複雑な調節を受けている代謝経路を経て合成されるアミノ酸でも，代謝の流れの悪いところを組換え DNA 技術で1つ1つ改良し，優先的に生成することのできる株を育成することができる．たとえば，温度感受性となっている λ ファージの cI_{857} リプレッサー遺伝子と，P_R–P_L タンデムプロモーター遺伝子領域を有する発現ベクターを用いれば，強力な P_R–P_L タンデムプロモーター遺伝子により遺伝子発現を顕著に高めることができ，かつ温度で遺伝子の発現をコントロールすることができる．フェニルアラニン合成の鍵酵素（図 8.13 参照）である DAHP シンターゼ（3-デオキシ D-アラビノヘプチュロン酸 7-リン酸シンターゼ），およびコリスミ酸ムターゼ P-プレフェン酸デヒドロゲナーゼ複合酵素をそれぞれコードする aroF と pheA 遺伝子を，上述の発現系に連結したプラスミドを宿主株の大腸菌に導入すれば，フェニルアラニン合成の代謝フラックスは増強され，かつフィードバック阻害を受けないでフェニルアラニンの合成が優先的に行われるようになる．その結果，表 8.5 に示すように，プラスミド（pSY シリーズ）のコピー数増加と，強力なプロモーター（P_R–P_L）導入による遺伝子増幅効果や，フィードバック阻害解除の変異（FR）導入により，本来フェニルアラニンを分泌しない大腸菌を改造することによって著量のフェニルアラニンが生成される．

　このように，組換え DNA 技術を利用してすばらしい成果を上げることができるが，

8 生物化学

表 8.5 遺伝子操作によるフェニルアラニン生産大腸菌の育種

プラスミド	なし	pSY60	pSY60-5	pSY60-14
遺伝子[†1]		pheA, aroF, tyrA	pheA^{FR}, aroF, tyrA	pheA^{FR}, aroF^{FR}, tyrA
フェニルアラニン (mg l^{-1})[†2]	72	196	288	500
プラスミド			pSY110-5	pSY110-14
遺伝子			P_R-P_L(pheA^{FR}), aroF, tyrA	P_R-P_L(pheA^{FR}), aroF^{FR}, tyrA
フェニルアラニン (mg l^{-1})[†2]			511	950
プラスミド			pSY111-5	pSY111-14
遺伝子			P_R-P_L(pheA^{FR}), aroF	P_R-P_L(pheA^{FR}), aroF^{FR}
フェニルアラニン (mg l^{-1})[†2]			1093	1244

†1: pheA：コリスミ酸ムターゼ P-プレフェン酸デヒドロゲナーゼ複合酵素の遺伝子，aroF：3-デオキシ D-アラビノヘプチュロン酸 7-リン酸シンターゼの遺伝子，tyrA：チロシンシンターゼの遺伝子，FR：フィードバック阻害非感受性となる変異を施したもの，P_R-P_L：λファージの cI_{857} リプレッサーのタンデムプロモーターの右側遺伝子と左側遺伝子
†2: 宿主 *Escherichia coli* AT2471 株 (よく使われる大腸菌 K12 株由来), 坂口フラスコ培養, 温度 40 ℃

グルタミン酸発酵のように野生株から優秀な株をスクリーニングしてくることも重要であるし，供試菌株の性質を解析して，それをもとに培養操作を工夫し，培養条件の最適化を行うことにより，数倍，数十倍，生産性の改善が行われることも心得ておかなければならない．たとえば，上に述べたフェニルアラニン生産用の組換え大腸菌によるフェニルアラニン発酵の温度特性を利用し，図 8.14 に示す温度の異なる培養槽を連結した循環培養装置で，遺伝子の高発現を維持しながら増殖させることができる．このようにして，上述の 2 酵素の細胞内活性を高く保つよう培養を制御することがで

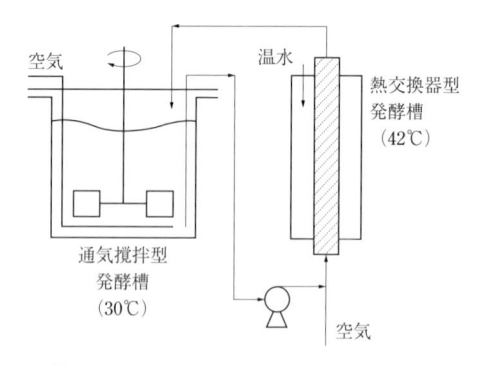

図 8.14 温度の異なる培養槽を連結した循環培養装置によるフェニルアラニン生産．

き，高いフェニルアラニン生産(30 g l^{-1}, 30倍)を実現できる．知識工学的手法を用いた生理状態(PS)制御システムにより，さらに生産量を上げることができる(46 g l^{-1})．

以上述べたように，種々のアミノ酸が，自然界からスクリーニングされたり，突然変異や分子育種によって改善されたりした各種の微生物を用いて，発酵法で工業的に生産されている．製造法や生産法を表 8.6 にまとめる．

表 8.6 微生物・酵素利用によるアミノ酸生産(1990)

アミノ酸	おもな生産法	世界の生産量(t y^{-1})	おもな用途
L-グルタミン酸	発酵法	630,000	調味料
L-リジン	発酵法	150,000	飼料添加物
	酵素法		
L-フェニルアラニン	発酵法	7,000	甘味料の原料
L-アスパラギン酸	酵素法	6,000	甘味料の原料
L-システイン	酵素法	1,500	医薬品
	抽出法		
L-グルタミン	発酵法	1,200	医薬品
L-アルギニン	発酵法	1,000	栄養強化剤
L-トレオニン	発酵法	700	栄養強化剤
L-バリン	発酵法	300〜400	栄養強化剤
L-イソロイシン	発酵法	300〜400	栄養強化剤
L-プロリン	発酵法	300〜400	栄養強化剤
L-ヒスチジン	発酵法	300〜400	栄養強化剤

8.3.4 核酸関連物質

核酸関連物質の生産は，はじめ RNA を分解することから始まったが，微生物を利用する発酵法，発酵と化学合成を組み合わせた方法が開発されて，呈味性ヌクレオチドだけでなく，多くの核酸関連物質を微生物生産する研究が行われるようになった．ヌクレオチドの生合成における調節作用と細胞膜透過性障壁の解除により，5'-イノシン酸は直接発酵法によって工業生産が可能となった．さらに，*B. ammoniagenes* を用いるキサンチル酸(XMP)発酵に連結したグアニル酸(GMP)発酵が工業化された．ATP 再生系(8.1.3.G 参照)を用いて，XMP から GMP が得られる．

$$\text{XMP} + \text{NH}_3 + \text{ATP} \xrightarrow{\text{XMPアミナーゼ}} \text{GMP} + \text{AMP} + \text{PPi} \tag{8.8}$$

8.3.5 抗生物質

50年前に工業化が始まったペニシリンをはじめ多数の抗生物質が発見され，工業

生産されている．抗生物質は医薬品として広く用いられるほか，農薬としても使用されている．

A. 各種抗生物質の性質と生産菌

　抗生物質は生物，特に微生物によって作られ，他者の微生物その他の生活細胞の生育，機能を阻止する物質と定義されている．実用的には医薬用抗菌抗生物質，抗がん性抗生物質，農薬用抗生物質として広く利用されている．医薬品としてよい抗生物質のもつべき要件は，病原菌に対して強い抗菌力をもつだけでなく，毒性が低いこと，耐性菌が出にくいことなどである．抗生物質は二次代謝産物で，限られた生物種により特定の環境条件下で生産され，その生産菌の生命維持に必須のものではない．現在では放線菌が最も抗生物質を生産する微生物であり，抗生物質の50％以上が放線菌によって生産されている．抗生物質の生産量は，発見されたとき微量であっても，生産菌株の改良によりその生産量を飛躍的に増大させることが可能である．

B. 抗生物質の製造法

　医薬品や農薬として実用化されている抗生物質の生産菌は，ほとんど放線菌，カビである．これらの微生物は液中で菌糸を延ばして成長するので，発酵槽を菌糸に与えるせん断応力を極力少なくしつつ，酸素供給速度を高める必要がある．たとえば，培養液の混合をよくするため，菌体の増加とともに加水して見かけ粘度を下げるとか，酸素供給を損なわないで菌糸にかかるせん断応力を小さくするため，撹拌翼の径を大きくして回転数を抑えるなどの処置がとられる．これら撹拌の細胞に対する物理的破壊効果の抑制と酸素供給速度の確保の兼ね合いは，スケールアップにおける重要な問題となる．

8.3.6 細胞培養による物質生産

A. 植物細胞培養

　植物細胞により有用物質の生産が行われる例がいくつかある．オタネニンジン細胞を培養しその細胞成分を抽出して健康食品を作る，ムラサキ（*Lithospermum erythrorhizon* Sieb. et Zucc.）によって赤紫色のシコニンを作る，シソ（*Perrila frutscens*）の細胞培養によって紫色色素を作る，*Texus cinensis* によって生理活性物質タクスユンナニンCを作るなど，種々の発展がみられる．

　ムラサキの根に赤紫色のシコニン（ナフトキノン系色素）が含まれており，紫根染めの染料として，また外傷薬や痔症の治療薬として広く用いられている．このカルス細胞（脱分化した細胞）からのプロトプラスト（細胞壁の欠損した細胞）を用いて，シコニン生産能力の高い株を選抜し，シコニン生産に用いた．二段培養法で細胞を得，細胞からシコニンのエステルをヘキサンで抽出する方法でシコニンを生産した．シコニン

は細胞の乾燥重量あたり約10％であった．また，シソの細胞培養によって紫色の色素を作る一連の研究の結果，植物細胞培養特有の問題である光照射時間，バイオリアクターでの内部光照射，培養温度，せん断応力，表面活性剤添加など種々の因子の効果を試験し，最適条件を検討した結果に基づき，10日間培養を行い，$5.8\,\mathrm{g}\,l^{-1}$のアントシアニンを蓄積させている．

B. **動物細胞培養**

動物細胞培養で，モノクローナル抗体（単一クローン由来の単一抗原に反応する抗体），インスリン，インターフェロン，ホルモンなど生理活性物質生産が可能である．これらは診断薬や治療薬としての用途が期待されている．動物細胞を損傷しない程度の低い撹拌速度で，しかも深部通気なしでいかに細胞に溶存酸素を供給するか，接着依存性である動物細胞の培養密度を上げるために行う培養液単位体積あたり接着面の拡大，高価な血清を要求する動物細胞に対して血清をできるだけ使わず培養するための培地の検討や浸透圧制御など，培養制御による細胞活性の維持に関する研究が行われてきた．無血清培地を用いる動物細胞の培養後期に起こる細胞死は，大部分がアポトーシス（病理学的細胞死「壊死：ネクローシス」とは異なり，遺伝子プログラムで制御される生理学的細胞死，すなわち「プログラム細胞死」）である．動物細胞によるモノクローナル抗体や増殖促進因子の生産は，細胞増殖が収まった時期に起こることか

組織培養と再生医工学

臓器損傷を受けた患者に対して行う他家移植による臓器移植は種々の問題があり，今後それらの問題が容易に解決されるとは考えられない．それに代わるものとして，自己の細胞・組織をもとに必要な組織・臓器を再生して用いる，あるいは非常に管理されたプロセスで組織・臓器を調製し，必要に応じて即時に患者に対して提供できるシステムを用意することが考えられる．特に培養皮膚などの一部の分野では，その臨床的な効果まで確認され実用化に着手したものもある．このような再生医療に必須な細胞・組織の培養を可能にする研究，たとえばすべての血液細胞のもと（幹）となる，骨髄幹細胞の *in vitro* 再生法の開発研究などが行われている．動物体における骨髄内の三次元的微小環境を参考にして，不織性の担体の内部にストローマ細胞を着生・増殖させ，造血幹細胞を播種すると，再生・分化機能を有する骨髄幹細胞の前駆細胞が順調に増幅する．その後の造血幹細胞の分化によって得られた成熟細胞の分布を見ると，各種の血液細胞がバランスよく得られた．このようにして，高価なサイトカインを使用せずに骨髄細胞の *in vitro* 培養に成功し，大衆的白血病治療に必要な骨髄移植のための骨髄細胞の供給に，道が開かれたといえる．

表 8.7 無血清または低血清培地における t-PA 生産におけるアポトーシス制御

血清(%)	0			0.4		
抗酸化剤	—	VCA	GSH	—	VCA	GSH
t-PA	0.27	0.28	1.01	0.69	2.01	1.61

VCA：L-アスコルビン酸 2-リン酸；GSH：還元型グルタチオン

ら，アポトーシスを抑制することにより細胞死を防ぎ生産を継続することができる．そこで，アポトーシスを誘引する重要な因子である細胞内の活性酸素種を低下させる培養方法の開発が望まれる．その1つとして，無血清培地を用いる CHO（チャイニーズハムスター卵生）細胞による組織プラスミノーゲンアクチベーター（t-PA）を生産する培養において，生産期の細胞の活性を維持するために，培地に抗酸化剤のビタミンCリン酸誘導体（VCP）や還元性グルタチオン（GSH）を添加して培養する（表 8.7）．これにより細胞培養後期におけるアポトーシスを抑制し，t-PA 生産量を高めることができ，無血清培地でも血清含有培地以上の成績が得られた．

バイオテクノロジー技術の中でも，特に酵素や微生物・植物・動物細胞を用いて，種々の有用物質を生産する技術は，長い歴史を有する発酵技術を基盤としてますます発展しつつある．その中でバイオリアクターの概念は，将来のバイオ産業発展の重要な位置を占めることになる．すなわち近代産業における生産技術として，生産性が格段に高いこのシステムを発展させることは，きわめて重要である．酵素やその他生体触媒を固定化して有効に利用することによってむだをなくし，生産性の高い連続生産プロセスを設計し，最適運転のための制御システムを実現することができる．また，微生物をはじめとする細胞を培養する技術は，バイオ産業発展のために必須の技術である．細胞の機能を最大に発揮させるように，培養装置の設計と運転管理の最適化が行われなければならない．このように，酵素や細胞の基本的な性質を理解し，最大限に生物機能を発揮させるバイオテクノロジーの総合技術を発展させることが望まれている．このような状況下で，工学関連の学科で学ぶ人々が，将来種々の生産とサービスを提供する技術者として自身を磨いていくうえで，産業発展に必要なバイオテクノロジーに関する基礎的素養を身につけるのに役だつことを期待している．

第9章

持続可能な社会づくり

9.1
地球の現状と将来

　産業革命以降急増した世界人口は，2000年に60億人を突破して，発展途上国を中心に毎年7700万人ずつ増え，2050年には93億人になるといわれている．1972年にローマクラブから「成長の限界」という報告書が出版され，人口と工業生産の増加で，地下資源や食糧が不足し，汚染が増大して人類に重大な危機が迫っているとする警告を発し，世界中に大きな衝撃を与えた．しかし，この報告書に取り上げられた地下資源の枯渇や食糧不足は，現実には発生していない．石油の可採年数は30年といわれていたが，IT技術の進歩などにより新たな油田が採掘されたことから，現在では逆に石油の可採年数は50年と伸びている．食糧問題も一部の地域を除いて大幅に改善している．1970年から約30年間に食糧生産はほぼ2倍になった．食糧の生産性が向上したことから，栄養不足人口が大幅に減少したことはすばらしいことであるが，それを達成するために化学肥料使用量が2倍になり，灌漑面積も1.5倍になった．そのため，多くの森林が消失し，土壌が汚染され，砂漠化が進行するという代償を払ってきた．また，科学技術の進歩により快適な生活を享受することができるようになってきたが，そのためにエネルギーと資源を多量に消費し，その結果，大気中の二酸化炭素濃度が増加し，地球温暖化問題に直面している．

　発展途上国の熱帯雨林は，急激な人口増加を背景とした過度の焼畑式農耕，伐採，過放牧などにより毎日5万5,000ヘクタールの割合で減少している．一方，先進国においても，製鉄所，炭鉱，化学工場が狭い地域に集中して設置されたことから，酸性雨汚染により森林が枯れ木の山と化し，そのうえ悲惨な公害病多発地帯となった所もある．このような森林破壊によって世界各地で洪水が多発するようになっている．現在，地球の抱える緊急の問題は，森林，大気，土壌，水，水産物などの再生可能資源の急激な悪化である．

わが国は，第二次世界大戦後ゼロからの出発ではあったが，追いつけ追い越せのスローガンの下で，日本人的勤勉性を発揮して力強く急速に復興し，70年ごろには欧米を超える企業もみられるようになった．その象徴的な現れが基幹産業における世界一の鉄鋼生産企業の出現であろう．日本の多くの産業が欧米と肩を並べるかそれを凌駕するようになった．このように発展を遂げた日本においては，消費は美徳，ごみは文化のバロメーターなどといわれ，消費者は豊かさと利便性を追い求め，大量生産・大量消費・大量廃棄を常とするエネルギー多消費型社会を作り上げてきた．このような生産・消費活動は，エネルギーおよび資源の枯渇を招き，廃棄物による環境の汚染，ごみ問題など深刻な社会問題を引き起こしている．

 地球温暖化，森林破壊や砂漠化，オゾン層破壊といったグローバルな環境問題から，ダイオキシンに代表される環境汚染や廃棄物問題，そして昨今大きな話題となっている人類の種の滅亡にかかわる環境ホルモンの問題に至るまで，21世紀に解決しなければならない深刻な環境問題は枚挙にいとまがない．現在，表9.1に示す各種の環境問題が発生している．この中で，地球温暖化と廃棄物問題を取り上げ以下に述べる．

表9.1 地球環境問題と地域環境問題

地球環境問題	地域環境問題
地球温暖化	大気汚染
オゾン層破壊	水質汚濁
酸性雨	土壌・地下水汚染
森林の減少	悪臭
砂漠化	騒音
生物多様性の減少	振動
海洋汚染	地盤沈下
有害廃棄物の越境移動	有害化学物質
	廃棄物

［久塚謙一，ペトロテック，**21**(9)，878(1998)］

9.2
地球温暖化

 過去1万年地球の温度は15 ± 1℃に保たれていたが，今後上昇するかもしれないといわれている．最も権威があるとされる国連の専門家会議であるIPCC(気象変動に関する政府間パネル)の意見では，このまま温室効果ガスの排出が続けば，21世紀末には平均気温が$1.8 \sim 4$℃，海面は$18 \sim 59$ cm上昇するという．主要な温暖化ガスとしてCO_2，CH_4，フロンなどがあるが，排出量が桁違いに多いことから，CO_2が

おもな原因物質とされている．CO_2 は化石燃料の燃焼によりエネルギーを取り出す際に発生するので，CO_2 を低減するためには，エネルギー使用量を削減するかその利用効率を向上させるかが必要である．地球温暖化の影響が真っ先に現れるのは，山岳氷河とともに南極と北極などの高緯度地帯である．温帯で気温が 1 ℃ 上がると，高緯度地帯ではその 2 倍も上昇する．現に北極と南極の氷が融解していることが観測されている．

地球温暖化防止対策として，CO_2 排出削減が叫ばれるようになり，COP3 (気候変動に関する国際連合枠組み条約第 3 回締約国会議) において，各国の CO_2 排出目標が設定され，日本は CO_2 をはじめとする温暖化ガスを 2008～2012 年までに 1990 年比で 6 ％減らすことが求められている．しかし，2000 年における日本の温室効果ガス排出量は，逆に 1990 年比で 7.9 ％の増加となっている．そのため，議定書における目標の達成には，今後約 14 ％の削減を行わなければならない．一方，欧州における温暖化対策は，1990 年に入ってから省エネルギーなどの従来型対策に加え，環境税制の導入や取引制度といった市場を活用した取り組みが順次導入されてきて，着実に削減が行われている．日本ではこの約束を遂行するために，新規の原子力発電所の建設が考えられ，20 基を新たに建設することで 12 ％の削減が可能で，さらに必要な削減は省エネルギーなどによって達成できると考えてきた．しかし，原子力発電所におけるトラブル隠し問題などにより，当初の計画を中断しなければならない状況にある．したがって現状はかなり厳しいと考えられる．

CO_2 の部門別排出量をみると，産業用，運輸用，民生用の比率がほぼ 2：1：1 となっている．産業用についてはここ 30 年以上増加していないが，運輸部門では 1990 年から 5 年間で 16 ％も増えた．排出量の約 9 割は自動車から出ている．運輸部門では，自家用乗用車台数が 90 年から 99 年の間に 46 ％増加しており，それに伴い，走行量が 40 ％も増加している．そのために燃料消費量 (燃費) の節減を狙って，炭素繊維強化アルミ複合材料を使った車体の軽量化の研究開発や，エネルギー変換効率の高い燃料電池車の開発などに取り組んでいる．今後，産業部門や民生部門においても，エネルギー変換効率の向上や省エネルギーに努めなければならない．

9.3 廃　棄　物

社会経済活動が高度化するにつれ，生活環境の汚染・破壊が進展しており，廃棄物の量の増大，廃棄物の質の多様化，最終処分場の残余容量のひっ迫などが生じている．これらに伴い，資源採取から廃棄に至る各段階での環境への負荷が高まっていることから，持続可能な発展をするために，物質のリサイクルを促進し，環境への負荷を低

減させる施策を講じなければならない．日本の資源の物質収支をみると，社会経済活動に伴って18億トンに及ぶ自然界からの資源採取を含め，21億トンの資源が国内外から投入されている．投入されたうちの約5割が蓄積され，約4割がエネルギー消費や廃棄物という形で排出されており，再生利用されている量は約1割程度である．わが国の一般廃棄物排出量は年間約5,000万トンで，産業廃棄物排出量は約4億トンとなっていて，1人1日あたりの一般廃棄物発生量は約1.1 kgである．

廃棄物の最後は埋立て処分であるが，用地の確保が年々困難となってきている．また，用地が確保できない自治体にあっては他の自治体に運んで処理をすることになり，廃棄物の受け入れ先でさまざまな問題が生じている．2000年6月に公布された「廃棄物処理法」の改正に基づき，廃棄物の排出抑制(reduce)，再使用(reuse)，再生利用(recycle)の3Rの推進に努め，さらに廃棄物となった粗大ごみなどを破砕し，その中から資源を回収することや焼却することで，減量化・減容化を行い，極力埋立て処分量を減らしている．このようにしてわが国は，最終処分量を2010年度までに1997年度の半分に削減する方針である．

9.4
持続可能な発展に向けて

地球には自浄能力がある．たとえば温暖化効果ガスを出せば，生態系がそれを吸収してくれる．しかし，その能力は有限である．先進国は，人口が世界の20％であるにもかかわらず，世界の資源の80％を使っているという不平等な実態を是正するため，エネルギーおよび資源の使用量を4分の1にすべきであるとの考えから，世界全体で「豊かさを2倍に，環境に対する負荷を半分に」するために，資源生産性を現在の4倍にする必要があるという提言がある(ファクター4)．この考えを，資源生産性の向上とか環境効率の向上という．たとえば，建物，家電製品，家具などの製造時における資源量を半分にして，耐用年数を2倍にできれば，資源生産性は現在の4倍にすることができる．これは非常にシンプルな考えでわかりやすいために，全世界の多くの企業の経営者・技術者に支持されている．一方2050年レベルを考えると，ファクター4では不十分である．なぜなら，1990年に比べて2050年の人口は2倍に増え，1人あたりの所得もおそらく中国・インドの急速な経済成長を考えると，ほぼ5倍に増えると考えられることから，人類全体の産業活動の地球に及ぼす影響を1990年と2050年で同じ水準に保つためには，ファクター10でなければいけないだろう．

私たちは快適な生活を送るために多種多様な製品やサービスを享受しているが，それらを生産・提供するために天然資源やエネルギーが消費され，排ガスや廃棄物などが環境へ排出されている．これはものを生産する場合に限らず製品を使用し，廃棄す

る場合にも同様なことがいえる．このような人間活動が地球という限られた空間の中で，地球の自浄能力・環境収容能力を超えて産業経済活動を行った結果，現在の地球環境問題が生じている．この認識にたって環境負荷を定量的に把握しそれを評価するためのツールとして生まれたのが，ライフサイクルアセスメント(LCA)である．LCAとは，1つの製品が原料採取から生産，流通，消費を経て，最終的に廃棄処理されてその使命を終えるまでの全生涯が社会へ及ぼす影響をすべて定量的に算出し，総合的な見地から環境負荷の少ない製品開発を進めるための評価方法として提唱されたものである．持続可能な社会を実現するには，産業技術ならびに生活文化の省資源・省エネルギー化が必要である．現状の各産業分野について，LCAの手法による環境負荷，資源エネルギー負荷などを把握し，負荷を下げるための研究開発を進めなければならない．また，衣，食，住，娯楽など私たちの生活文化のそれぞれの分野についても，環境や資源エネルギーに対する負荷を最小にする努力が必要である．

ISOが国際的な取引を円滑にする国際標準化機構として世界的に認知されるようになったのは，写真の感度や金属ネジのような国際的な統一規格のほか，品質管理及び品質保証に関する国際規格ISO 9000シリーズが発表されてからである．1996年9月に，環境管理・監査に関する国際規格ISO 14000シリーズが発効された．ISO 14000シリーズは環境に配慮した企業経営を促そうというもので，具体的には次のような事項を国際規格として定め，企業に実施を求めるものである．

1) 産業廃棄物の削減，省資源，省エネルギー，リサイクルなどの目標を決めて，企業の内外に周知徹底する．
2) 実施責任者を決め，事業部門ごとの具体的な実施内容を文書でマニュアル化する．
3) 環境法規などの知識をもった社内外の環境監査人が実施状況を点検する．
4) 経営者らが定期的に監査結果や目標達成度を検討し，管理システムを見直す．

9.5 グリーンケミストリー

化学を見る目は，いま両極端に分かれている．化学者や化学工業に携わる技術者はこぞって"化学"の成果をたたえるが，その一方で多くの市民は，化学物質も化学という学問も汚染や公害を発生させる，なにやら怖いものだと思っている．これまで企業は安く大量に製品を作ることに専念して，研究開発を行ってきた．そして，その際に生じた廃棄物は無害化処理を施して廃棄してきた．しかし，現在では汚染物質そのものを作らないようにする動きが起こってきた．つまり，環境問題に根本から立ち向かおうということである．グリーンケミストリーは，反応工程で副生した好ましくない

物質のみに注目するというよりは，全反応工程におけるすべての物質を対象にする．また，グリーンケミストリーの定義は，「有害性」という用語の使用に関して，もう1つ重要な点があることを示している．この言葉は，爆発，燃焼，腐食といった物理的有害性にとどまらず，急性毒性，慢性毒性，発がん性や生態毒性をも含んでいる．さらにその定義からすれば，地球温暖化，成層圏オゾン層破壊，資源の枯渇，生物濃縮や残留性化合物など地球全体に対する脅威が含まれる．P. T. Anastas らの著書「*Green Chemistry: Theory and Practice*」(日本語版，丸善，1999)に書かれているグリーンケミストリーの12箇条を，以下に転載する．

1) 廃棄物は"出してから処理"でなく，出さない．
2) 原料をなるべくむだにしない形の合成をする．
3) 人体と環境に害の少ない反応物・生成物にする．
4) 機能が同じなら，毒性のなるべく小さい物質を作る．
5) 補助物質はなるべく減らし，使うにしても無害なものを．
6) 環境と経費への負荷を考え，省エネルギーを心がける．
7) 原料は，枯渇性資源ではなく再生可能な資源から得る．
8) 途中の修飾反応はできるかぎり避ける．
9) できるかぎり触媒反応をめざす．
10) 使用後に環境中で分解するような製品をめざす．
11) 化学事故につながりにくい物質を使う．
12) プロセス計測を導入する．

― コンビナトリアルケミストリー ―

コンビナトリアルケミストリー(コンビケム)とは，組成が異なる物質の製造・評価を高効率で行う方法である．特に創薬の分野で画期的な成果をあげ，薬品開発の短期化・低コスト化に大きく貢献している．また，高温超伝導，熱電発電材料など材料の高速探索に役だつ技術として関心が高まっている．触媒探索においても，可能性ある触媒系の周辺のデータベースを整え，迅速評価を可能とする反応器と迅速分析法を組み合わせて，自動化・迅速化をはかる手法が急速な進展をみせている．しかし，コンビケムは原料消費量，廃棄物およびエネルギー消費量が大きい方法でもある．そこで，コンビケムに低環境負荷と省原料の概念を加えることが必要となる．これまでは研究者は，ともすれば「研究」の名のもとにエネルギーや環境問題について考慮せずに物質探索を行ってきたが，今後は合成・評価速度が数百〜千倍，原料消費量が数十万分の一で試料合成が可能な方法を開発していく必要がある．

9.6
将来展望

　先進諸国では，1人あたり石油3〜6トン/年に相当するエネルギーを使っているが，日本では省エネルギーが進み，1人あたりの消費は先進国では低く，米国の半分以下である．1973年に石油危機が発生したのち，わが国はGNP成長率を維持しながらも，エネルギー消費の伸びを低く抑えて，大幅な省エネルギーを達成した．コークス炉排熱の有効利用，熱交換機の最適化など数多くの省エネルギー技術を開発してきた．また，産業廃棄物や一般廃棄物の処理技術，PCBやダイオキシンなど有害物質の除去技術も次々と開発されて，公害問題の解決に貢献してきた．今日の大量生産・大量消費・大量廃棄の社会経済システムは，生産，流通，消費，廃棄などの各段階において，自然環境に対し負荷をかけている．環境と調和しながら経済発展を維持させるには，排出抑制，再使用，再生利用の3つの対策によって廃棄物をゼロとする循環型社会の構築をめざさなければならない．今後，これらの省エネルギー技術，環境保全技術，リサイクル技術を途上国に技術移転していくことは，地球規模の環境問題解決に大きく貢献することになると考えられる．

　環境調和型生産技術(バイオリアクター，水素製造技術，次世代化学プロセスなど)，エネルギー変換技術(燃料電池，高温ガスタービンなど)，土壌汚染修復技術，リサイクル・廃棄物処理技術，省エネルギー技術，環境触媒技術などが果たす役割がますます大きくなると考えられる(図9.1)．最近，環境重視の経営が産業界のすそ野に広

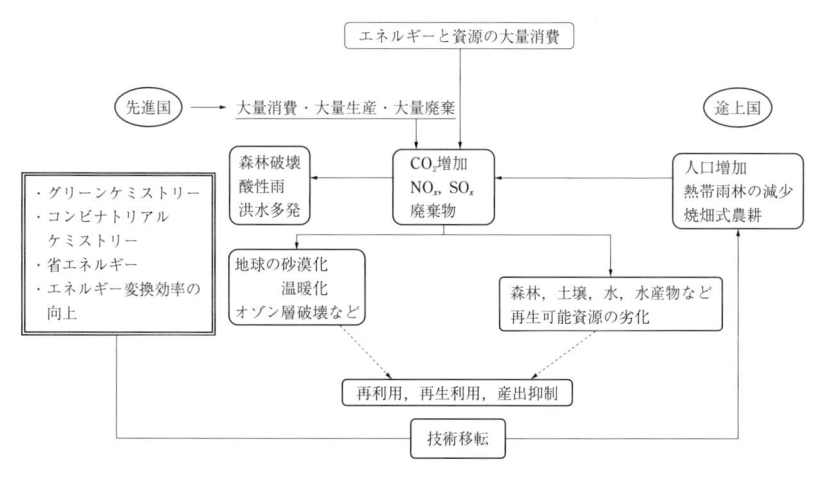

図 9.1　持続可能な社会に向けて．

がっている．たとえば，企業グループで「環境会議」を開き「環境行動計画」を立案し，CO_2 や廃棄物の排出量など数値目標をあげ，経営に組み入れるなどである．また環境に配慮した部品を優先購入する「グリーン調達」も強化されつつある．非製造業での環境対策への取り組みは製造業に比べて遅れてはいるが，そのレベルは最近特に向上してきている．たとえば，CO_2 排出量やエネルギー投入量をグループ全体で把握する企業が少なからずあり，小売り，外食産業では，食品リサイクル法で 2006 年に食品ゴミを 20％以上有効利用することが義務づけられている．また省エネルギー支援のESCO（エネルギー・サービス・カンパニー）事業や土壌浄化事業への取り組み，環境管理システムの構築支援サービスの開始などをあげることができる．これらは環境重視経営が収益向上貢献策になるという認識が，産業界に浸透してきたからでもある．

　化学は，持続可能社会構築に関する多くの問題を取り扱う重要な学問分野である．「環境効率」に重点をおいて，より少ない資源で，より機能のすぐれた製品を作ることにより，廃棄物と汚染の低減，エネルギーと原材料資源使用の削減が可能となる．副産物の発生を抑制することによって，廃棄物の処理や土壌汚染を減らすことができる．このように環境にやさしい製品や製法を創出していくことが，21 世紀の経済を振興し，環境問題を解決していく鍵となるだろう．

参 考 書

1章
- 山田圭一，現代化学技術史，コロナ社(1966)
- 歴史にみる化学産業の諸相―過去，現在そして未来，化学工業日報社(2003)
- 矢野恒太記念会編，日本国勢図会2002/03年版，矢野恒太記念会(2002)
- 伊丹敬之，日本の化学産業―なぜ世界に立ち遅れたのか，NTT出版(1991)
- 吉田邦夫編著，産業ビッグバン，丸善(2002)

2章
- 塩川二朗編著，無機工業化学，化学同人(1985)
- 阿部泰二郎，無機プロセス化学 第二版，丸善(1993)
- 足立吟也，島田昌彦，南 努，新無機材料科学，化学同人(1990)
- 足立吟也編著，固体化学の基礎と無機材料，丸善(1995)
- 荒川 剛，江頭 誠，平田好洋，松本泰道，村石治人，無機材料化学，三共出版(1994)
- 日本化学会編，第5版化学便覧応用化学編，丸善(1995)
- 柳田博明，電子セラミックス，技報堂(1975)
- 太田恵造，磁気工学の基礎Ⅰ，共立出版(1975)
- 小沼 稔，磁性材料，工学図書(1996)
- 森泉豊栄，中本高道，センサ工学，昭晃堂(1997)

3章
- 藤嶋 昭，相澤益男，井上 徹，電気化学測定法，上・下，技報堂出版(1984)
- 電気化学協会編，新しい電気化学，培風館(1989)
- 増子 昇，高橋正雄，電気化学―問題とその解き方，アグネ技術センター(1993)
- 電気化学協会編，先端電気化学，丸善(1994)
- 佐藤 登，自動車と環境の化学，大成社(1995)
- 山田興一，佐藤 登監修，新エネルギー自動車の開発と材料，シーエムシー出版(2001)
- 太田健一郎，佐藤 登監修，燃料電池自動車の開発と材料，シーエムシー出版(2002)
- 佐藤 登，境 哲男監修，自動車用大容量二次電池，シーエムシー出版(2003)

4章
- 小西誠一，燃料工学概論，裳華房(1991)
- (財)エネルギー総合工学研究所 石炭研究会編著，石炭技術総覧 21世紀への石炭利用と地球環境，電力新報社(1993)
- 多賀谷英幸，進藤隆世志，大塚康夫，玉井康文，門川淳一，応用化学シリーズ2 有機資源化学，朝倉書店(2002)
- 大谷杉郎，真田雄三，炭素化学の基礎，オーム社(1980)
- 稲垣道夫，炭素材料工学，日刊工業新聞社(1985)
- 持田 勲，現代応用化学シリーズ3 炭素材の化学と工学，朝倉書店(1990)
- 真田雄三，鈴木基之，藤本 薫編，新版 活性炭―基礎と応用，講談社(1992)

251

参　考　書

5章
- 炭素材料学会編，新・炭素材料入門，リアライズ社(1996)
- 山崎時男，マルチ石油学入門，大空社(1994)
- 菊地英一，瀬川幸一，多田旭男，射水雄三，服部　英，新しい触媒化学　第2版，三共出版(2001)
- 世良　力，資源・エネルギー工学要論，東京化学同人(1999)
- 石油学会編，石油精製プロセス，講談社(1998)
- 園田　昇，亀岡　弘編，有機工業化学　第2版，化学同人(1993)
- 妹尾　学ほか編著，有機工業化学，共立出版(1995)
- 石油学会編，石油化学プロセス，講談社(2001)
- 向山光昭監訳，工業有機化学　第4版，東京化学同人(1979)

6章
- 古川淳二，高分子新材料，化学同人(1987)
- 鶴田禎二，川上雄資，高分子設計，日刊工業新聞社(1992)
- 小林四郎編，高分子材料化学，朝倉書店(1994)
- 日本化学会編，機能高分子材料の化学，朝倉書店(1998)
- 日本化学会編，高分子構造材料の化学，朝倉書店(1998)
- 浦池幹治，高分子化学入門，エヌ・ティー・エス(2003)

7章
- 野村正勝，小松満男，町田憲一編，一目でわかる先端化学の基礎，大阪大学出版会(2002)
- 松田治和，野村正勝，池田　功，馬場章夫，野村良紀，有機工業化学　第2版，丸善(1999)
- 西　久雄，色素の化学，共立出版(1985)
- 日本感光色素研究所編，感光色素，産業図書(1997)
- 詫摩啓輔，藤井志朗，機能性色素材料，工業調査会(1999)
- 大嶌幸一郎，北村雅人編，ノーベル賞化学者野依良治博士　学問と創造，化学同人(2002)
- 奥　彬ほか，応用化学講座4　有機合成化学，朝倉書店(1997)
- 湯川泰秀，向山光昭監訳，パイン有機化学Ⅰ，廣川書店(1989)
- J. Saunders（大和田智彦，夏苅英昭訳），トップ・ドラッグ　その合成ルートをさぐる，化学同人(2003)
- 赤木和夫，田中一義編，白川英樹博士と導電性高分子，化学同人(2001)
- 液晶便覧編集委員会編，液晶便覧，丸善(2000)
- 吉野勝美，有機ELのはなし，日刊工業新聞社(2003)
- 谷　千束，ディスプレイ先端技術，共立出版(1998)
- 伊与田正彦編，材料有機化学，朝倉書店(2002)
- 城戸淳二，有機ELのすべて，日本実業出版社(2003)

8章
- 寺本四郎編著，醸造工学，光琳書院(1969)
- 辻阪好夫監訳(A. ワイズマン編)，酵素工学ハンドブック，講談社(1977)
- 合葉修一，永井史郎，生物化学工学—反応速度論，科学技術社(1978)
- 千畑一郎編，固定化酵素，講談社(1975)

参 考 書

- 福井三郎，千畑一郎，鈴木周一編，酵素工学，東京化学同人(1981)
- 田口久治，永井史郎編，微生物培養工学，共立出版(1985)
- 村尾沢夫，藤井ミチ子，荒井基夫，くらしと微生物，培風館(1987)
- 石崎文彬訳(P. F. Stanbury, A. Whitaker)，発酵工学の基礎，学会出版センター(1988)
- 中原俊輔，石崎文彬，荒井康彦，中野勝之，牧野圭祐，木村良晴，有機・生物化学工業，三共出版(1995)
- 高尾彰一，栃倉辰六郎，鵜高重三編，応用微生物学，文永堂出版(1996)
- 吉田敏臣，培養工学，コロナ社(1998)
- 日本動物細胞工学会編，動物細胞工学ハンドブック，朝倉書店(2000)

9章
- 石　弘之，地球環境報告Ⅱ，岩波新書(1998)
- 日本化学会・化学技術戦略推進機構訳編(Paul T. Anastas and John C. Warner)，グリーンケミストリー，丸善(1999)
- 山本良一監修，小島郁夫著，ひと目でISO14000がわかる本，徳間書店(1996)
- 御園生誠，村橋俊一編，グリーンケミストリー――持続的社会のための化学，講談社(2001)
- 山本良一訳(Livio D. DeSimone and Frank Popoff)，エコ・エフィシェンシーへの挑戦，日科技連(1998)

253

索　引

あ

亜鉛凸版	162
青色発光素子	24, 87
灰汁（あく）	1
アーク放電	99
アクリル	
―アミド	122, 214
―系合成繊維	9
―酸	123
アクリロニトリル	121
アスパラギン酸	216
アスパルターゼ	216
アスファルテン	108
アセトアルデヒド	117, 130
圧電性（体）	26, 159, 186
圧力スウィング吸着	89
アニオン	
―界面活性剤	178
―重合	139
―触媒	141
―電着塗装	43
アポトーシス	241
アミノアシラーゼ	215
アミノ酸	215, 234
―生産菌	236
―発酵	234
アモルファスSi	67
亜硫酸ガス	9
アルカリ溶融法	128
アルコール	229
アルドール縮合	131
アルミナ	21
アルミニウムキノリニウム錯体	205
アルミン酸ソーダ	21
亜歴青炭	71
安全ガラス	145
アンモ酸化法	121
アンモニアソーダ法	14

い

イエロー	182
イオン	
―結合	21, 183
―交換膜	13, 168
―性液体	69
―導電性	22
易黒鉛化性炭素	89
異性化	107
イソブテン酸化法	126
イソプレン	127
イソプロピルアルコール	120
遺伝子操作	237
一般炭	73
医農薬中間体	117
イノシン酸	211
異方性構造	85
イムノラテックス	171
医薬品	186
インクジェット	184
インゴット	67
インスリン	241
インターフェロン	241

う

ウエハー	67
ウッドワード-ホフマン則	205
海-島構造	156
ウレタン	10
うわぐすり	32

え

液化天然ガス	79
液晶	177, 194
―ディスプレイ	32, 186, 194, 198, 200, 201
―紡糸	152
サーモトロピック―	196
ネマチック―	195, 200
リオトロピック―	152, 195
液体燃料	82
エチルヘキシルアルコール	123
エチレンオキシド	116, 141
エチレンカーボネート	116
エチレングリコール	116
エッチング	162
エネルギー多消費型社会	244
エネルギー変換技術	245, 249
エマルション接着剤	156
エラストマー	153
エレクトレット	159
エレクトロルミネッセンスディスプレイ	201
塩化ビニリデン	118
塩化ビニル	118
塩酸	10
エンジニアリングプラスチック	149, 194

お

オイルショック	3
オキシ塩素化法	118
オキソ反応	123
オクタン価	105, 106
オゾン層破壊	244
オルトリン酸	11

か

開環重合	141
改質	104
―ガソリン	113
―油	104
開始反応	136
塊状重合	148
海底油田	101
回分培養法	230
界面活性剤	117, 177
化学蒸着	85
核酸	132, 239
確認埋蔵量	70, 101
隔膜法	13
架橋	73, 154
―硬化	157

索　引

化合物半導体　　　　　　　24
可採年数　　　　70, 101, 243
ガスセンサー　　　　　　　36
ガスタービン　　　　　　　81
カセイソーダ　　　　　　　13
化石燃料　　　　　　　　　6
可塑剤　　　　　　　　　123
カチオン
　—界面活性剤　　　178, 179
　—交換膜　　　　　　　168
　—重合　　　　　　　　140
　—触媒　　　　　　　　141
　—電着塗装　　　　　　43
活性炭　　　　　　11, 86, 88
褐炭　　　　　　　　　　71
価電子帯　　　　31, 41, 191
渦電流　　　　　　　　　31
加熱分解　　　　　　　　111
ε-カプロラクタム　112, 114
加法混色　　　　　　　　182
カーボンナノチューブ　　99
カーボンナノホーン　　　99
ガラクトース　　　　　　211
カラーサークル　　　　　181
カラムナー相　　　　　　196
加硫　　　　　　　　　　153
火力発電　　　　　　　70, 79
カルシウムカーバイド 2, 15
カルノーサイクル　　　　61
眼球水晶体　　　　　　　170
環境
　—汚染　　　　　　　244
　—効率　　　　　　　246
　—浄化　　　　　　　37
　—対策　　　　　7, 244, 247
　　火力発電所の——　79
　—負荷　　　　　　　7
　—保全　　　　　　　108
還元剤　　　　　　　　　73
乾式法　　　　　　　　　11
乾留　　　　　　　　　73, 75
顔料　　　　　　32, 177, 183

き
機械エネルギー　　　　　79

基質特異性　　　　　　　208
気体分離膜　　　　　　　167
希土類磁石　　　　　　　29
機能性
　—材料　　　　　　　98
　—色素　　　　　　　186
　—ポリマー　　　　　7
揮発成分　　　　　　　　74
逆浸透膜　　　　　　　　168
キャパシター　　　　　　56
吸湿性繊維　　　　　　　151
吸水性樹脂　　　　　　　7
キュービック相　　　　　196
キュリー温度　　　　　　27
強磁性体　　　　　　　　27
共重合　　　　　　　　　143
　—用モノマー　　　　124
凝集剤　　　　　　　73, 122
鏡像異性体　　　　　　　188
凝乳酵素　　　　　　　　211
共沸混合物　　　　　　　10
共沸点　　　　　　　　　11
共有結合性材料　　　　　22
強誘電体　　　　　　　　26
極圧性　　　　　　　　　109
キラリティー　　　　　　208
キンク　　　　　　　　　34
金属結合　　　　　　　　21
金属材料　　　　　　　　3
金属精錬　　　　　　　　85
金属防食材　　　　　　　179

く
グアニル酸　　　　　　　211
空気浄化　　　　　　　　89
空気分離設備　　　　　　82
空格子点　　　　　　　　34
クエン酸　　　　　　　　231
屈折率　　　　　　　　　30
組換え DNA 技術　　　　237
クメンヒドロペルオキシド 128
クメン法　　　　　　　　128
曇り点　　　　　　　　　180
グラフト共重合体　　　　143
クラフト点　　　　　　　180

グリーンケミストリー　247
　—の12箇条　　　　　248
グルコアミラーゼ　　　209
グルコース　　　　　　209
　—酸化酵素　　　　214
グルコン酸　　　　　　231
グルタミン酸　10, 208, 213,
　236
クロロヒドリン法　　　120
クロロプレン　　　127, 155

け
蛍光体　　　　　　　　32
ケイ砂　　　　　　　　21
ケイ酸塩工業　　　　　20
形状選択性　　　　　　35
懸濁安定剤　　　　　　149
結合力　　　　　　　　22
ケトグルコン酸　　　　232
嫌気性細菌　　　　　　100
原子移動重合　　　　　147
現像工程　　　　　　　162
減法混色　　　　　　　182
原料炭　　　　　　　　73

こ
光学材料　　　　22, 30, 124
光学分割　　　　　189, 215
交換電流密度　　　　　46
高吸水性　　　　　　　173
航空機材料　　　　　　133
抗血栓材料　　　　　　170
抗原-抗体　　　　　　　171
抗生物質　　　208, 218, 240
酵素　　　　　　　　　208
　—遺伝子　　　　　237
　—番号　　　　　　209
　—法　　　　　　　122
　—の命名法　　　　209
高分子　　　　　　　　132
　—構造　　　　　　73
　—合金　　　　144, 157
　—診断薬　　　　　171
焦電性—　　　　　　160
低密度—　　　　　　142

255

索　引

導電性 ─　132, 158, 190, 194
酵母　229
　─ 菌　224
コエンザイムA　214
黒鉛　52, 85, 89, 94
　─ 電極　92
コークス　17, 70, 73, 75
固体電解質　22, 62, 82
固体表面　34
固体レーザー　33
骨格異性化　105
骨材　90
固定化　
　─ 酵素　214, 215
　─ 酵母　230
　─ バイオリアクター　230
　─ ペニシリナーゼ　218
固定床反応器　107
コハク酸　233
後発酵　224
ゴム　127, 153
コールバンド　72
コレステロール酸化酵素　214
コンビナトリアルケミストリー　248
コンポジット　90

さ

細孔構造　88
再生　
　─ 医療　241
　─ 可能エネルギー　6
　─ 可能資源　243
　─ 繊維　150
細胞培養　240
酢酸発酵　229
酢酸ビニル　118
砂漠化　244
サブミクロ孔　88
サーモトロピック液晶　196
さらし粉　1
酸化安定性　109
酸化物超伝導体　23
産業廃棄物排出量　246

三元共重合体　154
三原色　182
残渣油　104
三次元網目構造　136
サンシャイン計画　67
酸素透過性　170
酸素富化膜　167

し

シアノビフェニル化合物　205
シアン　182
シアンヒドリン法　126
ジエチレングリコール　116
磁化　28
閾（しきい）値電圧　203
磁気機能材料　22
色素　180
　─ レーザー　186
磁気モーメント　27
シコニン　240
磁束　28
湿式法　11
自動車燃料　108
シフト反応　16
ジメチルエーテル　84
重合　133, 135, 137, 143
集積回路　163
自由電子　22
柔粘性結晶　195
重付加　134
充放電反応　47
重油　79
　─ 脱硫法　108
　─ 留分　104
樹液　153
縮合反応　133
熟成　224
潤滑油　103, 109
循環培養装置　238
常圧残油　102
常圧蒸留　102, 104
省エネルギー　6, 245
蒸解　13
昇華転写　184
蒸気タービン　81

硝酸　9
常磁性体　26
醸造　208, 219
焦電体　26, 160
醤油　225
常誘電体　26
蒸留酒　225
食酢　228
触媒　22, 33
　─ 毒　9
　環境 ─　249
　キラル ─　188
　均一系 ─　33
　固体 ─　34
　固体酸　107
　自動車排ガス浄化 ─　34
　銅 ─　122
　二元機能 ─　105
　不均一系 ─　33
　TS-1 ─　131
　Ziegler ─　127
食品調整剤　208
食品リサイクル法　250
助色団　181
ショ糖　211
徐放性医薬　171
シリコン　18, 21, 67
　多結晶 ─　67, 68
　単結晶 ─　67
人工血管　170
人工臓器　89, 170, 172
人工皮膚　170
人造黒鉛　86
親媒性化合物　197
森林破壊　244

す

水銀法　13
水蒸気改質法　15, 110
水性ガス反応　2
水素
　─ 結合　183
　─ 貯蔵　63
　─ 分離膜　167
　─ の製造　2, 15, 109

索引

水素化精製	108
水素化脱硫	108
スクロース	211
スチレン	128
スーパーエンプラ	150
スラリー床反応器	82

せ

正孔	203
―伝導性	24
清酒	219
生体吸収縫合糸	174
生体適合材料	85, 170
生長反応	136, 137
生分解性高分子	174
生分解性ポリエステル	176
製膜	205
製薬工業	208
生理活性物質	208
精留塔	104
ゼオライト	16, 35, 107
積層構造	89
石炭	70
―ガス化	82
―組織成分	74
―平均化学構造	73
石炭化度	71
石油	70
―化学	111
―危機	6
―精製	103
―製品	103
―代替資源	70
セタン価	106
絶縁性	22
―材料	25, 191
石灰窒素	15
セッケン	178
セッコウ	11
接触改質	105, 112
接触分解	105, 106
―流動―	107
接着剤	100, 149, 155
―外科手術用―	174
―瞬間―	156
セファロスポリン系抗生物質	187
セラミックス	16, 20
繊維	150
―柔軟剤	179
―高強度―	153
―極細―	152
―再生―	150
―産業用―	152
―短―	92
―弾性―	151
―長―	92
―天然―	150
洗浄力	179
銑鉄	17
染料	177, 182

そ

相分離構造	156
素材型化学工業	6
ソーダ灰	14
ソフトコンタクトレンズ	172
ソフト磁性材料	29
ソープラリー乳化重合	149, 171
ソーラーカー	56
ソルベー法	1, 14

た

耐炎処理	92
代謝経路	234
代謝制御発酵	234
帯電防止剤	179
タイヤ添加剤	86
ダイヤモンド	85, 86
―薄膜	85, 98
太陽電池	66
色素増感型―	69
湿式―	69
シリコン系―	67
多結晶型	19
多孔性材料	84, 88
多層型素子	203
脱水	72
脱水素	105
脱炭酸	72
脱メタン	72
建染染料	183
多糖	132
タービン発電機	79
単結晶	19
単親媒性化合物	197
弾性率	94
炭素	
―化	75
―クラスター	86
―析出	105, 106, 110
―同素体	84
―六角網面	89
―多孔質―	88
―微粒子状―	86
炭素繊維	7, 86, 92, 146
―強化コンクリート	96
―強化炭素	94
―強化プラスチック	96
タンニン質沈殿	224
タンパク質	132

ち・つ

地球温暖化	243, 244
逐次反応重合	133
窒素固定	2, 15
窒素酸化物	79
窒素肥料	14
着色剤	184
着色中心	31
中空糸	168
―膜	172
抽出蒸留	11, 112
潮解性	11
超高集積回路	163
調味料	208
直接染料	183
ツイステッドネマチック型 ディスプレイ	199

て

停止反応	137
鉄	17
鉄鋼業	3

257

索 引

鉄鉱石 17, 73, 76
テトラヒドロフラン 126
テレフタル酸 128
電解精錬 1, 18
電解ソーダ法 10
電荷移動錯体 165
電荷輸送材料 203
電気陰性度 22, 84
電気泳動 43
電気エネルギー 41, 79
電気化学発電 58
電気自動車 45
電気集じん機 79
電気伝導度 22, 191
電気二重層 25, 39
　——キャパシター 56
電気めっき 1
電極界面のモデル 39
電極活物質 47
電子供与体 37
電子材料 22, 85
電子写真 184
電子受容体 37
電子セラミックス 16
電子線レジスト 164
電子伝導性 24
電池
　——材料 46
　　ダニエル—— 1
　　鉛—— 45
　　ニッケル・金属水素化物
　　　—— 47
　　リチウムイオン—— 51, 190
　　リチウムポリマー—— 54
　　Na・NiCl$_2$ —— 54
　　Na・S —— 54
電着塗装 43
伝導帯 31, 191

と

陶磁器 20
透磁率 28
透析 172
同素体 84
導電性 191

——高分子 132, 158, 190, 194
——材料 84
導電率 22, 191
等方性液体 195
土壌汚染修復 249
トッパー 104
トナー 86, 184
ドーピング 87, 159, 193
トリエチレングリコール 116
塗料 123

な

ナイロン
　—— 6 114, 133, 142
　—— 66 115, 133
　—— 6,10 133
ナノチューブ 86
ナフサ 15, 113
　——留分 105
鉛電池 45
軟化溶融 73
難黒鉛化性 94

に・ぬ

二元機能触媒 105
二次電池 45
ニッケル・金属水素化物電池 47
ニトリルゴム 155
ニトリルヒドラターゼ 214
ニードルコークス 92
乳化剤 180
乳酸 232
乳濁液 149
糠 219
ヌクレオチド 213
ヌープ硬度 87

ね

ネクローシス 241
熱可塑性 136
　——混合物 90
　——樹脂 96, 136, 154
熱伝導性 18

ネルンストの式 38
粘結炭 73
燃焼排ガス 81
燃料電池 57, 62, 82
　——自動車 45, 63, 109, 245
　——用燃料 84
　固体高分子膜型—— 62
　固体電解質型—— 62
　溶融炭酸塩型—— 62
　リン酸型—— 62
燃料油添加剤 179

は

配位重合 142
排煙脱硝装置 79
バイオテクノロジー 132, 208
バイオプラスチック 174
バイオリアクター 208
廃棄物 244, 245
　——処理法 246
背斜構造 101
焙焼 9
排除体積効果 197
媒染染料 183
焙燥 223
ハイブリッド電気自動車 45
麦芽 222
爆鳴気 11
バシトラシンA 219
発煙硫酸 9
発芽工程 222
発酵工業 208, 219, 229
発光材料 203
発酵法 190, 230
発光メカニズム 203, 204
発色団 181
発電効率 67, 79
発熱量 71
ハードカーボン 52
ハード磁性材料 28
ハーバー・ボッシュ法 10
バブルジェット 186
半合成法 190
反磁性体 27
半導性 22, 24

258

半導体	24, 191	合成	82	ペロブスカイト	23
―回路	163	フィードバック阻害	234	変異株	234
―センサー	36	フィラー	90	偏光	198
―素子	87	フェノール	128	―顕微鏡	194
―電極	41	―樹脂	136	ペンタエリトリトール	130
―レーザー	33	フェリ磁性体	27		
―の洗浄剤	120	付加反応	134	**ほ**	
n型―	24, 36, 159	負極活物質	46	芳香族化	105
p型―	24, 36, 159	複合サイクル発電	81	紡糸	93
半透膜	168	複合酸化物	34	防水剤	179
バンドギャップエネルギー		複層ガラス	145	放線菌	240
	24, 68	腐食・防食	37	放電曲線	53
反応性染料	183	不斉加水分解	215	放熱体	87
		不斉合成	187, 188	ボーキサイト	18
ひ		不斉炭素	188	保磁力	28
非イオン界面活性剤 178, 179		ブタジエン	111, 126	ホトレジスト	7, 161
ピエゾ素子	186	フタル酸	129	ホモポリマー	124
光ディスク	124, 186	ブタンジオール	126	ポリアクリロニトリル	146
光伝導材料	87	γ-ブチロラクトン	126	ポリアセチレン 159, 192, 193
光導電体	165, 184	フッ素ゴム	155	ポリアミド	133
光ニトロソ化	114	不凍液	117	ポリウレタン	134
光・熱化学ハイブリッド法 40		部分酸化法	15, 110	ポリエステル	133
光発色材料	166	フマル酸	232	ポリエチレン	142
光半導体電極法	40	浮遊選鉱法	18	ポリスチレン	144
光ファイバー	31, 124	フライアッシュ	79	ポリ尿素	134
ビスフェノールA	131	プラスチック	147	ポリビニルアルコール 118, 145
微生物		プラズマディスプレイ 32, 201		ポリマー → 高分子
―生産	229	プラスミド	237	―アロイ	144, 156
―の命名	211	フラーレン	86, 97	―電池	159
ビタミン	206	プリプレグ	97	本多-藤嶋効果	41
引張り強度	99	フリーラジカル	137		
非鉄金属	9, 17	フルクトース	209	**ま**	
ビート	225	ブロック共重合体	143	マクロ孔	88
ヒドロゲル	172	プロテアーゼ	211, 213	マゼンタ	182
ヒドロペルオキシド	120	プロトン	58	マルトース	213
ヒドロホルミル化反応	123	プロバイオティクス	232	マレイン酸	113
ビニロン	145	プロピレンオキシド	120		
微紛炭	70, 79	分解油	104	**み・む**	
微粒子状炭素	86	分散力	183	ミクロ孔	88
肥料中間体	9	分子ふるい	34	ミクロ相分離	144, 197
ビール	219, 222, 223			ミクロドメイン構造	170
		へ		ミセル	149, 177
ふ		ペットボトル	133	味噌	227
フィックの拡散式	44	ペニシリン	187	無煙炭	71
フィッシャー・トロプシュ		―生産菌	219	無機半導体	69

259

索　引

め

メソ孔	88
メタクリル酸メチル	124
メタネーション	110
メチルエチルケトン	124
メチロール基	136
メモリー効果	47
メラミン樹脂	136
免疫	171

も

木炭	85
酛(もと)	220
モノクローナル抗体	241
モノヌクレオシド	213
モルト	225
醪(もろみ)	222

ゆ・よ

有機エレクトロルミネッセンス	186, 202
有機酸	231
有機半導体	69
有機ファインケミカルズ	177
溶融	
—状態	93
—炭酸塩型燃料電池	62
—鉄	76
—紡糸	93
余色	182

ら

ライフサイクルアセスメント	247
β-ラクタム構造	187
ラクトース	209
ラジカル重合	137
ラセミ体	189
ラテックス	149, 153
ラフィノース	211
ラーベス系合金	48
ラメラ相	196

ランダム共重合体	143

り

リオトロピック液晶	152, 195
リサイクル	249
リソグラフィー	163
リチウムイオン電池	51, 190
リチウムポリマー電池	54
立体規則構造	142
リビング重合	140, 147
リフォーメート	112
リボ核酸	213
硫安	9
硫酸	1, 8, 9
—バナジル	9
副生—	11
粒子状物質	109
流動床反応器	2, 82, 107
両親媒性	141
—化合物	197
両性界面活性剤	178, 179
良導体	22
理論分解電圧	40
臨界ミセル濃度	178
リンゴ酸	234
リン酸	11, 217
—型燃料電池	62

る・れ・わ

ルブラン法	1, 8
歴青炭	71
レーザー光	32
レーザー摩滅	86
連鎖移動剤	138
連鎖反応重合	136
連続発酵法	230
ワイン	219, 224

欧文・略号

ABS 樹脂	121, 144
AFC	62
Amoco 法	128
API 度	103
AS 樹脂	121, 143
ATP	213, 128
BTX	77, 111, 128
CMC	178
COP3	245
CRT	32
DPE	109
EC	116
ESCO	250
FAD	217
FCC	107
FCV → 燃料電池自動車	
FRP	157
FT 合成	82
Halcon 法	120
HLB	180
HOMO	181
IPCC	244
ISO 9000	247
ISO 14000	247
KA オイル	114
LCA	247
LCD → 液晶	
LSI	164
LUMO	181
MCFC	62
MEK	124
MMA	124
NADP	218
PAFC	62
PAN	146
PDP	32, 202
PM	109
PSA	89
Sohio プロセス	121
TCA サイクル	231
TEG	116
TFT 駆動	201
Tishchenko 反応	131
Wacker 法	117

260

編者紹介

野村 正勝（のむら まさかつ）　工学博士
1969年大阪大学大学院工学研究科博士課程修了．大阪大学工学部助教授，同教授（分子化学専攻）を経て，現在大阪大学名誉教授．

鈴鹿 輝男（すずか てるお）　工学博士
1964年京都大学工学部燃料化学科卒業．積水化学工業(株)，(株)ジャパンエナジーを経て，現在工学院大学工学部応用化学科非常勤講師．

NDC 570　270p　21cm

最新工業化学（さいしんこうぎょうかがく）

2004年4月20日　第1刷発行
2022年2月10日　第6刷発行

編　者	野村正勝・鈴鹿輝男（のむらまさかつ　すずかてるお）
発行者	髙橋明男
発行所	株式会社　講談社

〒112-8001　東京都文京区音羽2-12-21
　　販　売　(03) 5395-3624
　　業　務　(03) 5395-3615

KODANSHA

編　集	株式会社　講談社サイエンティフィク
	代表　堀越俊一

〒162-0825　東京都新宿区神楽坂2-14　ノービィビル
　　編　集　(03) 3235-3701

印刷所	株式会社双文社印刷
製本所	株式会社国宝社

落丁本・乱丁本は，購入書店名を明記のうえ，講談社業務宛にお送り下さい．送料小社負担にてお取替えします．なお，この本の内容についてのお問い合わせは講談社サイエンティフィク宛にお願いいたします．定価はカバーに表示してあります．

© Masakatsu Nomura and Teruo Suzuka, 2004

本書のコピー，スキャン，デジタル化等の無断複製は著作権法上での例外を除き禁じられています．本書を代行業者等の第三者に依頼してスキャンやデジタル化することはたとえ個人や家庭内の利用でも著作権法違反です．

JCOPY　＜(社)出版者著作権管理機構　委託出版物＞
複写される場合は，その都度事前に(社)出版者著作権管理機構（電話03-5244-5088，FAX 03-5244-5089，e-mail : info@jcopy.or.jp）の許諾を得てください．

Printed in Japan
ISBN 4-06-154320-2

講談社の自然科学書

エキスパート応用化学テキストシリーズ

学部2〜4年生，大学院生向けテキストとして最適!!

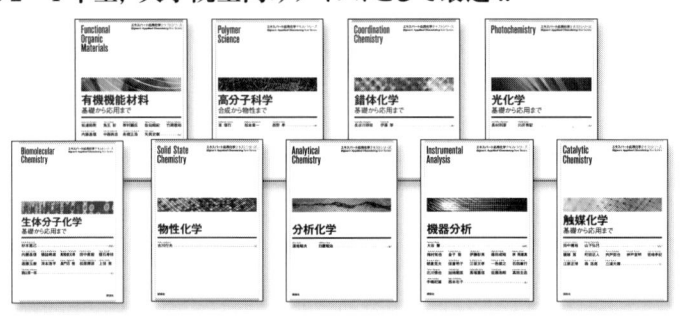

有機機能材料
基礎から応用まで

幅広く，わかりやすく，ていねいな解説．

松浦 和則／角五 彰／岸村 顕広／佐伯 昭紀／竹岡 敬和／内藤 昌信／中西 尚志／舟橋 正浩／矢貝 史樹・著
A5・255頁・定価3,080円

高分子科学
合成から物性まで

基本概念が深くわかる一生役に立つ本．

東 信行／松本 章一／西野 孝・著
A5・254頁・定価3,080円

錯体化学
基礎から応用まで

群論からスタート．最先端の研究まで紹介．

長谷川 靖哉／伊藤 肇・著
A5・254頁・定価3,080円

触媒化学
基礎から応用まで

基礎と応用のバランスが秀逸．新しい定番教科書．

田中 庸裕／山下 弘巳・編著　薩摩 篤／町田 正人／宍戸 哲也／神戸 宣明／岩崎 孝紀／江原 正博／森 浩亮／三浦 大樹・著
A5・286頁・定価3,300円

生体分子化学
基礎から応用まで

新たな常識や「非常識」も学べる．

杉本 直己・編著　内藤 昌信／高橋 俊太郎／田中 直毅／建石 寿枝／遠藤 玉樹／津本 浩平／長門石 曉／松原 輝彦／橋詰峰雄／上田 実／朝山章一郎・著
A5・302頁・定価3,520円

分析化学

初学者がつまずきやすい箇所を，懇切ていねいに．

湯地 昭夫／日置 昭治・著
A5・204頁・定価2,860円

物性化学

化学の学生に適した「物性」の入門書．

古川 行夫・著
A5・238頁・定価3,080円

機器分析

機器分析のすべてがこの1冊でわかる！

大谷 肇・編著
A5・287頁・定価3,300円

光化学
基礎から応用まで

光化学を完全に網羅．フォトニクス分野もカバー．

長村 利彦／川井 秀記・著
A5・319頁・定価3,520円

表示価格は消費税（10%）込みの価格です．　「2022年1月現在」

講談社サイエンティフィク　https://www.kspub.co.jp/